Web

微课版

前端开发技术
项目教程

（HTML5+CSS3+JavaScript）

高莺 尤澜涛 蔡黎亚◎主编

陆正 陆伟峰 张趁香 王春华 韩月娟 吴刘洁◎副主编

人民邮电出版社

北京

图书在版编目（CIP）数据

Web 前端开发技术项目教程：HTML5+CSS3+
JavaScript：微课版 / 高莺，尤澜涛，蔡黎亚主编.
北京：人民邮电出版社，2025. --（工信精品网站开发
系列教材）. -- ISBN 978-7-115-66522-5

Ⅰ. TP312.8；TP393.092.2

中国国家版本馆 CIP 数据核字第 2025VQ7606 号

内 容 提 要

本书以搭建一个非物质文化遗产的网站项目为主线，介绍了 HTML5、CSS3、JavaScript 及相关的
Web 前端开发技术。全书共 8 个单元、36 个任务，以项目导向、任务驱动的方式进行内容介绍，解析
网页制作的知识和技能。本书的 8 个单元分别是网页开发入门与创建非遗项目站点、创建网页元素与
制作非遗机构介绍页面和非遗国内机构详情页面、表格应用与制作非遗名录页面、HTML5 表单与非
遗网站登录页面和非遗网站注册页面的制作、CSS 基础与制作非遗活动详情页面、CSS 高级应用与制
作非遗项目申报指南页面、网页布局与制作精彩非遗资讯页面、JavaScript 基础与非遗网站首页的制作。

本书可以作为应用型本科、职业本科、高职高专院校计算机类相关专业"Web 前端开发技术"课
程的教材，也可以作为网页设计与制作爱好者和初学者的自学参考书。

◆ 主　　编　高　莺　尤澜涛　蔡黎亚

　　副 主 编　陆　正　陆伟峰　张趁香　王春华　韩月娟　吴刘洁

　　责任编辑　顾梦宇

　　责任印制　王　郁　周昇亮

◆ 人民邮电出版社出版发行　　北京市丰台区成寿寺路 11 号

　　邮编　100164　电子邮件　315@ptpress.com.cn

　　网址　https://www.ptpress.com.cn

　　北京天宇星印刷厂印刷

◆ 开本：787×1092　1/16

　　印张：16.75　　　　　　　　2025 年 1 月第 1 版

　　字数：417 千字　　　　　　2025 年 1 月北京第 1 次印刷

定价：59.80 元

读者服务热线：(010)81055256　印装质量热线：(010)81055316
反盗版热线：(010)81055315

前　言

本书全面贯彻党的二十大精神，融入中华优秀传统文化，内容兼具时代性和创新性，注重学思育人，引导学生树立正确的世界观、人生观、价值观。

本书的主要特色体现在以下 3 个方面。

一、项目导向，任务驱动，强化技能

非物质文化遗产（书中简称"非遗"）的网站项目贯穿全书。本书划分为 8 个单元，精心组织 HTML5、CSS3、JavaScript 相关内容。每个单元都按照实际项目开发流程层层解构为多项任务，从简单到复杂、从单一到综合，围绕相关知识点、技能点、职业素养点来展开，能够提升读者的综合技能。

二、以岗定标，岗课直通，学以致用

本书根据 Web 前端开发技术相关岗位的要求对接课程内容，配合项目情景，让读者在学习过程中了解真实的工作场景和任务，实现理论知识与实践操作的深度融合，提高解决实际问题的能力，最终适应并胜任相关工作岗位。

三、产教融合，强调实践，鼓励创新

本书项目是院校教师与企业工程师团队合作开发的，确保内容与行业前沿紧密对接，强调实践环节的核心地位。丰富的案例分析、模拟演练，让学生在"做中学，学中用"中深化理解、提升技能。同时，本书积极鼓励创新思维的培养，设计了启发性的"情景导入""智海引航""匠心独运"等模块，为解决实际问题提供了新颖的思路和解决方案，可培养读者的计算思维和创新思维。

本书主要内容和参考学时如下表。

单元	主要内容	参考学时（64 学时）
单元 1　网页开发入门与创建非遗项目站点	1. 介绍网页和网站相关概念，以及 HTML5、CSS3、JavaScript 三者的作用和扮演的角色 2. 介绍 HTML5 基础语法、HTML5 文件整体结构 3. 介绍非遗项目站点、网站开发工具、网站开发的注意事项 4. 创建非遗项目站点	4
单元 2　创建网页元素与制作非遗机构介绍页面和非遗国内机构详情页面	1. 使用原型设计工具 Axure 制作非遗机构介绍页面和非遗国内机构详情页面的原型图 2. 创建文本元素，包括标题、段落、特殊字符等 3. 使用超链接和图片标记	4

单元	主要内容	参考学时（64 学时）
单元 3　表格应用与制作非遗名录页面	1. 使用 Axure 制作非遗名录页面的原型图 2. 介绍表格标记及属性设置、表格跨行跨列操作、表格嵌套等	4
单元 4　HTML5 表单与非遗网站登录页面和非遗网站注册页面的制作	1. 使用 Axure 制作非遗网站登录页面和非遗网站注册页面的原型图 2. 创建表单，设置表单属性，创建文本框、密码框、3 类按钮控件 3. 设置表单控件的类型和属性 4. 介绍正则表达式，以及使用正则表达式进行更复杂的验证	8
单元 5　CSS 基础与制作非遗活动详情页面	1. 使用 Axure 制作非遗活动详情页面的原型图 2. 介绍 CSS 基本语法、选择器的使用及引入方式 3. 介绍字体样式的设置、文本精细排版	8
单元 6　CSS 高级应用与制作非遗项目申报指南页面	1. 使用 Axure 制作非遗项目申报指南页面的原型图 2. 介绍列表的创建和列表样式属性的设置 3. 介绍边框样式的设置、CSS3 新增边框属性	10
单元 7　网页布局与制作精彩非遗资讯页面	1. 使用 Axure 制作精彩非遗资讯页面的原型图 2. 介绍文档流的概念、元素的显示方式、盒子模型，以及创建层元素的方法 3. 介绍浮动属性设置、浮动属性清除，以及常见图文排版 4. 介绍元素的各种定位方式，以及空间层次的设置 5. 完成精彩非遗资讯页面的制作	12
单元 8　JavaScript 基础与非遗网站首页的制作	1. 使用 Axure 制作非遗网站首页的原型图 2. 介绍 JavaScript 基本语法、变量、程序的选择控制结构等 3. 介绍常用函数的使用、JavaScript 事件的概念，以及常用事件的调用 4. 介绍 flex 布局	14

　　为辅助读者的学习，本书在智慧职教和超星平台上配套提供慕课课程"前端技术开发"。本书配套的相关教学资料，如 PPT、教学大纲、源文件、教案等均可在人邮教育社区（www.ryjiaoyu.com）上免费获取。

　　由于编者水平有限，书中难免存在不妥之处，敬请读者批评指正。编者电子邮箱：812783129@qq.com。

编者

2024 年 7 月

Web 前端开发技术项目教程（HTML5+CSS3+JavaScript）（微课版）

目　录

目　录

Web 前端开发技术项目教程（HTML5+CSS3+JavaScript）（微课版）

目 录

单元8　JavaScript基础与非遗网站首页的制作 / 220

学习目标 / 220
情景导入 / 220

单元1
网页开发入门与创建非遗项目站点

01

在当今这个数字化时代，网页开发不仅成为计算机技术人员的一项必备专业技能，更具有传播文化、推广知识的重要价值。读者在开始学习如何制作网页和建设网站之前，需要深入了解网页和网站的基本概念和基础知识，这样可以对网页和网站的设计与制作有一个全面的认识，为后续的学习和实践打下坚实的基础。

学习目标

1. 掌握网页的基本知识。
2. 了解 HTML、CSS、JavaScript 之间的关系。
3. 掌握常用的网站开发工具的使用方法。
4. 掌握 HTML 标记的基本语法。
5. 培养耐心细致的职业素养。
6. 培养精益求精的工匠精神。

情景导入

面对"网页开发"这一领域，计算机系的新生小新不禁感到忐忑。他深知，自己虽然对计算机有着浓厚的兴趣，但并不知道如何编写网页。每当看到那些精美绝伦、功能丰富的网站时，小新总是既羡慕又渴望："如果我也能设计出这样的作品，那该多好啊！"小新找到在科技公司工作的前端技术工程师王威学长，跟他说了自己的想法。王威工程师作为前端开发的专家，不仅为小新提供了宝贵的指导和建议，还帮助他制订了如下任务规划。

① 认识网页。
② 建立非遗项目站点。
③ 尝试制作非遗调研网页。

【任务 1.1】认识网页

任务描述

静态网页主要由 HTML5、CSS3 和 JavaScript 编写而成。其中，HTML5 负责构建网页的结构和内容，CSS3 负责网页的布局和样式设计，而 JavaScript 则赋予网页动态交互的能力。这三者共同构成了现代网页开发技术的基石。本任务给定 3 个内容一样的网页，网页包含一个标题、一个按钮和一条消息文本。其中，第一个网页只包含 HTML5 代码，第二个网页加入了 CSS3 代码，第三个网页引入了 JavaScript 代码。依次打开 3 个网页，查看网页有什么变化。通过该任务，读者可以认识到 HTML5、CSS3 和 JavaScript 在网页开发中扮演的不同角色及它们之间的关系。

⚒ 知识准备

1.1.1 网页和网站

（1）网页概述

网页又称 Web 页面，是互联网上展示信息的一种形式，通常是一个包含 HTML 标记的纯文本文件，其内容十分丰富，构成元素主要有文本、图像、动画、视频、音频等。此外，网页不仅可以静态地展示内容，还可以通过 CSS 和 JavaScript 等技术实现交互性和动态性，如响应用户的单击、滚动等操作。网页以文本文件的形式存储在 Web 服务器上，通过互联网传输给浏览器，并由浏览器解析和显示。该过程涉及两个概念：HTTP 和 URL。

微课 1.1

超文本传送协议（Hyper Text Transfer Protocol，HTTP）的主要工作是在 Web 浏览器和 Web 服务器之间传输超文本。当用户输入并访问网址之后，浏览器会向服务器发送一个 HTTP 请求，请求指定的网页。服务器在接收到请求后，会处理该请求并返回相应的 HTML 文件作为响应。浏览器接收到响应后，会解析 HTML 文件并显示内容给用户。

统一资源定位符（Uniform Resource Locator，URL）是一种用于定位互联网上资源（如网页、文件、图像等）的字符串地址。URL 提供了一种标准化的方式来识别和定位网络资源。通过 URL，用户可以轻松地在浏览器中输入地址来访问网页，也可以通过超链接从其他网页直接跳转到指定资源。URL 由协议、主机和路径这 3 个字段组成，例如，http://www.siso.edu.cn/info/1024/8809.htm 中，协议字段为 http，主机字段为 www.siso.edu.cn，路径字段为 info/1024/8809.htm。

（2）网页分类

网页根据其生成和交互方式的不同，通常被分为两大类：静态网页（Static Web Page）和动态网页（Dynamic Web Page）。

静态网页是标准的 HTML 文件，它的文件扩展名是.htm 或.html。随着 HTML 代码的生成，网页的内容和显示效果基本不会发生变化，如果要修改网页，就必须修改源代码，并重新上传到服务器上。静态网页不需要编译，所以速度快，节省服务器资源。静态网页的内容相对稳定，因此容易被搜索引擎检索。

动态网页指的是采用了动态网页技术的网页，是基本的 HTML 语法规范与 Java、PHP 等高级程序设计语言、数据库编程等多种技术的融合。动态网页一般以数据库技术为基础，可以大大减少网站维护的工作量；采用动态网页技术的网站可以实现更多的功能，如用户注册、用户登录等。动态网页在访问速度、搜索引擎收录方面均不占优势。

静态网页和动态网页各有优缺点，适用于不同的场景。在选择使用哪种类型的网页时，需要根据实际需求、性能要求及资源投入等因素进行综合考虑。随着 Web 技术的发展，现代 Web 应用往往同时结合静态网页和动态网页的特点，通过前端路由、服务器端渲染、客户端渲染等技术手

Web 前端开发技术项目教程（HTML5+CSS3+JavaScript）（微课版）

段，实现更加灵活、高效的网页展示效果。

（3）网站概述

网站是有一定关系的若干网页的集合。每个网站都有主页（Homepage），即进入网站时看到的第一个页面，通常命名为 index.htm 或 index.html。

网站开发者需要配置 Web 站点，所有网页开发完成后都需要发布网站，这样，用户就可以通过互联网访问网站上的网页了。

1.1.2 浏览器的兼容性

浏览器兼容性是指网页或网站在不同浏览器上能够正常显示和工作的能力，即网页的布局、功能、样式等在不同浏览器中的稳定性。随着互联网的普及和浏览器种类的增多，确保网页在不同浏览器上的兼容性变得愈发重要。对一般用户来说，使用任意浏览器都可以浏览到无明显差别的网页才是好的体验。浏览器兼容性问题的产生主要有以下几个原因。

微课 1.2

① 浏览器内核差异：不同的浏览器采用不同的渲染引擎（如 Chrome 采用 Blink、Firefox 采用 Gecko、Safari 采用 WebKit 等），这些引擎对 HTML、CSS、JavaScript 等网页标准的解析存在差异，导致网页在不同浏览器上的显示效果可能不一致。

② 网页标准更新：随着 Web 技术的不断发展，新的网页标准不断出现。然而，并非所有浏览器都能快速支持这些新标准，从而导致一些使用新标准的网页在某些浏览器上无法正确显示。

③ 用户环境差异：用户的操作系统、屏幕分辨率、浏览器插件等因素也可能影响网页的显示效果。

目前，市场上的浏览器种类繁多。对网站开发者来说，至少要保证设计与制作的网页在主流浏览器上运行良好，主流浏览器如表 1-1 所示。

表1-1　主流浏览器

Edge	Firefox	Chrome	QQ 浏览器	360 浏览器

当浏览器厂商开始创建与标准兼容的浏览器时，首先考虑向后兼容性。为了实现这一点，创建了两种呈现模式：标准模式和混杂模式。在标准模式下，浏览器按照规范呈现网页；在混杂模式下，网页以一种比较宽松的向后兼容的方式显示。

1.1.3 HTML5 介绍

超文本标记语言（HyperText Markup Language，HTML）是构建网页的标准标记语言。它使用一系列的标记（Tag）来定义网页的结构和内容。这些标记告诉浏览器如何显示网页上的文本、图片、超链接、表格、列表等。HTML 自 1991 年出现以来，经历了多个版本的更新和扩展，如表 1-2 所示，以支持更复杂的网页设计和功能，其中，HTML5 是目前最新的版本。

微课 1.3

表1-2　HTML版本发展

版　本	年　份
HTML 1.0	1993
HTML 2.0	1995
HTML 3.2	1996
HTML 4.0	1997
HTML 4.01	1999
XHTML 1.0	2000
XHTML 1.1	2001
HTML5	2014

HTML5 于 2014 年 10 月成为正式标准。它的设计目的是在移动设备上更好地显示网页，同时构建和呈现更丰富的网页应用。它引入了一系列新的语义化标记和表单控件，提高了网页的可访问性、性能和用户体验。HTML5 还引入了对音频、视频、图形和动画等多媒体内容的原生支持，以及更强大的 JavaScript 应用程序接口（Application Program Interface，API），如 WebSockets、Geolocation（地理位置服务）和 WebGL 等，这使得开发者能够创建更复杂、互动性更强的网页应用。

Firefox、Chrome、Opera、Safari 4+等都已支持 HTML5。HTML5 取代 HTML 4.01、XHTML 1.0 标准，为桌面和移动平台带来无缝衔接的丰富内容。无论是笔记本计算机、台式计算机，还是智能手机、智能电视，都可以方便地浏览 HTML5 的网站。

1.1.4　CSS3 介绍

串联样式表（Cascading Style Sheets，CSS）简称样式表，是用来定义网页元素的样式和排版布局的一种标准。它规定了如何呈现 HTML 标记，包括字体、颜色、尺寸、间距和布局等方面的定义。

HTML 标记设计的初衷是用于定义文件内容，但随着互联网的发展，人们对样式的需求越来越复杂，新的 HTML 格式标记和属性不断增加，导致文件内容想要清晰地独立于文件表现层变得越来越困难。于是 CSS 诞生了，它将网页样式从 HTML 中独立出来。例如，通常的做法是将样式保存在外部的 CSS 文件中，这样做的好处是在编辑一个 CSS 文件的同时改变站点中所有网页的布局和外观。使用 CSS 的优势概括如下。

（1）CSS 将内容与表现（样式）分离。这意味着 HTML 文件负责网页的结构和内容，而 CSS 文件则负责网页的样式和布局。

（2）提高网页浏览速度。使用 CSS，可以避免在 HTML 文件中重复编写样式代码，从而减少整体代码量。这有助于减少网页的加载时间，提高网页的响应速度和性能，同时也有助于节省网络带宽。

（3）易于维护和改版，提高代码可读性。由于 CSS 将样式与内容分离，因此在网站需要更新或维护时，可以更加轻松地定位和解决样式问题，而无须担心对内容造成影响。

CSS 作为样式表语言，自其诞生以来经历了多个版本的迭代和更新，以适应网页设计和开发的不断发展。CSS3 是 CSS 的升级版本，是 CSS 技术的新标准。它于 1999 年开始制定，于 2001 年 5 月 23 日由万维网联盟（World Wide Web Consortium，W3C）完成了其工作草案。CSS3 引入了许多新的特性和功能，如圆角、阴影、渐变、布局、动画等，大大增强了网页交互的能力。

总而言之，CSS3 在网页设计与制作中的角色类似于化妆师、装修设计师。它能够调整网页的各个细节，如颜色、字体、背景等，使得网页更加吸引人。同时，CSS3 还负责控制网页的整体布局和结构，它可以让文本、图像及其他元素以开发者预期的方式排列和分布，从而创造出清晰、有序且专业的页面效果。

1.1.5 JavaScript 介绍

JavaScript 是一种客户端脚本语言，类似于 Java，常用来为网页添加各种动态功能，为用户提供更流畅、美观的网页效果。通常，JavaScript 脚本是通过先嵌入 HTML，再操纵网页中的元素来实现自身功能的。

JavaScript 有动态性和跨平台性这两大优点。

（1）动态性：它可以直接对用户或客户的输入做出响应，无须经过 Web 服务程序。因此，可以实现类似于弹出提示框这样的交互性网页功能。它对用户的响应是以"事件"驱动的，如"单击网页中的按钮"这个事件可以引发对应的响应。

（2）跨平台性：JavaScript 依赖于浏览器，与操作系统无关。因此，只要在有浏览器的计算机上，且浏览器支持 JavaScript，开发者就可以正确执行 JavaScript 代码。

1.1.6 HTML5 新增特性

HTML5 对已有版本进行了改进和完善，增加了一些特性，性能得到进一步提升。以下是HTML5 新增特性。

（1）本地存储

基于 HTML5 开发的网站拥有更短的启动时间、更快的联网速度，这全得益于 HTML5 应用程序缓存机制（HTML5 Application Cache）及本地存储功能。HTML5 提供了强大的本地存储功能，包括 IndexedDB、Web Storage（即 localStorage 和 sessionStorage）和 Cookies 等。这些功能使得网页应用可以将数据存储在用户设备上，从而提升网页应用的性能和可用性。

（2）语义化标记

HTML5 引入了多个新的语义化标记，如<header>、<footer>、<article>、<section>、<nav>和<figure>等。这些标记的引入提升了网页的结构化程度，有助于优化搜索引擎和提高页面的可访问性。

（3）视频和音频

HTML5 引入了<video>和<audio>标记，使得在网页上嵌入视频和音频内容更加简便，不再需要依赖第三方插件。

（4）画布（Canvas）

在网页上绘制图形的一种方法是使用 HTML5 中的<canvas>标记。开发者可以利用 JavaScript 在画布上绘制文字、图像和各种形状。

（5）地理定位

开发者能够利用地理位置 API 在用户设备上获取地理位置信息，这一接口的存在让基于位置的服务和应用开发变得更加简单，能够为用户提供更个性化和实用的体验。

（6）拖放功能

HTML5 对拖放功能进行了显著的改进，使得开发者能够更方便地管理元素的拖放操作。使用 HTML5 的拖放 API，开发者能够构建可拖动的元素和拖放目标，并且借助 JavaScript 来控制拖放行为。

任务实施

1. 打开第一个网页 r1-1-1.html，效果如图 1-1 所示。在网页上右击，在弹出的菜单中选择"查看网页源代码"命令，网页只包含 HTML5 代码，页面上有一个标题、一个按钮和一个段落，这些元素都以默认的样式显示。需要说明的是，本书涉及的网页效果均以 Chrome 浏览器为显示环境。

序号	HTML 代码
1	`<!DOCTYPE html>`
2	`<html>`
3	`    <head>`
4	`        <meta charset="utf-8">`
5	`        <title>纯 HTML 网页</title>`
6	`    </head>`
7	`    <body>`
8	`        <h1>Hello, World!</h1>`
9	`        <button id="myButton">单击我</button>`
10	`        <p id="message">消息将在这里显示。</p>`
11	`    </body>`
12	`</html>`

图1-1 纯HTML网页

2. 打开第二个网页 r1-1-2.html，效果如图 1-2 所示。该页面加入了 CSS 代码，用于控制网页的布局和样式，如字体大小、颜色、间距等。

序号	HTML 代码与 CSS 代码
1	`<!DOCTYPE html>`
2	`<html>`
3	`    <head>`

Web前端开发技术项目教程（HTML5+CSS3+JavaScript）（微课版）

序号	HTML 代码与 CSS 代码
4	`<meta charset="utf-8">`
5	`<title>有样式的网页</title>`
6	`<style type="text/css">`
7	`    body {`
8	`        background-color: aquamarine;`
9	`    }`
10	`    button {`
11	`        padding: 10px 20px;`
12	`        font-size: 16px;`
13	`        background-color: blanchedalmond;`
14	`        border:1px sandybrown solid;`
15	`    }`
16	`    #message {`
17	`        font-size: 18px;`
18	`        color:red;`
19	`    }`
20	`</style>`
21	`</head>`
22	`<body>`
23	`    <h1>Hello, World!</h1>`
24	`    <button id="myButton">单击我</button>`
25	`    <p id="message">消息将在这里显示。</p>`
26	`</body>`
27	`</html>`

图1-2 有样式的网页

3. 打开第三个网页 r1-1-3.html，效果如图 1-3 所示。该页面加入了 JavaScript 代码，用于增强网页的交互性，响应用户的单击操作。用户单击按钮之后，消息显示为"按钮被单击了!"。

序号	HTML 代码、CSS 代码与 JavaScript 代码
1	`<!DOCTYPE html>`
2	`<html>`
3	`    <head>`
4	`        <meta charset="utf-8">`

序号	HTML 代码、CSS 代码与 JavaScript 代码
5	`<title>加入脚本和样式的网页</title>`
6	`<style type="text/css">`
7	`    body {`
8	`        background-color: aquamarine;`
9	`    }`
10	`    button {`
11	`        padding: 10px 20px;`
12	`        font-size: 16px;`
13	`        background-color: blanchedalmond;`
14	`        border:1px sandybrown solid;`
15	`    }`
16	`    #message {`
17	`        font-size: 18px;`
18	`        color:red;`
19	`    }`
20	`</style>`
21	`<script type="text/javascript">`
22	`    functionclickButton(){`
23	` var messageElement = document.getElementById('message');`
24	`    messageElement.innerText = '按钮被单击了!';`
25	`        messageElement.style.color = 'blue';`
26	`    }`
27	`</script>`
28	`</head>`
29	`<body>`
30	`    <h1>Hello, World!</h1>`
31	`<button id="myButton" onclick="clickButton()">单击我</button>`
32	`    <p id="message">消息将在这里显示。</p>`
33	`</body>`
34	`</html>`

图1-3　加入脚本和样式的网页

增加 JavaScript 代码后，网页的交互性得到了提升，当按钮被单击时，它会修改段落中的文本内容，并改变文本的颜色。

通过这个任务，读者可以知道 HTML5、CSS3 和 JavaScript 在网页开发中各自扮演的角色，以及它们如何协同工作来创建动态且吸引人的网页。

【任务 1.2】建立非遗项目站点

▶ 任务描述

本任务利用 HBuilder X 创建并管理一个关于非物质文化遗产（简称"非遗"）的网站项目，要求开发者将非遗网站的 HTML5 文件、CSS3 文件、JavaScript 脚本、图片、视频等按照一定的目录结构进行组织和管理。这种结构化的管理方式使得项目内容一目了然，便于团队成员之间的协作与沟通。

✖ 知识准备

1.2.1 非遗项目站点介绍

非遗网站是一个综合性的在线平台，致力于保护、推广、传承和研究非物质文化遗产。本书设计的非遗网站主要包含首页、机构、资讯、名录及指南等模块，形成了一个综合性的非遗信息网站，通过汇聚丰富的非遗信息资源和提供多样化的服务，促进非遗的可持续发展。此网站可以满足不同用户群体的需求，无论是传承人、研究者还是普通爱好者，都能找到所需内容。非遗网站的主要功能框架如图 1-4 所示。

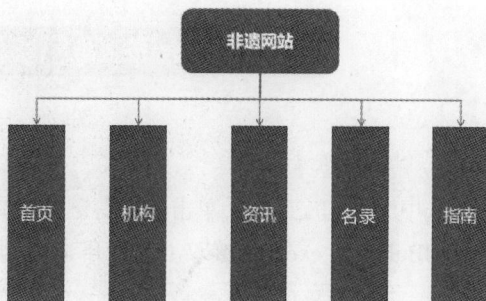

图1-4　非遗网站的主要功能框架

1.2.2 网站开发工具介绍

在网站开发过程中，选择合适的开发工具至关重要。HBuilder X 和 Axure 作为两款各具特色的开发工具，在前端开发、原型设计等领域发挥着重要作用。下面将分别介绍这两款工具，并探讨它们的特点、使用场景及优势。

1. HBuilder X

HBuilder X 是由 DCloud 公司开发的一款功能强大的 HTML5 开发工具。作为前端集成开发环境（Integrated Development Environment，IDE），HBuilder X 旨在加快 Web 应用开发进程。

HBuilder X 的界面设计简洁明了、易于操作。该软件为用户提供了多样的主题，以及自定义选项，使得用户可以根据个人偏好调整编辑器的外观和布局。在编辑器内部，HBuilder X 还提供了智能代码提示和自动补全功能，可以显著提高 HTML 的开发效率。

HBuilder X 具备实时预览和与浏览器同步的功能。这意味着当开发者编写 HTML、CSS 或

JavaScript 代码时，可以直接在浏览器中实时查看效果，无须手动刷新页面。此外，HBuilder X 还支持多浏览器同步，在不同浏览器间可以无缝切换，确保应用在各个环境下正常运行。它支持多种前端技术和框架，如 HTML、CSS、JavaScript、React 和 Vue。

本书将使用 HBuilder X 作为非遗项目站点的开发工具，因为 HBuilder X 除了功能强大外，还方便使用。下面将介绍 HBuilder X 的安装和使用。

（1）安装 HBuilder X

① 下载

在浏览器地址栏输入 HBuilder X 的下载地址 https://www.dcloud.io/hbuilderx.html，按 Enter 键进入对应的下载页面，如图 1-5 所示。将 HBuilder X 的安装包下载到本地目录下即可。

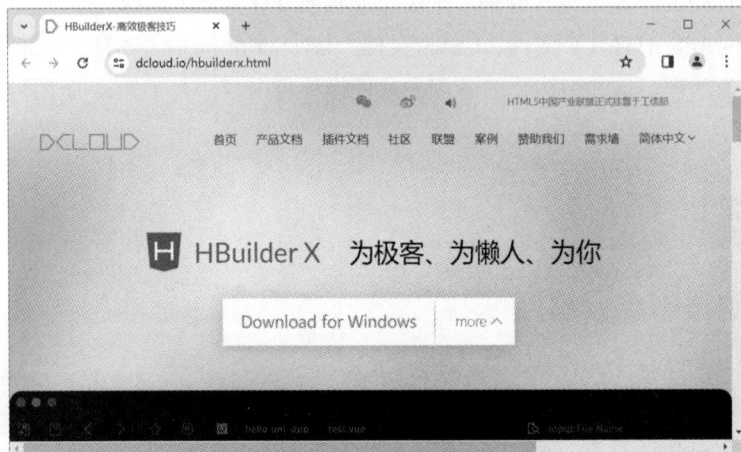

图1-5　HBuilder X下载页面

② 解压安装包

选中下载的安装包，单击鼠标右键，选择"解压到当前文件夹"命令。进入解压后的文件夹，找到 HBuilderX.exe，直接双击，打开 HBuilder X 主界面，如图 1-6 所示。

图1-6　HBuilder X主界面

（2）项目管理

① 导入项目/目录

在 HBuilder X 主界面中选择"文件"→"导入"→"从本地目录导入"命令，如图 1-7 所示。

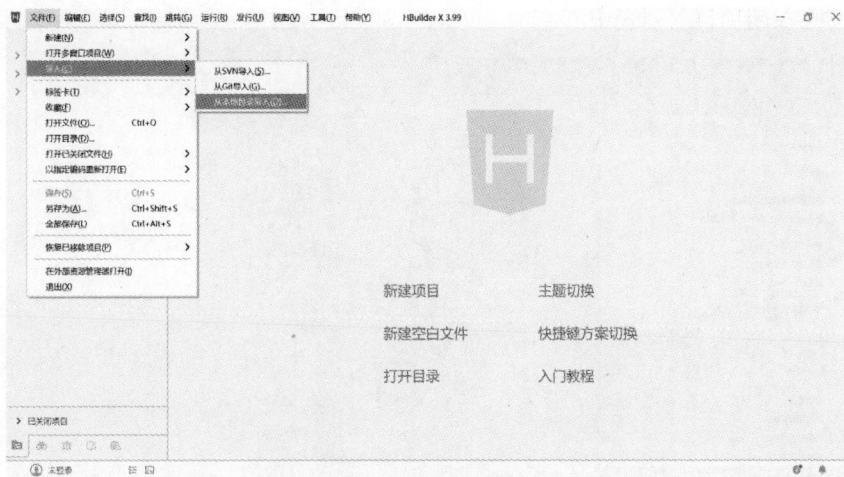

图1-7　导入项目/目录

② 创建项目

在 HBuilder X 主界面中选择"文件"→"新建"命令。HBuilder X 支持多种项目类型，主要有普通项目、uni-app、Wap2App、5+App 和 IDE 插件。选择"普通项目"选项卡，在"新建普通项目"窗口填写相关信息，完成项目的创建，如图 1-8 所示。

图1-8　创建项目

创建好的项目可以在 HBuilder X 左侧的项目管理栏中查看到。

③ 关闭项目

在项目管理器中选中项目，单击鼠标右键，选择"关闭项目"命令，如图 1-9 所示，即可将项目移动到"已关闭项目"列表中。

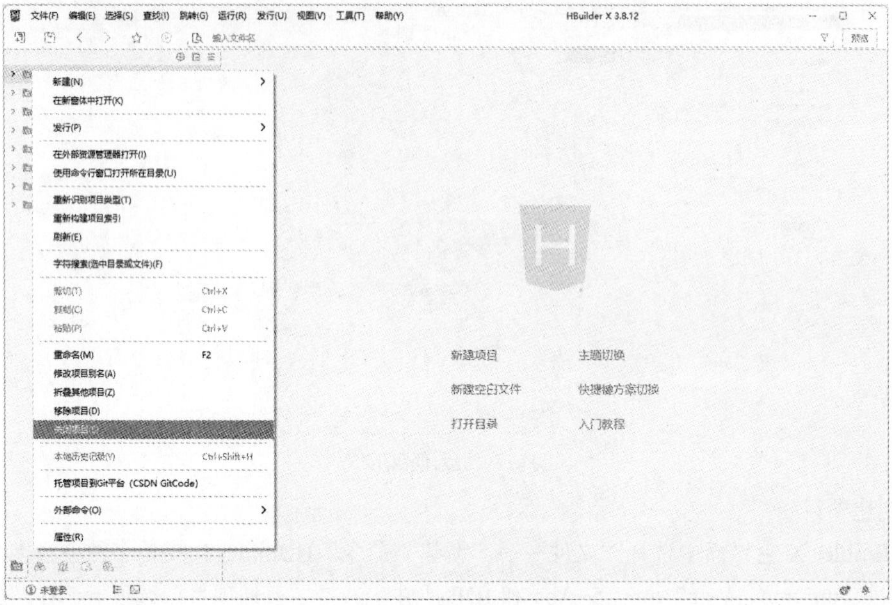

图1-9　关闭项目

当然，后期也可以从"已关闭项目"列表中将需要的项目打开，移动到项目管理器中。

④ 重命名项目

HBuilder X 支持修改项目名称。在项目管理器中选中项目，单击鼠标右键，选择"重命名"命令，如图 1-10 所示。输入新的项目名称，按 Enter 键确认。

图1-10　重命名项目

⑤ 新建文件

要新建网页相关代码文件，需要选中项目，单击鼠标右键，选择"新建"命令，在子菜单中选择要新建的文件类型，如".html 文件"".css 文件"等，如图 1-11 所示。

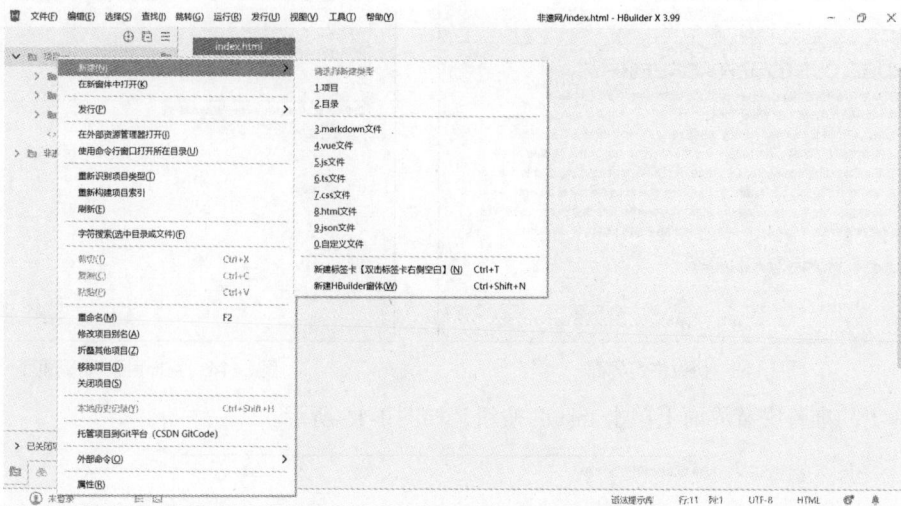

图1-11　新建文件

2. Axure

Axure RP 简称 Axure，是一款由美国 Axure Software Solution 公司开发的专业的快速原型设计工具。它以强大的功能、丰富的组件库和灵活的交互设计成为用户体验（User eXperience，UX）设计和用户界面（User Interface，UI）设计领域广受欢迎的工具之一。Axure 不仅能够帮助设计师快速创建出高度可交互的原型，还能够提高产品设计和开发的效率，促进团队成员之间的沟通与协作。

（1）安装 Axure

在 Axure RP 的官网中下载安装程序后，运行 Axure 的安装包，安装欢迎界面如图 1-12 所示。

图1-12　安装欢迎界面

单击安装欢迎界面上的 Next 按钮，弹出协议许可界面，单击 Next 按钮，如图 1-13 所示。在弹出的目标目录选择界面上单击 Next 按钮，如图 1-14 所示。

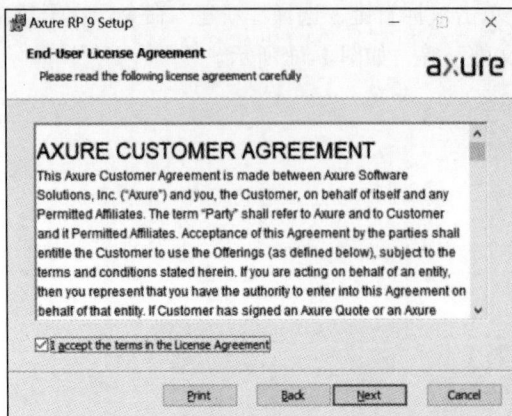

图1-13　协议许可界面　　　　　　　　　　　　　　图1-14　目标目录选择界面

在弹出的准备安装界面上单击 Install 按钮，如图 1-15 所示。

图1-15　准备安装界面

在弹出的安装完成界面上单击 Finish 按钮完成安装，如图 1-16 所示。

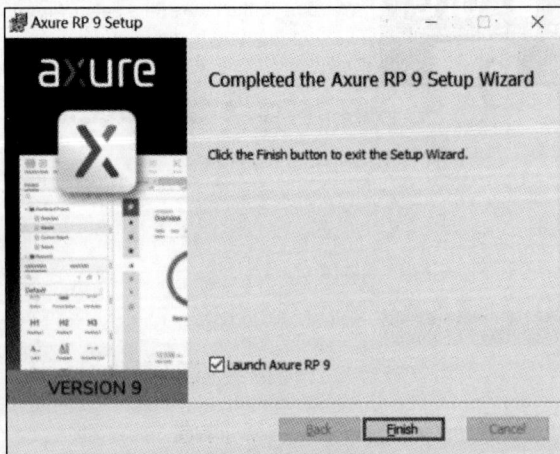

图1-16　安装完成界面

（2）使用 Axure

① 新建项目

打开 Axure，选择"File"→"New"命令，如图 1-17 所示，或者直接按快捷键 Ctrl+N，创建一个新项目。

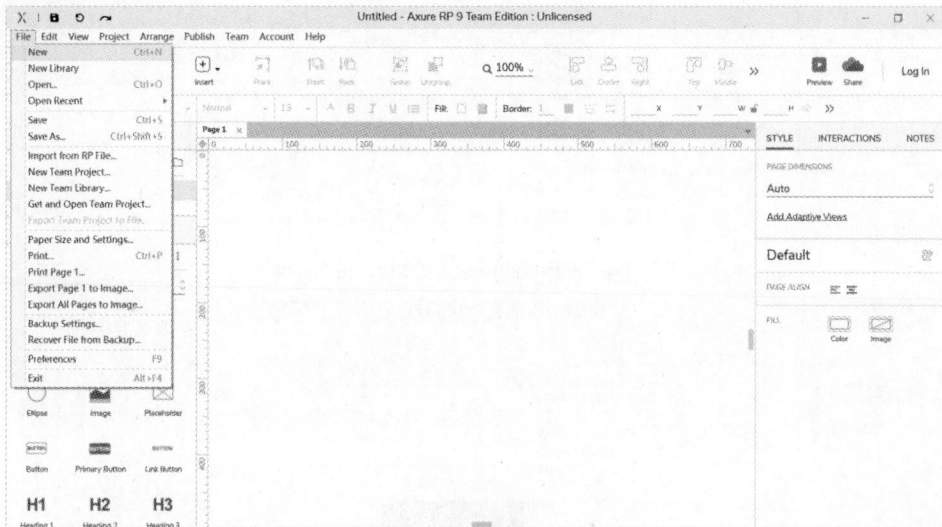

图1-17　新建项目

② 添加元件

从左侧的元件库中将所需的页面元素拖放到画布上。元件库中包含按钮、文本框、图片、表格等常用元件，如图 1-18 所示。

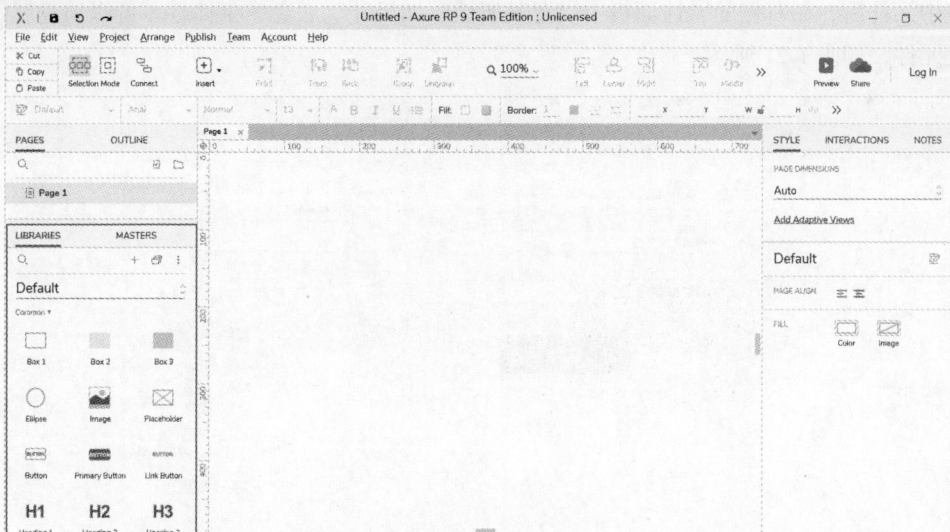

图1-18　元件库

接下来制作一个登录页面，要用到的矩形、文本框、按钮元件如图 1-19 所示。拖动一个矩形到画布上，作为登录页面的背景，设置其颜色、边框等属性。

拖动文本框、按钮等元件到画布上，分别用于输入用户名和密码、提交登录信息。至此，登录页面的原型图制作完成，如图 1-20 所示。

图1-19　要用到的矩形、文本框、按钮元件

图1-20　登录页面的原型图

③ 设置属性

选中元件后，在右侧的属性面板中设置其属性，如尺寸、颜色、字体等。可以通过属性设置来美化元件，如图 1-21 所示。

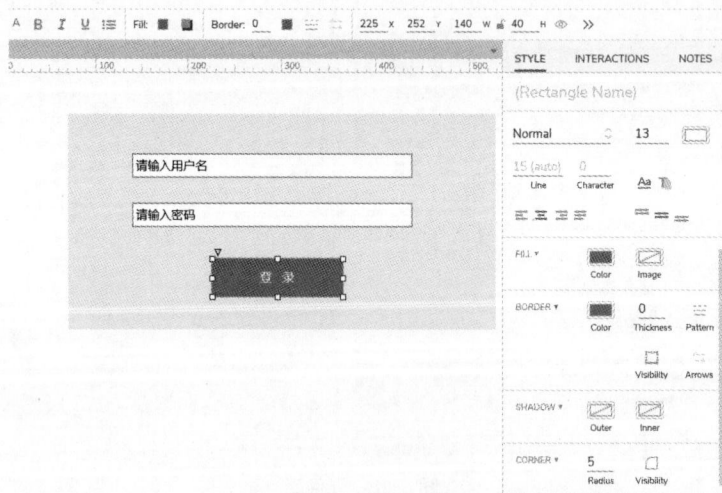

图1-21　元件属性设置

④ 预览

使用 Axure 的预览功能来查看原型的效果。选择"Publish"→"Preview"命令，如图 1-22 所示。在预览模式下可以测试交互是否符合预期，并进行调试。

图1-22　预览功能

预览效果会显示在浏览器中，如图1-23所示。

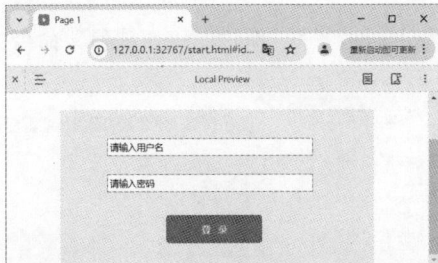

图1-23　预览效果

1.2.3　网站开发的注意事项

网站开发是一个综合性的过程，涉及多个方面的注意事项。

（1）代码规范

网站开发之前，需要制定一套合适的代码规范，包括 HTML 和 CSS 的书写规则、命名约定、注释风格、文件组织结构等多个方面。这些规范确保了代码的可读性、一致性、可维护性和可扩展性。例如，使用有意义的类名和 id，避免使用难以理解的名称；保持一致的缩进风格；在关键或复杂代码处添加注释，说明代码的功能或用途。此外，还需要注意代码的组织结构，将样式表按照功能或页面结构进行划分，便于维护和更新。

（2）跨浏览器兼容性

跨浏览器兼容性是指网站能够在不同的浏览器（如 Chrome、Firefox、Safari、Edge 等）上正确显示和运行的能力，这是开发网站时必须考虑的重要问题。开发者通过遵循使用标准化的 HTML 和 CSS、添加浏览器前缀、定期更新和维护网站代码等措施，可以最大限度地降低跨浏览器兼容性问题带来的影响，确保网站在各种浏览器上都能提供一致且良好的用户体验。

① 使用标准化的 HTML 和 CSS

遵循 W3C 的 HTML 和 CSS 标准，避免使用浏览器特定的标记或属性。这有助于确保网站在各种浏览器上都能正确解析和显示。

② 添加浏览器前缀

对于某些 CSS 属性或 HTML5 特性，不同的浏览器可能需要使用特定的前缀才能支持。例如，

-webkit-是 Safari 基于 WebKit 引擎的浏览器使用的前缀，-moz-是 Firefox 使用的前缀。在编写 CSS 代码时，可以添加这些前缀来确保属性在不同浏览器中的兼容性。

③ 定期更新和维护网站代码

随着浏览器技术的不断发展和更新，可能会出现新的兼容性问题。因此，开发者需要定期更新和维护网站代码，以确保其与最新版本的浏览器兼容。

（3）响应式设计

使用响应式设计不仅是为了适应当前的市场趋势和用户需求，更是为了提升网站的整体性能和用户体验，从而在竞争激烈的在线市场中占据有利地位。响应式设计在 HTML5+CSS 中的实现主要依赖于一系列的技术和策略。通过灵活的布局和样式规则，网站能够自动识别并适应不同设备（如台式计算机、平板计算机、智能手机等）的屏幕大小、分辨率和方向。

任务实施

1. 打开 HBuilder X，选择"文件"→"新建"→"项目"命令，如图 1-24 所示。

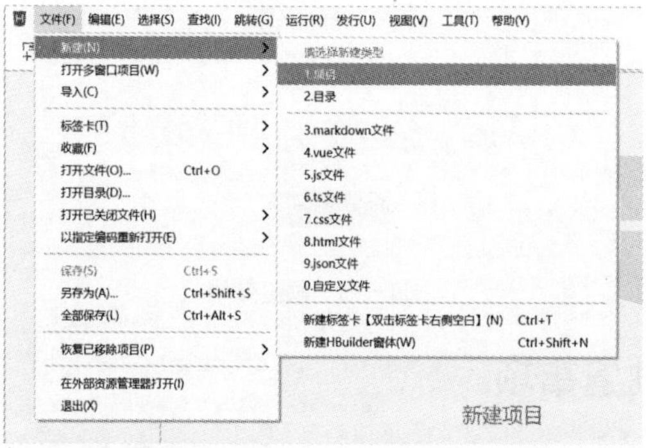

图1-24　选择"文件"→"新建"→"项目"命令

2. 在弹出的对话框中选择要创建的项目类型，输入项目名称"非遗网"，可使用默认保存路径，选择模板"基本 HTML 项目"，单击"创建"按钮完成新项目的创建，如图 1-25 所示。

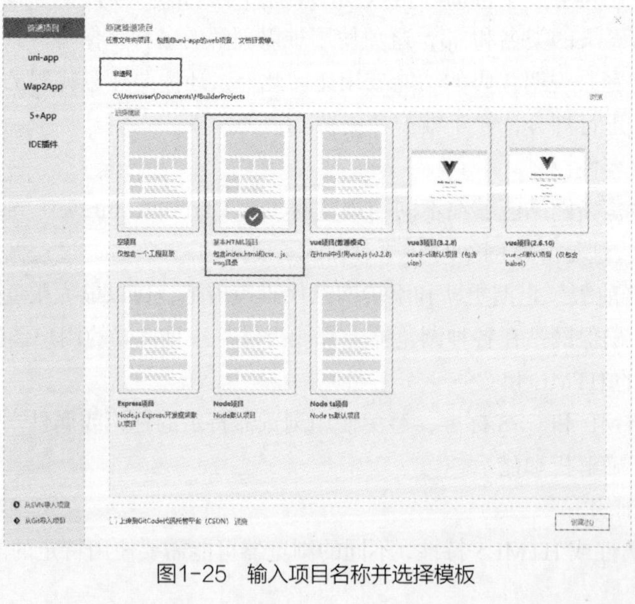

图1-25　输入项目名称并选择模板

3. 项目创建成功之后，会出现在左侧的项目管理器中，如图 1-26 所示。

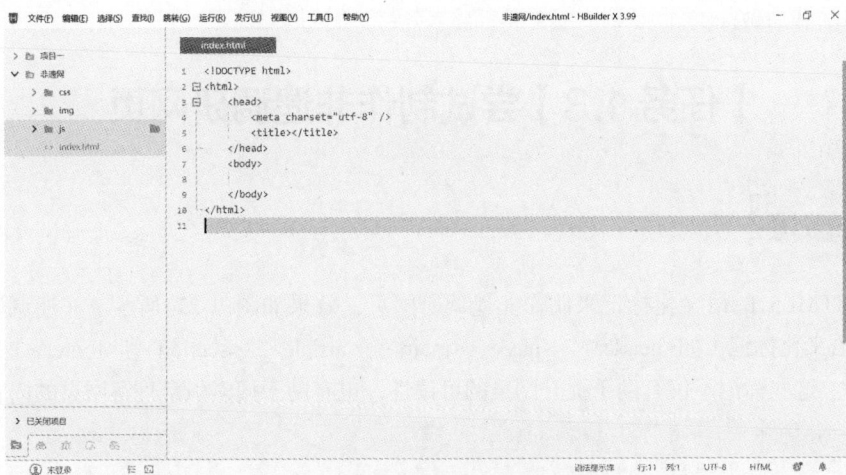

图1-26 项目创建完成

其中，css 文件夹用来存放非遗网站的样式表文件，img 文件夹用来存放非遗网站的图片，js 文件夹用来存放非遗网站的脚本文件。

💬 **实战小技巧**

HBuilder X 是一款强大的 IDE，它提供了丰富的功能和工具，能帮助开发者提高编程效率。

（1）快捷键的使用

掌握常用快捷键：HBuilder X 提供了丰富的快捷键，如按快捷键 Ctrl+D 可删除当前行、按快捷键 Ctrl+E 可选中多个相同的内容、按快捷键 Ctrl+Shift+U 可转换大小写等。熟练掌握这些快捷键可以大大提高编程效率。

自定义快捷键：根据个人习惯，可以在 HBuilder X 的设置中自定义快捷键，使操作更加顺手。

（2）高效编程习惯

代码注释：养成良好的代码注释习惯，可以提高代码的可读性和可维护性。HBuilder X 支持单行注释（快捷键为 Ctrl+/）和多行注释（快捷键为 Ctrl+Shift+/）。

在网页开发中将用到 3 种代码的注释符号。

HTML 代码的注释符号为 "<!--" 和 "-->"，用于注释 HTML 代码和文字，可提高代码可读性和友好性。注释代码将与其他代码一同发送到客户端，但浏览器不会运行注释代码。示例代码如下。

```
<!-- <h1>文字</h1> -->
```

CSS 代码的注释符号为 "/*" 和 "*/"。示例代码如下。

```
/*      body {
            font-size: 14px;
} */
```

JavaScript 代码的注释符号："//" 为单行注释，"/*" 和 "*/" 为多行注释。示例代码如下。

```
// console.log("JavaScript!");
/*
    var i=0;
    i=i+1;
*/
```

代码格式化：使用 HBuilder X 的代码格式化功能（快捷键为 Ctrl+K）可以自动调整代码格式，使其更加整洁和一致。

【任务 1.3】尝试制作非遗调研网页

任务描述

使用 HTML5 的语义化标记来制作非遗调研网页，效果如图 1-27 所示。非遗调研网页使用 HTML5 的语义化标记（如<header>、<nav>、<main>、<article>、<section>和<footer>）来构建网页内容的结构。这些标记不仅有助于提升网页的可读性，也有助于搜索引擎理解网页的内容和结构。

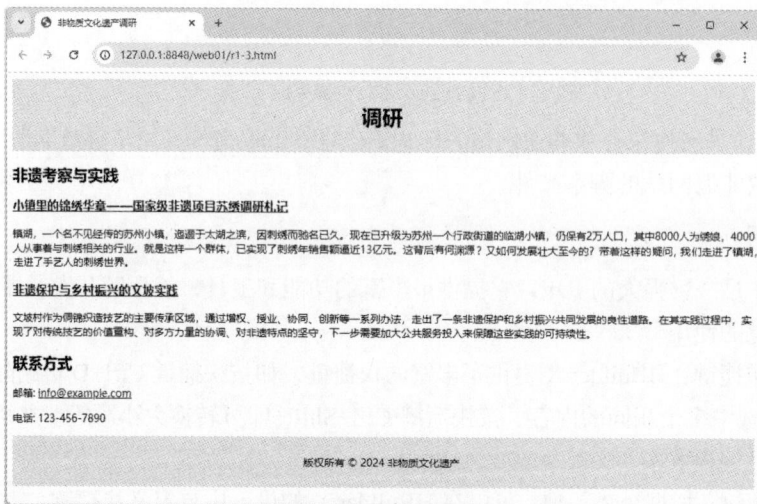

图1-27　非遗调研网页效果

知识准备

1.3.1　HTML5 基础语法

1. HTML5 标记

HTML5 标记的语法遵循 HTML 的基本规则，但 HTML5 引入了一些新的标记和属性，废弃了一些旧的标记和属性，以支持更丰富的网页内容和更好的用户体验。HTML5 标记分为双标记和单标记。

HTML5 双标记的基本语法如下。

```
<标记名称> 标记内容</标记名称>
```

HTML5 标记由尖括号 "<" 和 ">" 及它们包围的关键词构成。HTML5 双标记由开始标记和结束标记组成，即标记会成对出现。形如<html></html>，其中<html>为开始标记，</html>为结束标记，标记内容可以是文字或嵌套其他标记等。

在网页文件中单独出现的标记称为单标记，HTML5 单标记的基本语法如下。

<标记名称>或<标记名称 />

单标记又称为自闭合标记，它们不需要结束标记。常见的单标记有\<br\>、\<hr\>、\<img\>，或\<br/\>、\<hr/\>、\<img/\>，两种写法都可以，后者属于 XHTML 规范写法。在 XHTML 中，即使是单标记也必须被正确地关闭。

【实例 1-1】双标记和单标记。

序号	HTML 代码
1	`<!DOCTYPE html>`
2	`<html>`
3	`<head>`
4	`    <meta charset="utf-8">`
5	`    <title>段落标记</title>`
6	`</head>`
7	`<body>`
8	请看标题栏
9	`</body>`
10	`</html>`

在上面的实例中，\<meta\>为单标记，其他都是双标记，如\<head\>\</head\>，该标记中嵌套了\<title\>\</title\>标记，其内容仅有文本。

2. HTML5 标记属性

HTML5 标记可以包含属性，用来描述当前标记的某方面特性。例如，\<hr/\>标记表示水平线，当需要具体化水平线的粗细（size）、对齐方式（align）、宽度（width）时，需要分别给\<hr/\>标记的 size 属性、align 属性、width 属性设置具体的属性值。HTML5 标记属性的基本语法如下。

<标记名称　属性名称1="属性值"　属性名称2="属性值"　…　属性名称n="属性值">

属性总是以"属性名称=属性值"的形式出现，如 name="value"。属性值可以用单引号或双引号引起来，也可以不引，但一般习惯将属性值用双引号引起来。

HTML5 标记属性有全局属性和非全局属性之分。全局属性可用于任何 HTML 标记，常见的全局属性有 id 属性、class 属性、style 属性等。非全局属性只适用于某一个或一些特定的 HTML 标记。

【实例 1-2】设置水平线的粗细、对齐方式、宽度和颜色属性。

序号	HTML 代码
1	`<!DOCTYPE html>`
2	`<html>`
3	`    <head>`
4	`        <meta charset="utf-8" />`
5	`        <title>设置水平线</title>`
6	`    </head>`
7	`    <body>`
8	水平线属性：粗细为 1，对齐方式为左对齐，宽度为整个屏幕的 75%。
9	`        <hr size="1" align="left" width="75%">`
10	水平线属性：粗细为 5，对齐方式为右对齐，宽度为整个屏幕的 100%，颜色为黑色。
11	`        <hr size="5" align="right" width="100%" color="black">`
12	`    </body>`
13	`</html>`

<hr>标记的 size 属性用于设置水平线的粗细，align 属性用于设置水平方向上的对齐方式，width 属性用于设置宽度，color 属性用于设置颜色。设置水平线属性的网页效果如图 1-28 所示。

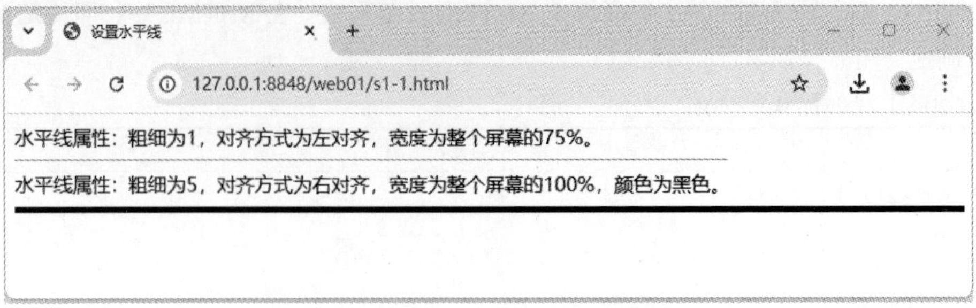

图1-28　设置水平线属性的网页效果

1.3.2　HTML5 文件整体结构

HTML5 文件由两部分组成，分别为文件头部和文件主体，如图 1-29 所示。<head></head>标记表示文件头部，<body></body> 标记创建文件主体。文件顶级标记为 <html></html> 标记，它的直接子元素为 <head></head> 标记和 <body></body>标记。

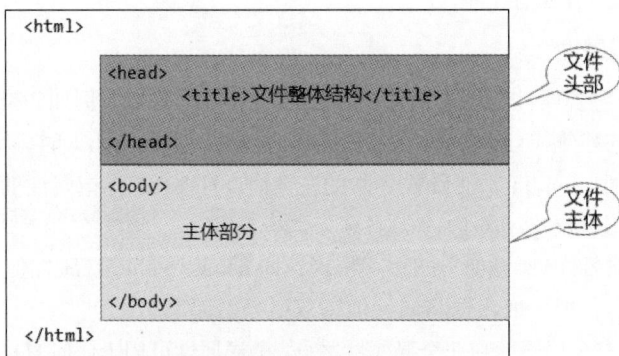

图1-29　HTML5文件整体结构

1. 文件头部

文件头部是<head></head>标记所表示的区域，该区域用于定义 HTML5 文件的信息，如网页标题、字符集、网页过期时间和网页关键词等。文件头部是 HTML5 文件整体结构中不可或缺的一部分，对网页的渲染、行为、性能、搜索引擎优化及用户体验等方面都有着至关重要的影响。另外，对外部文件（如 CSS 文件、JavaScript 文件）的引用也会放在文件头部。

（1）设置网页标题

HTML5 文件头部<head></head>标记中的<title></title>标记用于设置网页标题，标题信息会显示在浏览器的标题栏上，如图 1-30 所示。

（2）设置元信息

元信息标记为<meta>标记，位于文件头部，用于定义页面的元信息，如针对搜索引擎和网页更新频度的描述和关键词。元信息以"名称=值"的形式定义，基本语法如下。

微课 1.5

```
1  <!DOCTYPE html>
2  <html>
3      <head>
4          <meta charset="utf-8">
5          <title>请在此输入标题</title>
6      </head>
7      <body>
8          请看标题栏
9      </body>
10 </html>
```

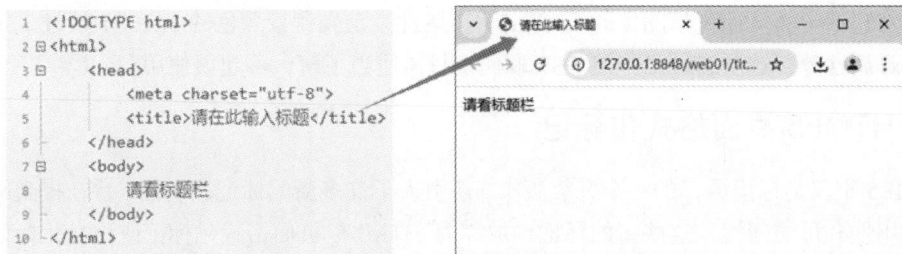

图1-30　网页标题

```
<meta http-equiv=" "|name=" " content=" " />
```
使用<meta>标记定义针对搜索引擎的关键词，代码如下。
```
<meta name="keywords" content="HTML5, CSS3, JavaScript" />
```
定义对页面的描述，代码如下。
```
<meta name="description" content="Web 前端技术教程。" />
```
定义页面的最新版本，代码如下。
```
<meta name="revised" content="kelly, 2024/8/8/" />
```
定义每 5s 刷新一次页面，代码如下。
```
<meta http-equiv="refresh" content="5" />
```
在 HTML5 中，有一个新的属性 charset，它使字符集的定义更加容易，代码如下。
```
<meta charset="utf-8">
```
在移动端页面开发中，需要定义视口，代码如下。
```
<meta name="viewport" content="width=device-width, initial-scale=1.0, maximum-scale=1.0, user-scalable=no">
```

以上代码将布局视口的宽度设置为设备的屏幕宽度，初始缩放比例为 1.0，禁止用户缩放页面。这样的设置有助于确保页面在移动设备上能够良好地显示，并且避免了用户的缩放操作带来的布局混乱。

视口（Viewport）元信息标记在移动端网页开发中扮演着至关重要的角色，它主要用于控制页面在移动设备浏览器中的布局宽度、缩放比例等，以实现更好的页面显示效果。

视口元信息标记主要通过 content 属性来设置各种参数，常用的参数如下。

- width：设置布局视口的宽度。常用的特殊值有 device-width，表示布局视口的宽度等于设备的屏幕宽度（即理想视口的宽度）。
- initial-scale：设置页面的初始缩放比例。initial-scale=1.0 表示页面以 1:1 的比例显示，即页面宽度等于布局视口的宽度。
- maximum-scale：设置页面能够放大的最大比例。
- minimum-scale：设置页面能够缩小的最小比例。但这一参数在实际开发中较少使用，因为过小的页面难以阅读。
- user-scalable：控制用户是否可以通过手势对页面进行缩放。user-scalable=yes 表示允许缩放，user-scalable=no 表示禁止缩放。但请注意，完全禁止缩放可能会影响用户体验，应谨慎使用。

2. 文件主体

<body></body>标记定义文件主体，对应区域为浏览器显示区域。可以在<body></body>标记中放置文本、超链接、图像、表格和列表等多种网页元素，构成网页显示内容。<body></body>

标记的属性包括定义页面背景图像的 background 属性、定义背景颜色的 bgcolor 属性、定义文字颜色的 text 属性等，这些属性已经被 CSS 取代，只需适当了解，不建议使用。

1.3.3　HTML5 页面格式化标记

HTML5 不仅是标记语言的一个升级版本，还引入了许多新的标记和属性，旨在提高网页的语义性、可用性和可访问性。这些新的标记也被称为 HTML5 页面格式化标记或语义化标记，为开发者提供了更多结构化文件内容的工具。下面将详细介绍常用的 HTML5 页面格式化标记。

1. <nav>标记

<nav>标记用于定义导航超链接的集合。这些超链接通常是到网站内其他页面的超链接，或者到网站内不同部分的超链接。虽然<nav>标记主要用于定义导航超链接，但并不局限于超链接。它应该包含对当前页面或文件的主要导航部分。<nav>标记本身并不提供任何特定的样式，它只是一个语义化的容器。

<nav>标记可以位于 HTML5 文件的任何位置，但通常放置在顶部、侧边栏或页脚区域。它也可以嵌套在<header>、<footer>、<aside>或<section>等标记的内部，以表示这些区域的导航部分。示例代码如下。

```
<nav>
   <ul>
     <li><a href="#">首页</a></li>
     <li><a href="#">关于我们</a></li>
     <li><a href="#">服务</a></li>
     <li><a href="#">联系方式</a></li>
   </ul>
</nav>
```

2. <header>标记

<header>是 HTML5 引入的一个新标记，它用于定义文件或文件内某个区域的头部。<header>标记通常包含介绍性的内容。示例代码如下。

```
<header>
   <h1>我的网站标题</h1>
   <nav>…</nav>
</header>
```

3. <section>标记

<section>标记用于对文件或应用中的页面内容进行划分。<section>标记代表了文件中的一个通用区块或节（Section），这个区块或节通常包含一组相关的内容，如章节、页眉、页脚或文件中的其他部分。

<section>标记内部可以包含各种类型的内容，如标题（<h1>～<h6>）、段落（<p>）、列表（<ul>、<ol>）、图片（<img>）、表格（<table>）、其他<section>标记等。需要注意的是，这些内容应该与<section>标记所代表的区块或节紧密相关。虽然<section>标记本身不强制要求包含标题，但通常建议在每个<section>标记的开始处使用标题（如<h1>～<h6>），以便明确地标识该区块或节的主题或内容。示例代码如下。

```
<section>
  <h1>标题</h1>
```

```
    <p>段落内容</p>
</section>
```

4. <article>标记

<article>标记用于表示文件、页面或应用中的一个独立的、可复用的或可引用的内容区块。这个标记通常包含完整、独立的内容，如博客帖子、新闻报道、用户评论或独立的文章。<article>标记强调的是内容的独立性和可引用性。

与<section>标记类似，<article>标记也通常包含一个标题（如<h1>），以标识该内容区块的主题或标题。然而，需要注意的是，在<article>标记内部，<h1>标记的内容可以被用作该区块的主要标题，而在包含<article>标记的父元素（如<section>或<main>）中，<h1>标记的内容则可能表示更高级别的标题。示例代码如下。

```
<article>
<a href="https://news.sina.com.cn/">新浪新闻</a><br/>
5 月 11 日，我国新疆阿勒泰等地天空中出现了绚丽的极光。提起极光，大家并不陌生。它是太阳爆发
活动产生的高能粒子与地球大气相遇后产生的光学现象，象征着地球大气外环境参数的剧烈变化。
</article>
```

5. <aside>标记

<aside>标记用于表示与页面其他部分内容稍独立或部分相关的内容区块。这个标记通常用于表示侧边栏、广告、引用、导航超链接集合、注释、小工具或其他形式的补充信息。<aside>标记中的内容不应该是页面的主要内容，而应该是对主要内容的补充或辅助。<aside>标记可以在文件的任何位置使用，并且可以与其他 HTML5 语义化标记（如<article>、<section>、<nav>）结合使用，以构建出结构清晰、逻辑分明的网页。示例代码如下。

```
<p>段落文字</p>
<aside>
<h4>标题</h4>
文字内容
</aside>
```

6. <footer>标记

<footer>是 HTML5 引入的一个新标记，用于定义其所在区域的页脚。它通常包含关于该区域的信息，如作者信息、版权信息、使用条款超链接、联系方式等。<footer>标记不仅用于表示页面的底部，虽然它在这个位置最为常见，但它也可以用于表示任何区块级内容的底部，如 <article>、<section>或<div>标记的底部。示例代码如下。

```
<footer>版权所有</footer>
```

7. <main>标记

<main>标记用于定义文件的主体内容。这个标记代表了页面内容的中心部分，它是<body>标记内部的一个直接子元素，用于包含网页上的主要内容，通常这部分内容对于页面的主题或目标是至关重要的。<main>标记在一个页面上仅能使用一次，并且其内容应该与文件的其余部分（如页眉、页脚、导航栏等）区分开来。<main>标记内的内容应该是用户访问该页面时首先希望看到或与之交互的内容。<main>标记是<body>标记的直接子元素，不应嵌套在其他语义化标记内。示例代码如下。

```
<body>
<main>
```

```
<h1>前端开发技术</h1>
<p>我们一起来学习制作网页吧! </p>
<article>
  <h2>HTML5</h2>
  <p>欢迎进入 HTML5 的学习! </p>
</article>
<article>
  <h2>CSS3</h2>
  <p>欢迎进入 CSS3 的学习! </p>
</article>
</main>
</body>
```

任务实施

1. 在 HBuilder X 的目录下新建网页文件 1-1.html。

2. 定义页面头部信息，utf-8 字符集支持中文。

```
<meta charset="utf-8">
```

3. 定义视口。

```
<meta name="viewport" content="width=device-width, initial-scale=1.0">
```

4. 定义网页标题为"非物质文化遗产调研"。

```
<title>非物质文化遗产调研</title>
```

5. 构建页眉区域。非遗调研网页分成 3 部分：页眉区域、主体内容区域和页脚区域。页眉区域通常包含网站的标志、导航栏等，这里显示网页的名称，代码如下。

```
<header>
    <h1>调研</h1>
</header>
```

6. 构建主体内容区域。主体内容区域包含网页的主要内容和信息。主要内容包括非遗考察与实践及网站的联系方式，代码如下。

```
<main>
     <section id="projects">
          <h2>非遗考察与实践</h2>
          <article>
               <h3><a href="dy_1.html">小镇里的锦绣华章——国家级非遗项目苏绣调研札记</a></h3>
               <p>镇湖，一个名不见经传的苏州小镇，迤逦于太湖之滨……</p>
          </article>
          <article>
               <h3><a href="dy_2.html">非遗保护与乡村振兴的文坡实践</a></h3>
               <p>文坡村作为侗锦织造技艺的……</p>
          </article>
          <!-- 可以继续添加其他非遗考察与实践的条目 -->
     </section>
     <section id="contact">
          <h2>联系方式</h2>
          <p>邮箱：<a href="mailto:info@example.com">info@example.com</a></p>
          <p>电话：123-456-7890</p>
```

Web 前端开发技术项目教程（HTML5+CSS3+JavaScript）（微课版）

```
                </section>
        </main>
```

7. 构建页脚区域。页脚区域通常包含版权信息、作者信息、联系方式等，代码如下。

```
<footer>
        <p>版权所有 © 2024 非物质文化遗产</p>
</footer>
```

8. 为使页面效果较为美观，对网页元素设置样式，代码如下。后面的单元将详细介绍该操作，此处不展开说明。

```
body {
                font-size: 14px;/*设置网页的字体大小为14像素*/
        }
        header,footer{
                background:url(img/bg.png)；/*设置页眉、页脚区域的背景图片*/
                text-align: center; /*设置页眉、页脚区域的文字水平居中*/
                padding: 10px 0; /*设置页眉、页脚区域的上、下填充为10像素*/
        }
```

页面参考代码如下。

序号	HTML 代码与 CSS 代码
1	`<!DOCTYPE html>`
2	`<html>`
3	`    <head>`
4	`        <meta charset="utf-8">`
5	`        <meta name="viewport" content="width=device-width, initial-scale=1.0">`
6	`        <title>非物质文化遗产调研</title>`
7	`        <style>`
8	`            body {`
9	`                    font-size: 14px;`
10	`            }`
11	`            header,footer{`
12	`                    background:url(img/bg.png);`
13	`                    text-align: center;`
14	`                    padding: 10px 0;`
15	`            }`
16	`        </style>`
17	`    </head>`
18	`    <body>`
19	`        <header>`
20	`            <h1>调研</h1>`
21	`        </header>`
22	`        <main>`
23	`            <section id="projects">`
24	`                <h2>非遗考察与实践</h2>`
25	`                <article>`
26	`                    <h3><a href="dy_1.html">小镇里的锦绣华章——国家级非遗项目苏绣调研札记</a></h3>`
27	`                    <p>镇湖，一个名不见经传的苏州小镇，迤逦于太湖之滨……</p>`

序号	HTML 代码与 CSS 代码
28	`</article>`
29	`<article>`
30	`<h3><a href="dy_2.html">非遗保护与乡村振兴的文坡实践</a></h3>`
31	`<p>文坡村作为侗锦织造技艺的……</p>`
32	`</article>`
33	`<!-- 可以继续添加其他非遗考察与实践的条目 -->`
34	`</section>`
35	`<section id="contact">`
36	`<h2>联系方式</h2>`
37	`<p>邮箱：<a href="mailto:info@example.com">info@example.com</a></p>`
38	`<p>电话：123-456-7890</p>`
39	`</section>`
40	`</main>`
41	`<footer>`
42	`<p>版权所有 © 2024 非物质文化遗产</p>`
43	`</footer>`
44	`</body>`
45	`</html>`

智海引航

【问题 1.1】静态网页和动态网页技术的应用领域

静态网页和动态网页技术在不同领域有着广泛的应用，两者各有特点和优势，能够适应不同场景，满足不同需求。

静态网页技术具有加载速度快、安全性高、易于部署和维护等特点，通常适用于以下领域。

1. 企业官网和产品展示：企业官方网站通常包含大量的固定内容，如公司简介、产品介绍、联系方式等，这些信息不经常更改，适合使用静态网页技术。静态网页能够快速加载、提升用户体验，同时减轻服务器负担。

2. 简单应用程序：一些简单的 Web 应用程序（如在线计算器、单位换算工具等）的功能和数据相对固定，不需要与后端数据库进行频繁交互，因此也适合使用静态网页技术。

动态网页技术以高度的交互性、个性化的用户体验和实时的数据处理能力在以下领域展现出强大的优势。

1. 电子商务：电商平台需要处理大量的用户数据和商品信息，动态网页技术能够实时更新商品库存、价格、用户订单等信息，并提供购物车、支付结算等交互功能，极大地提升了用户体验和平台的运营效率。

2. 社交媒体：社交媒体平台（如微博、微信、Facebook 等）需要实时处理用户的发布、评论、点赞等操作，动态网页技术能够支持这些实时交互功能，并根据用户的行为和兴趣推荐相关内容。

3. 新闻资讯：新闻网站需要实时更新资讯，动态网页技术能够自动从数据库中抓取新闻内容，并生成相应的网页，确保用户能够获取到最新的新闻资讯。

4. 在线教育：在线教育平台需要处理大量的教学资源和用户学习数据，动态网页技术能够支持在线课程的实时播放、学习进度的跟踪和学习资源的个性化推荐等功能，提升教学效果和学习体验。

【问题 1.2】CSS3 的新特性

CSS3 作为 CSS 技术的最新演变，引入了许多新特性和模块，极大地增强了开发者的设计能力。以下是 CSS3 的主要新特性。

1. 增加选择器

CSS3 增加了属性选择器、伪类选择器、伪元素选择器、多重选择器等，使得选择网页元素更加灵活、方便。

2. 增加圆角属性并进行盒模型调整

CSS3 增加了圆角属性，极大地简化了设置元素圆角的 CSS 代码。

盒模型调整：box-sizing 属性改变了默认的 CSS 盒模型，使得元素的宽度和高度设置包括内边距（padding）和边框（border），但不包括外边距（margin），从而使布局更加直观和简单。

3. 强化背景与图像的处理

CSS3 支持多背景图像设置，并且增强了背景尺寸和位置的调整，同时引入了线性渐变（linear- gradient）和径向渐变（radial-gradient），允许在元素的背景中创建平滑过渡的颜色效果。

4. 增加文本效果样式

CSS3 增加了文本阴影样式，提供了更丰富的文字装饰效果，如 text-overflow 属性可以处理溢出文本的显示方式。

5. 增加布局方式

CSS3 增加了弹性盒子布局和网格布局。弹性盒子布局是一种更灵活和自适应的布局方式。网格布局是一个二维网格系统，用于满足更复杂的布局需求，允许将页面分割为行和列，控制元素在网格中的位置和大小。

6. 增加动画与过渡效果

CSS3 增加了过渡效果，使用 transition 属性可实现在元素状态改变时平滑地过渡属性值，如颜色、大小、位置等。CSS3 增加了关键帧动画（@keyframes），它允许创建复杂的动画效果，通过定义关键帧和过渡细节来控制动画的执行。变换效果使用 transform 属性进行设置，可以对元素进行旋转、缩放、倾斜和平移等变换操作，实现二维或三维的变换效果。

7. 增加字体与排版控制

CSS3 可通过@font-face 规则在网页中引入自定义字体文件。

8. 响应式设计

CSS3 的媒体查询（Media Queries）允许根据不同的媒体类型和条件（如屏幕尺寸）来应用不同的样式和布局，从而实现响应式设计。

9. 增加滤镜属性

CSS3 增加了滤镜属性，允许应用各种图形效果（如模糊、亮度调整、对比度调整、灰度化、色彩反转等）到元素上。

匠心独运——翠微清响 流水高山

古琴旧称"琴"，又名"七弦琴""绿绮""丝桐"等。它主要体现为一种平置弹弦乐器，古琴相传创始于史前传说时代的伏羲氏和神农氏时期。以目前考古发掘的资料证实，古琴作为一件乐器的形制到汉代已经发展完备，其演奏艺术与风格经历代琴人及文人的创造而不断完善，一直延续至今。古琴演奏是我国历史上最古老、艺术水准最高，以及最具民族精神、审美情趣和传统艺术特征的器乐演奏形式之一。2006 年，古琴艺术入选国家级非物质文化遗产代表性项目名录（同"国家级非物质文化遗产名录"）。

常见古琴曲目有《梅花三弄》《流水》《潇湘水云》《阳关三叠》《忆故人》等。打谱作为古琴音乐传承中极具创新精神的活动，充分体现了琴人在处理口传与"依谱寻声"、流派传统与琴人个性、音乐的整体与技术细节等多个方面的经验和智慧。古琴艺术中所包含的儒家传统精神及崇尚自然的道家思想，也为生活在现代化环境中的人们调整与自然和社会的关系，不断认知、体验"天人合一"哲学观的深刻性和合理性带来许多新的启示。

单元习题

一、选择题

1. HTML 代码开始和结束的标记是（　　　）。

    A. 以<html>开始，以</html>结束

    B. 以<JavaScript>开始，以</JavaScript>结束

    C. 以<style>开始，以</style>结束

    D. 以<body>开始，以</body>结束

2. 以下（　　　）工具是所见即所得的 HTML 开发工具。

    A. 记事本　　　　B. Dreamweaver　　　C. Word　　　　D. WPS

3. 可以实现类似于弹出提示框这样的网页交互功能的语言是（　　　）。

    A. HTML　　　　B. CSS　　　　C. JavaScript　　　D. Eclipse

4. 下列不属于 Dreamweaver 环境中的编辑视图的是（　　　）。

    A. 代码视图　　　B. 设计视图　　　C. 拆分视图　　　D. 记事本视图

5. 下列关于 HTML5 的说法正确的是（　　　）。

    A. HTML5 只是对 HTML4 的一个简单升级

    B. 所有主流浏览器都支持 HTML5

    C. HTML5 新增了离线缓存机制

    D. HTML5 主要针对移动端进行优化

Web 前端开发技术项目教程（HTML5+CSS3+JavaScript）（微课版）

二、填空题

1. 通常将网页分为_____网页和_____网页。

2. 一个 HTML 文件是由一系列的_____组成的。

3. 网站往往由多个_____组成。

4. CSS 的中文全称为_____，HTML 的中文全称为_____。

三、上机题/问答题

1. HTML、CSS、JavaScript 在网页设计中分别扮演什么角色？

2. 使用 HTML、CSS、JavaScript 设计一个简单的网页。

3. 怎样学习使用 HTML、CSS、JavaScript 等进行网页开发？能写出你的学习计划吗？

单元2
创建网页元素与制作非遗机构介绍页面和非遗国内机构详情页面

02

本单元将介绍各种 HTML5 标记的使用，以及标记属性的设置，并通过 HTML5 来搭建网页内容。如果把制作网页比喻成盖房子，HTML5 标记就是组成房子的一砖一瓦。不同的网页标记可创建不同的网页元素，其中文本是常见网页元素，文本标记（如标题标记、段落标记）可以创建和组织网页文本内容，并赋予文本不同的语义。超链接、图片也是网页上使用频繁的网页元素，能丰富网页内容，帮助开发者制作出图文并茂的网页。

学习目标

1. 掌握标题和段落的创建。
2. 掌握超链接的创建及属性设置。
3. 能够正确插入图片，并对图片进行属性设置。
4. 学会相对路径和绝对路径的设置。
5. 能够独立制作图文并茂的网页。
6. 培养规范化、标准化的代码书写习惯。
7. 培养对传统文化的热爱，传承非遗文化。

情景导入

小新建好非遗项目站点后做了很多前期的准备工作，包括实地采集非遗项目的图文素材、在互联网上搜集和整理非遗相关资料等，然后就迫不及待地开始制作非遗网站的第一个网页——非遗机构介绍页面。他打开 HBuilder X，边想网页内容边编写网页代码，发现工作效率低，对于网页内容一会儿一个想法，编写的代码基本都要重写，一下午都没什么进展。于是他请教在公司做前端技术工程师的王威学长，王威学长告诉他开发一个网站的基本流程是先整体规划网站的内容，然后确定网站的每个网页，为每个网页设计详细的原型图，最后根据设计的网页原型图来制作网页，小新听后恍然大悟。王威学长为小新制订了如下任务规划。

① 设计非遗机构介绍页面和非遗国内机构详情页面。
② 创建文本元素并制作非遗国内机构详情页面。
③ 创建超链接并插入相关阅读内容。
④ 插入图片并制作非遗机构介绍页面。

【任务2.1】设计非遗机构介绍页面和非遗国内机构详情页面

▶ 任务描述

工单编号	RW2-1
任务名称	设计非遗机构介绍页面和非遗国内机构详情页面
任务负责人	小新
任务说明	通过单击非遗网站首页中的"机构"导航项进入非遗机构介绍页面，该页面有各类非遗机构详情页面的超链接，其中本单元只以非遗国内机构详情页面为案例进行展示
任务要求	1. 设计非遗机构介绍页面。非遗机构介绍页面主要包含非遗国内机构、国际组织或机构的相关介绍 2. 设计非遗国内机构详情页面。非遗国内机构详情页面内容是对"中国非物质文化遗产保护中心"专业机构的详细介绍
任务完成情况	

任务等级	□一般	□重要	□紧急	□非常紧急
完成时间	□提前完成	□按时完成	□延期完成	□未能完成
完成质量	□优秀	□良好	□一般	□差

🔑 任务实施

打开 Axure，建立非遗机构介绍页面和非遗国内机构详情页面原型图，设计页面。根据任务工单给出以下 UI 设计。

1. 非遗机构介绍页面的原型图如图 2-1 所示。网页元素包括标题元素、段落元素等文本元素，还有超链接、图片等。

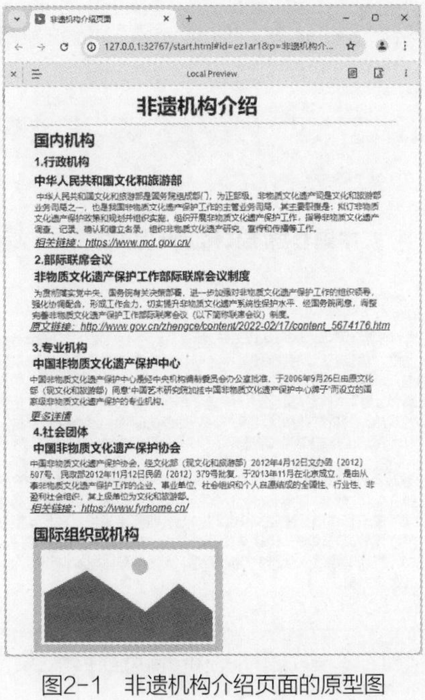

图2-1　非遗机构介绍页面的原型图

2. 非遗国内机构详情页面的原型图如图 2-2 所示。网页元素主要包括标题元素、段落元素、水平线元素等。

图2-2　非遗国内机构详情页面的原型图

【任务 2.2】创建文本元素并制作非遗国内机构详情页面

微课 2.1

▷ 任务描述

通过创建网页元素（包括各级标题元素、段落元素，特殊字符等）来制作非遗国内机构详情页面主体，效果如图 2-3 所示。

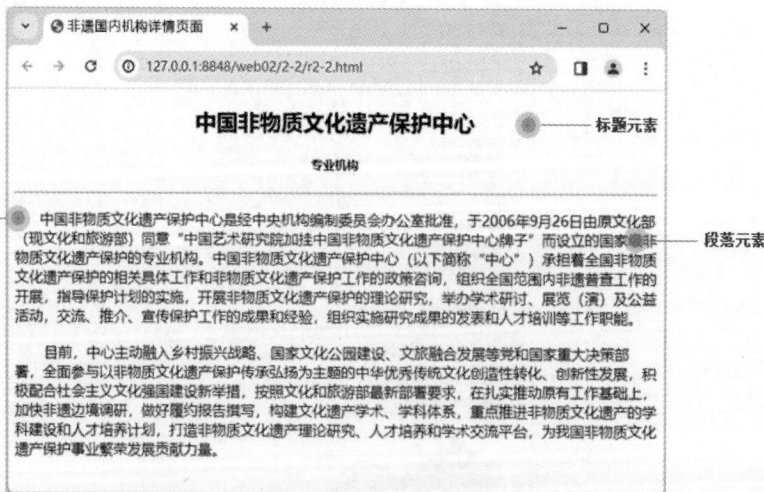

图2-3　非遗国内机构详情页面主体效果

2.2.1　创建标题元素

HTML5 的标题标记包括 6 个级别，从<h1>到<h6>，其中，<h1>表示最高级别的标题，<h6>表示最低级别的标题。这些标题标记用于定义文件中的标题和子标题，有助于组织内容并提高搜索引擎优化（Search Engine Optimization，SEO）效果。创建标题元素的基本语法如下。

```
<hn>...</hn>
```

n 取值为 1~6，分别表示 6 级标题。n 为 1 时，标记内的文字字号最大；n 为 6 时，文字字号最小。这些标题标记自带默认样式。在浏览器中，标题元素默认独占一行，浏览器会自动在其前后创建一些空白，并且文字有加粗效果。

【实例 2-1】创建标题元素，网页效果如图 2-4 所示。

序号	HTML 代码
1	`<!DOCTYPE html>`
2	`<html>`
3	`<head>`
4	`  <title>标题元素</title>`
5	`</head>`
6	`<body>`
7	`  <h1>这是标题 1</h1>`
8	`  <h2>这是标题 2</h2>`
9	`  <h3>这是标题 3</h3>`
10	`  <h4>这是标题 4</h4>`
11	`  <h5>这是标题 5</h5>`
12	`  <h6>这是标题 6</h6>`
13	`</body>`
14	`</html>`

使用不同级别的标题元素，可以更好地组织文件内容，使其更具可读性。同时，搜索引擎也会将标题元素的级别视为权重，从而影响 SEO 效果。

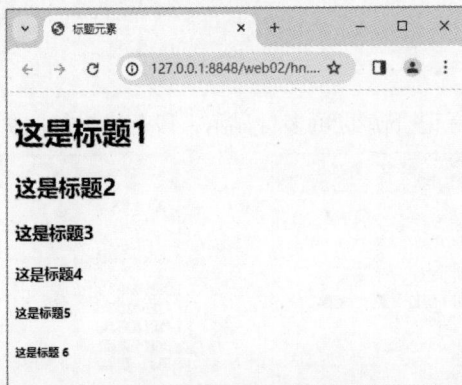

图2-4　标题元素网页效果

2.2.2　创建段落元素

文本是网页上最常见的元素之一。除标题标记之外，还有表示正文中自然段落的标记<p>。创建段落元素的基本语法如下。

```
<p>...</p>
```

该标记为双标记，在 HTML5 文件中，浏览器会自动在段落的前后添加空行。文本会根据浏览器的窗口大小自动换行。

【实例 2-2】创建段落元素，网页效果如图 2-5 所示。

序号	HTML 代码
1	`<!DOCTYPE html>`
2	`<html>`
3	`<head>`
4	`    <meta charset="utf-8">`
5	`    <title>段落元素</title>`
6	`</head>`
7	`<body>`
8	`    <p>这是一个段落。</p>`
9	`<p>登鹳雀楼`
10	`白日依山尽，`
11	`黄河入海流。`
12	`欲穷千里目，`
13	`更上一层楼。</p>`
14	`</body>`
15	`</html>`

浏览器会自动地在段落的前后添加空行。需要注意的是，段落标记中的换行显示在网页上则为空格。

如果希望在不产生新段落的情况下进行换行（新的一行），可以使用
或
标记。添加换行标记
，代码如下。

```
<p>
登鹳雀楼<br/>
白日依山尽，<br/>
黄河入海流。<br/>
欲穷千里目，<br/>
更上一层楼。
</p>
```

在段落文字中加入换行标记
也可多行显示，段落内换行网页效果如图 2-6 所示。

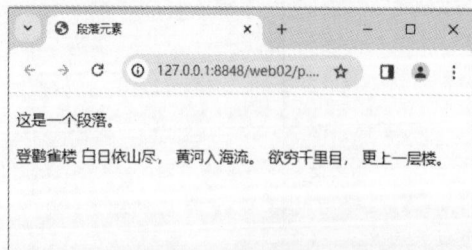

图2-5　段落元素网页效果

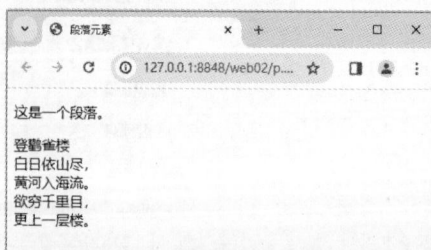

图2-6　段落内换行网页效果

2.2.3 特殊字符

直接使用键盘上的空格符最多只能在网页上显示一个空格，要在网页上显示多个连续的空格时，需要使用特殊字符 " "。HTML 特殊字符可以使用实体符号表示，如 "&name;"，其中 name 是用于表示字符的名称，它是区分大小写的；也可以使用数字符号来表示，如 "&#D;"，其中 D 是一个十进制数值。网页上常用的特殊字符如表 2-1 所示。

表2-1　常用的特殊字符

特殊字符	实体符号	数字符号	描述
®	&reg;	&#174;	已注册商标
			空格
<	&lt;	&#60;	小于号或显示标记
>	&gt;	&#62;	大于号或显示标记
™	&trade;	&#8482;	商标
©	&copy;	&#169;	版权
&	&amp;	&#38;	可用于显示其他特殊字符
¥	&yen;	&#165;	货币符号

这些特殊字符在网页中具有特殊的含义和用途，可以帮助网页传达信息和增强文本的可读性。

【实例 2-3】特殊字符的应用。

序号	HTML 代码
1	<!DOCTYPE html>
2	<html>
3	<head>
4	<meta charset="utf-8">
5	<title>特殊字符</title>
6	</head>
7	<body>
8	网页上显示标记，如<html>
9	</body>
10	</html>

特殊字符应用的网页效果如图 2-7 所示。在网页上显示标记需要使用特殊字符。

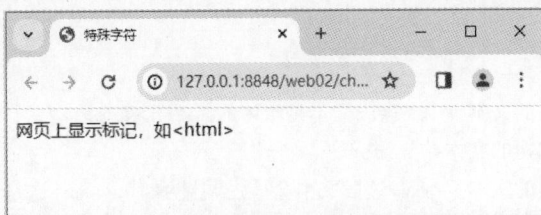

图2-7　特殊字符应用的网页效果

2.2.4　文本修饰标记

在 HTML5 标记中，有一些标记可以用来定义样式，虽然绝大多数情况下都可以使用 CSS 来替代，但仍会在网页上见到一些文本修饰标记，所以在此做简单的介绍。

1．加粗修饰标记

<b>标记用于定义粗体文本。它只影响其内部的文本，并且不会引入任何额外的空间。举例如下。

```
<p>这是一段普通的文本。<b>这段文本是粗体的。</b></p>
```

在这个例子中，"这段文本是粗体的。"将会以粗体显示。

💬 实战小技巧

<b>标记仅改变文本的样式，而不表示任何额外的语义信息。若要强调或者标注重要内容，使用<strong>标记会更好。另外，<b>标记在 HTML5 中已经被废弃，建议使用 CSS 代码来控制文本的样式。

<strong>标记中的文本也会被加粗显示。举例如下。

```
<strong>这是加粗的文本</strong>
```

2．斜体修饰标记

除了加粗修饰标记，<em>标记也表示强调文本。当浏览器渲染带有<em>标记的文本时，会以斜体显示该文本。举例如下。

```
<p>这是一段普通的文本。<em>这段文本会被强调显示。</em> 这是另一段文本。</p>
```

在上面的例子中，浏览器会以斜体显示"这段文本会被强调显示。"

除了<em>标记，HTML 还提供了表示文本斜体的标记<i>。举例如下。

```
<i>这是斜体的文本</i>
```

3．下画线修饰标记

<u>标记会在文本下方添加下画线。举例如下。

```
<p>这是一段普通的文本。<u>文本添加下画线</u></p>
```

【实例 2-4】文本修饰标记的使用。

序号	HTML 代码
1	`<!DOCTYPE html>`
2	`<html>`
3	`<head>`
4	`<meta charset="utf-8">`
5	`<title>文本修饰标记</title>`
6	`</head>`
7	`<body>`
8	`<p>这是一段普通的文本。<b>这段文本是粗体的。</b></p>`
9	`<strong>这是加粗的文本</strong>`
10	`<p>这是一段普通的文本。<em>这段文本会被强调显示。</em> 这是另一段文本。</p>`
11	`<i>这是斜体的文本</i>`
12	`<p>这是一段普通的文本。<u>文本添加下画线</u></p>`

序号	HTML 代码
13	`</body>`
14	`</html>`

文本修饰标记应用的网页效果如图 2-8 所示。

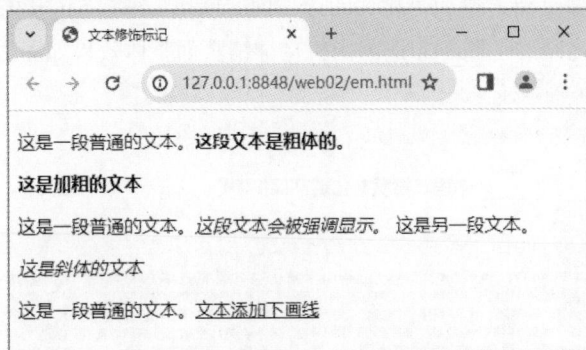

图2-8 文本修饰标记应用的网页效果

任务实施

1. 创建网页文件。打开 HBuilder X，创建一个新的网页文件，并保存在对应的站点目录下。

2. 根据非遗国内机构详情页面的原型图创建各级标题和段落。

3. 为了页面美观，本任务将标题文本居中显示，使用了 CSS 代码，此处不展开说明，后续会详细介绍。style 属性值为 CSS 代码。

```
<h2 style="text-align: center;">中国非物质文化遗产保护中心</h2>
```

4. <hr>标记是创建水平线的标记。后续也可以使用 CSS 代码来实现水平线。

非遗国内机构详情页面的参考代码如下。

序号	HTML 代码
1	`<!DOCTYPE html>`
2	`<html>`
3	`    <head>`
4	`        <meta charset="utf-8">`
5	`        <title>非遗国内机构详情</title>`
6	`    </head>`
7	`    <body>`
8	`    <h2 style="text-align: center;">中国非物质文化遗产保护中心</h2>`
9	`    <h5 style="text-align: center;">专业机构</h5>`
10	`        <hr>`
11	`        <p>…</p>`
12	`        <p>…</p>`
13	`    </body>`
14	`</html>`

【任务 2.3】创建超链接并插入相关阅读内容

在非遗国内机构详情页面上增加"相关阅读"内容区块,通过创建超链接元素,可实现其与外部资源和站点内网页之间的互联。非遗国内机构详情页面整体效果如图 2-9 所示。

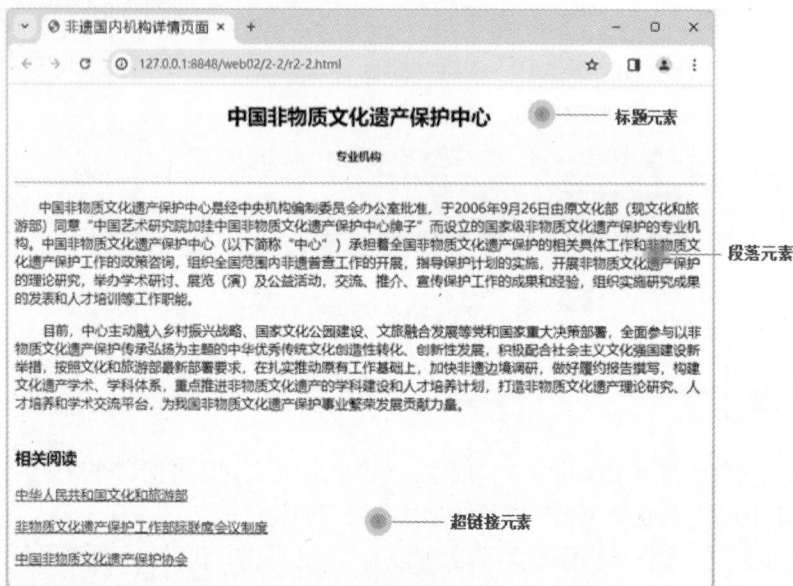

图2-9　非遗国内机构详情页面整体效果

🔧 知识准备

创建超链接元素

超链接元素是 HTML 中非常关键的元素,它让整个网页内容不再是孤立的信息单元,而是能够通过超链接进行跳转和交互。网页链接关系如图 2-10 所示。

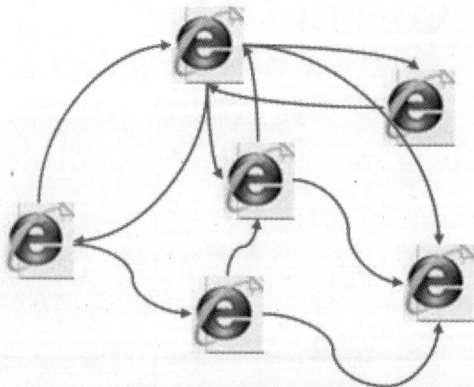

图2-10　网页链接关系

创建超链接的基本语法如下。

```
<a href="url" target="">超链接内容</a>
```

说明：超链接的标记为双标记<a></a>，标记中的 href 属性用于创建指向另外一个资源的超链接，url 为该资源的地址。target 属性规定在何处打开链接的文件，其属性取值如表 2-2 所示。

表2-2　target属性取值

值	描述
_self	默认。在相同的框架中打开链接的文件
_blank	在新窗口中打开链接的文件
_parent	在父框架集中打开链接的文件
_top	在整个窗口中打开链接的文件
_framename	在指定的框架中打开链接的文件

除了基本的超链接文本，还可以在超链接中使用图像、视频等多媒体元素作为链接的目标。此外，通过使用不同的 HTML 事件属性，如 onclick、onmouseover 等，可以实现更多交互功能，如单击后执行 JavaScript 代码、鼠标指针悬停时改变超链接样式等。

下面是一个简单的例子，展示了超链接的常见用法。

```
<a href="https://www.example.com">这是一个超链接</a>
```

超链接的目标地址是 https://www.example.com，而超链接的文本是"这是一个超链接"。此处没有定义 target 属性，即使用_self 在相同的窗口中打开页面。如果超链接的目标地址指向站点内的其他资源，则需要使用相对路径来表示资源地址。举例如下。

```
<a href="html/index.html">链接到首页</a>
```

除了指向站点内其他资源或其他网站的超链接外，还可以使用超链接指向页面内的特定位置。要实现这一点，可以在目标地址中使用锚点（#）和元素的 id 来定位。举例如下。

```
<a href="#section1">跳转到第一部分</a>
<h2 id="section1">第一部分</h2>
<p>这是第一部分的内容。</p>
```

在上面的例子中，单击"跳转到第一部分"超链接将使页面滚动到 id 为 section1 的元素的位置。一般在长页面内容的网页上会用到这种超链接的使用方法。

任务实施

1. 创建网页文件。打开 HBuilder X，创建一个新的网页文件，并保存在对应站点目录下。

2. 按照非遗国内机构详情页面整体效果制作页面，参考代码如下。

序号	HTML 代码
1	`<!DOCTYPE html>`
2	`<html>`
3	`    <head>`
4	`        <meta charset="utf-8">`
5	`        <title>非遗国内机构详情页面</title>`
6	`    </head>`
7	`    <body>`
8	`        <h2 style="text-align: center;">中国非物质文化遗产保护中心</h2>`

序号	HTML 代码
9	`<h5 style="text-align: center;">专业机构</h5>`
10	`<hr>`
11	`<p>…</p>`
12	`<p>…</p>`
13	`<h3>相关阅读</h3>`
14	`<p><a href="https://www.mct.gov.cn/">中华人民共和国文化和旅游部</a></p>`
15	`<p><a href="http://www.gov.cn/zhengce/content/2022-02/17/content_5674176.htm">非物质文化遗产保护工作部际联席会议制度</a></p>`
16	`<p><a href="https://www.fyrhome.cn/">中国非物质文化遗产保护协会</a></p>`
17	`</body>`
18	`</html>`

【任务 2.4】插入图片并制作非遗机构介绍页面

任务描述

制作非遗机构介绍页面，该页面内容主要包括国内机构和国际组织或机构。通过该页面，人们可以查看各类非遗机构详情页面。非遗机构介绍页面效果如图 2-11 所示。

图2-11 非遗机构介绍页面效果

知识准备

2.4.1　插入图片

微课 2.3

<img>标记是用于在 HTML 文件中插入图片的标记，它是一个单标记。在使用图片时需要了解图片格式，下面就介绍几种常见图片格式。

1. BMP 是一种与硬件设备无关的图片格式，它的应用非常广泛，能保证图片的完整性和清晰度。

2. JPEG（JPG）是一种常见的图片格式，通常用于数码相机拍摄的照片和互联网上的图片。它的压缩算法能够去除图片中的冗余数据，从而减小文件，同时保持较高的图片质量。

3. PNG 是一种透明的图片格式，它支持多种透明度和半透明度及带有 Alpha 通道的图片。这种图片格式常用于网页设计和图形制作，因为它能够提供高质量的图片和透明的背景。

4. GIF 是一种动态的图片格式，它可以创建简单的动画效果。由于其文件较小，因此 GIF 常用于互联网上的表情包和动态图标。

5. SVG 是一种基于 XML 的矢量图形格式，它能够以可缩放的方式呈现高分辨率的图片。这种图片格式适用于网页设计和印刷品，因为它可以在不同的尺寸下保持良好的图片质量。

6. TIFF 是一种专业的图片格式，它支持多种颜色模式和分辨率。这种图片格式常用于印刷品和高质量的图片处理，因为它可以保存各种信息和细节。

7. WebP 是一种动态的图片格式，它可以创建带有透明度的动态图片。这种图片格式由 Google 公司开发，适用于互联网上的动画效果和广告等场景。

每种图片格式都有其特定的用途和优缺点，根据实际需求选择合适的图片格式可以增强网页的性能和用户体验。

插入图片的基本语法如下。

```
<img src="url" alt="" title="">
```

说明：src 属性是必需的，它可以用于指定图片的来源。其值可以是相对路径，也可以是绝对路径，还可以是互联网上的图片地址。举例如下。

```
<img src="images/myimage.jpg">
```

当图片无法加载时，会显示 alt 属性中的文本。这对于 SEO 有益，因为搜索引擎会读取 alt 属性的内容作为对图片的描述。举例如下。

```
<img src="images/myimage.jpg" alt="My Beautiful Image">
```

此外，<img>标记还有 width 和 height 属性，可以用于指定图片的宽度和高度。举例如下。

```
<img src="images/myimage.jpg" alt="My Image" width="500" height="600">
```

此外，title 属性用于设置鼠标指针悬停在图片上时显示的文本信息，align 属性用于设置图片的对齐方式。

【实例 2-5】插入图片，并为图片设置超链接。

序号	HTML 代码
1	`<!DOCTYPE html>`
2	`<html>`
3	`<head>`
4	`<meta charset="utf-8">`
5	`<title>图片和超链接</title>`

序号	HTML 代码
6	`</head>`
7	`<body>`
8	`<a href="img.html" target="_blank">`
9	`    <img src="img/wl.web" alt="舞龙" title="舞龙">`
10	`</a>`
11	`</body>`
12	`</html>`

图片和超链接网页效果如图 2-12 所示。鼠标指针悬停在图片上时变为手形，鼠标指针下方显示 title 属性中设置的文本。

图2-12　图片和超链接网页效果

2.4.2　设置相对路径

在计算机中，相对路径是指相对于当前工作目录或当前所在位置的路径，它不包含完整的路径信息，而是根据当前位置进行定位。当文件或目录与当前位置有关联时，相对路径是一个灵活便捷的选择，更重要的是，当项目整体移动时不会影响图片的显示，所以通常添加图片和超链接时会首先考虑使用相对路径。

图2-13　某景区线路图

如果仍觉得相对路径比较抽象，则可以将两种路径看成游览景区的不同方式。图 2-13 所示的是某景区线路图，五角星表示当前位置，从当前位置出发到达终点的这种方式就像"相对路径"，而"绝对路径"是指从起点开始出发去终点。

设置相对路径时，主要分 3 种情况，如表 2-3 所示。

表2-3　设置相对路径的3种情况

相对位置	路径设置
同一目录	直接输入要链接的文件名
链接上一层目录	先输入 ".../"，再输入文件名
链接下一层目录	先输入下一层目录名，再加 "/" 和文件名

接下来根据图片相对于编辑的页面放置的位置来设置图片正确的相对路径。

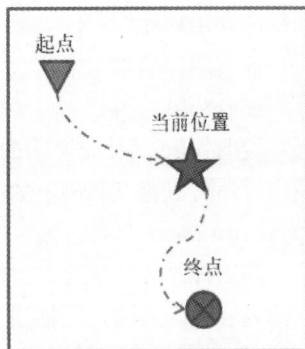

第一种情况：编辑的页面与需要插入的图片放在同一目录下。

- 当前页面　body.html；具体路径：E:\html\body.html
- 图片　　　bg-deal.jpg；具体路径：E:\html\bg-deal.jpg

那么，在 body.html 中插入图片相对路径的正确写法是在<img>标记的 src 属性中直接写图片的文件名。图片相对路径设置的代码如下。

```
<img src="bg-deal.jpg"/>
```

第二种情况：图片在当前页面所在目录的上一层目录下。

- 当前页面　body.html；具体路径：E:\html\body.html
- 图片　　　bg-deal.jpg；具体路径：E:\bg-deal.jpg

那么，图片的相对路径应该加上"../"符号表示往上翻一层目录。图片相对路径设置的代码如下。

```
<img src="../bg-deal.jpg"/>
```

第三种情况：图片在当前页面所在目录的下一层目录下。

- 当前页面　body.html；具体路径：E:\html\body.html
- 图片　　　bg-deal.jpg；具体路径：E:\html\images\bg-deal.jpg

那么，插入图片相对路径的正确写法为在图片的相对路径中加上下一层目录名。图片相对路径设置的代码如下。

```
<img src="images/bg-deal.jpg"/>
```

任务实施

1. 创建网页文件。打开 HBuilder X，创建一个新的网页文件，并保存在对应站点目录下。
2. 根据非遗机构介绍页面的原型图创建各级标题、段落、超链接、图片等网页元素。

非遗机构介绍页面的参考代码如下。

序号	HTML 代码
1	`<!DOCTYPE html>`
2	`<html>`
3	`<head>`
4	`        <meta charset="utf-8">`
5	`        <title>非遗机构介绍页面</title>`
6	`</head>`
7	`<body>`
8	`    <h1 style="text-align: center;">非遗机构介绍</h1>`
9	`    <hr/>`
10	`    <h2>国内机构</h2>`
11	`    <h3>1.行政机构</h3>`
12	`    <h4>中华人民共和国文化和旅游部</h4>`
13	`    <p>…</p>`
14	`    <i><a href="https://www.mct.gov.cn/">相关链接：https://www.mct.gov.cn/</a></i>`
15	`    <h3>2.部际联席会议</h3>`
16	`    <h4>非物质文化遗产保护工作部际联席会议制度</h4>`

序号	HTML 代码
17	`<p>…</p>`
18	`<i><ahref="http://www.gov.cn/zhengce/content/2022-02/17/content_5674176.htm">`原文链接：`http://www.gov.cn/zhengce/content/2022-02/17/content_5674176.htm</a></i>`
19	`<h3>3.专业机构</h3>`
20	`<h4>中国非物质文化遗产保护中心</h4>`
21	`<p>…</p>`
22	`<a href="r2-2.html">更多详情</a>`
23	`<h3>4.社会团体</h3>`
24	`<h4>中国非物质文化遗产保护协会</h4>`
25	`<p>…</p>`
26	`<i><a href="https://www.fyrhome.cn/">相关链接：https://www.fyrhome.cn/</a></i>`
27	`<h2>国际组织或机构</h2>`
28	`<img src="../img/gj.png" alt="国际组织或机构">`
29	`</body>`
30	`</html>`

Web前端开发技术项目教程（HTML5+CSS3+JavaScript）（微课版）

智海引航

【问题】相对路径和绝对路径的区别

相对路径和绝对路径是用于定位文件或目录位置的两种方式。绝对路径是指文件在磁盘上的完整路径，它通常从根目录（或盘符）开始，逐级指向目标文件或目录。例如，在 Windows 系统中，一个文件的绝对路径可能类似于 "C:\Users\用户名\Desktop\文件.txt"；在 Linux 或 UNIX 系统中则可能类似于 "/home/用户名/Desktop/文件.txt"。绝对路径是固定的，不依赖于当前工作目录的位置。相对路径是指相对于当前工作目录或目标文件位置的路径。它不使用完整的文件路径，而是基于当前位置或目标位置来指定其他文件或目录的位置。例如，如果当前工作目录是 "C:\Users\用户名\Desktop"，那么指向该目录下 "子文件夹\文件.txt" 的相对路径就是 "子文件夹\文件.txt"。

总结而言，相对路径和绝对路径的主要区别如下。

① 起点不同。绝对路径的起点是根目录（或盘符），路径是固定的，不依赖于当前位置。相对路径的起点是当前工作目录或目标文件位置，路径是相对的，会随着当前位置的变化而变化。

② 可移植性有差别。绝对路径通常不具有可移植性，因为不同的计算机或文件系统可能有不同的根目录（或盘符）。相对路径则具有较好的可移植性，因为它不依赖于特定的根目录（或盘符），只要文件之间的相对位置保持不变，相对路径就可以正常工作。

③ 使用场景不同。绝对路径在需要明确指出文件位置时非常有用，例如，在某些系统配置文件中指定日志文件的位置。相对路径在网页开发、脚本编写等场景中更为常见，因为它可以减少因文件位置变化而导致的错误，并简化文件引用。

匠心独运——泥塑乾坤 紫砂传奇

宜兴紫砂陶制作技艺是指分布于江苏省宜兴市丁蜀镇的一种民间传统制陶技艺。该技艺产生于宋元，成熟于明代，迄今已有 600 多年的历史。2006 年，宜兴紫砂陶制作技艺入选第一批国家级非物质文化遗产代表性项目名录。

紫砂陶制作技艺举世无双，它以特产于宜兴的一种具有特殊团粒结构和双重气孔结构的紫砂泥料（具体有紫泥、朱泥、本山绿泥等多种）为原料，采用百种以上的自制工具，经过打泥片、拍打身筒（圆器）、镶接身筒（方器）或镶接与雕塑结合（花器）、表面修光、陶刻装饰等步骤，最终完成陶制品。宜兴紫砂陶制作技艺成品以茗壶为代表，其制器物件有光器（又分圆器和方器）、筋纹器和花器等不同的造型流派。紫砂器内外一般均不施釉，以纯天然质地和肌理为美。作为上品茶具，其良好的透气性能使人尽享茶之色香味。宜兴紫砂器与中国传统的茶文化相契合，成为茶文化的重要组成部分。

单元习题

一、选择题

1. 下列 HTML5 标记属于单标记的是（　　）。

 A. `<html>`   B. `<meta>`   C. `<title>`   D. `<head>`

2. 下列为段落标记的是（　　）。

 A. `<b>`   B. `<p>` … `</p>`

 C. `<p1>` … `</p1>`   D. `<h2>` … `</h2>`

3. 在网页上表示空格的特殊字符是（　　）。

 A. ` `   B. `<br>`   C. `< >`   D. ` `

4. `<img>`标记用来插入图片，基本语法是（　　）。

 A. `<img src="file_name">`   C. `<img BORDER="file_name">`

 B. `<img ALT="file_name">`   D. `<img title="file_name">`

5. 在网页中显示"`<html>`"文本的对应网页代码是（　　）。

 A. `&amp;html&amp;`   C. `&lt;html&gt;`

 B. `&lt;html&trade;`   D. `&lt;html `

6. 成对的（　　）标记分别表示文本加粗显示、文本以斜体显示、文本添加下画线。

 A. `<b></b>`、`<i></i>`、`<u></u>` C. `<i></i>`、`<u></u>`、`<b></b>`

 B. `<b></b>`、`<u></u>`、`<i></i>` D. `<u></u>`、`<i></i>`、`<b></b>`

7. 以下属于相对路径的是（　　）。

 A. `http://www.broadview.com.cn`   C. `ftp://219.153.41.160`

 B. `../文件名`   D. `//文件路径`

8. 以下正确设置超链接的是（　　）。

 A. `<a>超链接</a>`   C. `<a title="url">超链接</a>`

 B. `<a href="url">超链接</a>`   D. `<a src="url">超链接</a>`

9. 设置超链接在新窗口中打开的 target 属性值是（　　　）。

    A. _blank   B. _self   C. 框架   D. _parent

10. 下列属于 HTML5 正确文件类型定义的是（　　　）。

    A. <!DOCTYPE html>

    B. <!DOCTYPE html5>

    C. <html>...</html>

    D. <!DOCTYPE HTML PUBLIC "-//W3C//DTD HTML 5.0//EN" "http://www.w3.org/TR/html5/strict.dtd">

二、填空题

1. 在 HTML 中，标题标记按照字体大小可分为 6 级，其中，_____标记定义字体最大的标题，_____标记定义字体最小的标题。

2. 在 HTML 文档中设置路径时有两种方式：_____、_____。

单元3
表格应用与制作非遗名录页面

03

表格适用于在网页上呈现规律性数据。表格结构简单、分隔明确，可保证信息的可读性，便于用户快速浏览并获取所需信息。本单元将带领读者学习如何创建表格并设置表格属性。后期学习 CSS 后，读者可以进行更灵活的样式控制。

学习目标

1. 掌握表格的创建。
2. 掌握表格属性的设置。
3. 掌握表格跨行及跨列操作。
4. 能够使用表格嵌套进行网页布局。
5. 培养自主学习和独立思考的能力。
6. 培养快速学习新知识和技术的能力。

情景导入

小新收集了诸多非遗项目的信息并整理成了非遗名录，想在非遗网站上展示国家级非遗代表性项目，于是向前端技术工程师王威学长请教。根据小新初步的需求，他们展开了讨论。非遗名录呈现出信息规整统一的特点，可以应用网页中的表格元素进行展示，类似于 Excel 数据表的组织方式，可以使数据简单明了。于是，小新决定使用表格呈现非遗名录页面上结构化的数据。小新属于乐观行动派，相信实践出真知，马上制订了如下任务规划。

① 设计非遗名录页面。
② 创建表格并制作非遗名录。
③ 表格结构化标记与非遗名录优化。
④ 布局表格并制作非遗名录页面。

【任务 3.1】设计非遗名录页面

▶ 任务描述

工单编号	RW3-1
任务名称	设计非遗名录页面

任务负责人	小新			
任务说明	本页面是非遗网站的一个二级页面，通过单击非遗网站首页中的"名录"导航项打开。设计和规划非遗名录页面的页面结构和内容			
任务要求	1. 将页面划分为 3 个部分。第一部分为头部内容，包括介绍非遗代表性项目名录的文字段落、统计非遗项目数据等。第二部分显示非遗项目清单，每页显示 5 个项目。第三部分为分页超链接 2. 非遗项目清单使用表格展现，格式统一、清晰明了			
任务完成情况				
任务等级	□一般	□重要	□紧急	□非常紧急
完成时间	□提前完成	□按时完成	□延期完成	□未能完成
完成质量	□优秀	□良好	□一般	□差

任务实施

打开 Axure，建立非遗名录页面原型，设计页面。根据任务工单给出非遗名录页面的原型图，如图 3-1 所示。

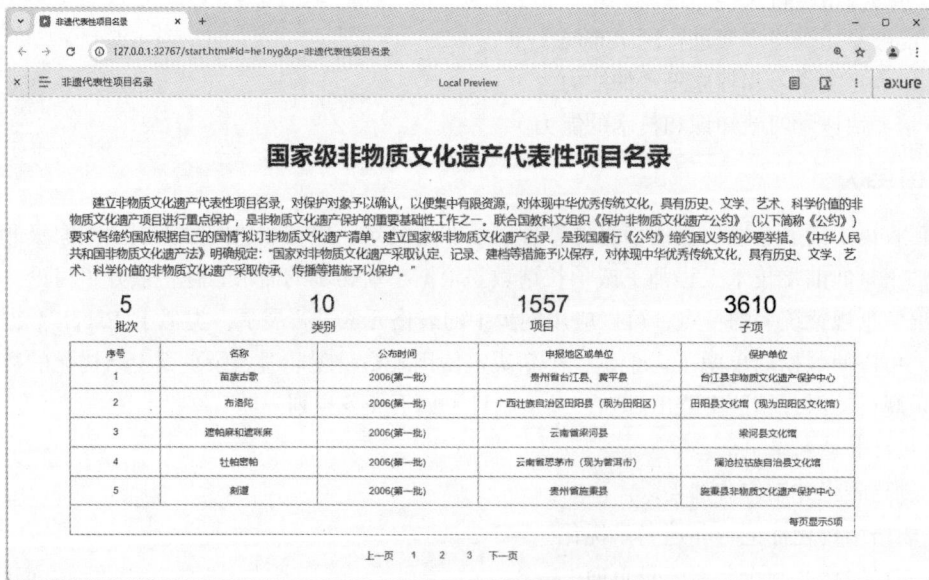

图3-1　非遗名录页面的原型图

【任务 3.2】创建表格并制作非遗名录

任务描述

创建非遗名录表格，定义表头和表主体。设置表格边框样式、填充与边距、背景颜色、表格及内容的对齐方式等。非遗名录网页效果如图 3-2 所示。

图3-2　非遗名录网页效果

知识准备

3.2.1　与创建表格相关的标记

　　表格由行和列组成。创建表格时需要使用多种不同的标记。常用表格标记及说明如表 3-1 所示。表格能分成多个任意的矩形区域，制作网页时，如果内容需要规则地排列，则可以考虑使用表格来呈现。对于比较复杂的页面，还可以通过表格划分出不同的内容区块，如网页头部、导航栏、内容区域、侧边栏、页脚等。

微课 3.1

表3-1　常用表格标记及说明

表格标记	说明
\<table\>	定义表格
\<caption\>	定义表格标题
\<th\>	定义表格的表头
\<tr\>	定义表格的行
\<td\>	定义表格单元格

　　需要说明的是，早期常使用表格进行页面布局，如今该操作已经被 CSS 所替代。

3.2.2　表格的基本结构

　　表格由行和列组成，顺序是先行后列，即先定义表格的行数，再定义每行单元格的数量，形成标记的嵌套关系。\<table\>标记表示插入表格；\<tr\>标记表示插入一行，表格中每增加一行就要在\<table\>标记中放入一对\<tr\>\</tr\>标记；\<td\>标记表示插入一个单元格，该标记嵌套在\<tr\>标记中使用，每增加一对 \<td\>\</td\>标记，都表示在该行上增加一个单元格。需要注意的是，只有在\<td\>标记中才能编辑表格内容，

微课 3.2

如文字、图片、超链接等。表格结构与表格标记示意图如图3-3所示。

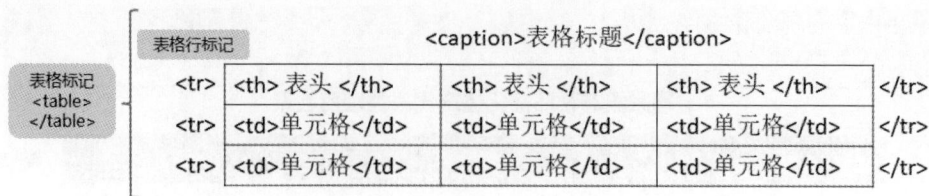

表格标记 `<table>` `</table>`	表格行标记	`<caption>`表格标题`</caption>`			
	`<tr>`	`<th>` 表头 `</th>`	`<th>` 表头 `</th>`	`<th>` 表头 `</th>`	`</tr>`
	`<tr>`	`<td>`单元格`</td>`	`<td>`单元格`</td>`	`<td>`单元格`</td>`	`</tr>`
	`<tr>`	`<td>`单元格`</td>`	`<td>`单元格`</td>`	`<td>`单元格`</td>`	`</tr>`

图3-3 表格结构与表格标记示意

3.2.3 网页中表示颜色的3种方式

（1）颜色名称方式，即用颜色关键字表示对应的颜色。例如，red（红色）、blue（蓝色）、green（绿色）。

（2）十六进制方式，即使用十六进制数表示颜色（不区分大小写字母），如表3-2所示。例如，#FF0000（红色）、#FFFF00（黄色）、#000（黑色）。

表3-2 十六进制方式表示颜色

表示	取值
#RRGGBB 或#RGB	RR：两位十六进制整数，表示红色分量，取值范围为00～FF，当两位相同时可省略一位
	GG：两位十六进制整数，表示绿色分量，其他同上
	BB：两位十六进制整数，表示蓝色分量，其他同上

（3）RGB方式或RGBA方式，即三原色配色方式，如表3-3所示。例如，RGB(255,0,0)表示红色，RGB(255,255,0)表示黄色，RGBA(0,0,0,0.5)表示半透明的黑色。

表3-3 RGB方式或RGBA方式表示颜色

表示	取值
RGB(R,G,B)或 RGBA(R,G,B,alpha)	R：红色值。正整数或百分比，取值范围为0～255 或者 0%～100%
	G：绿色值。正整数或百分比，取值范围同上
	B：蓝色值。正整数或百分比，取值范围同上
	alpha：透明度。取值范围为0～1，0表示全透明，1表示不透明

3.2.4 设置宽度和高度

width 属性和 height 属性用于设置表格的宽度和高度，也可以用于设置行或单元格的宽度和高度，分别在`<table>`、`<tr>`和`<td>`标记中进行设置。

微课 3.3　　微课 3.4

设置表格宽度和高度的基础语法如下。

```
<table width="value" height="value">
…
</table>
```

说明：width 属性用于设置表格宽度，height 属性用于设置表格高度。表示宽度和高度的值一般有两种形式，第一种形式是数值，第二种形式是百分比，百分比是相对于该属性所在元素的父

元素的宽度和高度而言的。如果没有对 width 属性和 height 属性进行设置，则表格宽度和高度会自适应表格内容的宽度和高度。

【实例 3-1】设置 width 属性和 height 属性。

序号	HTML 代码
1	`<!DOCTYPE html>`
2	`<html>`
3	`    <head>`
4	`        <meta charset="utf-8">`
5	`        <title>表格宽度和高度</title>`
6	`    </head>`
7	`    <body>`
8	`        <table border="1" width="300" height="90">`
9	`            <tr>`
10	`                <td> </td>`
11	`                <td> </td>`
12	`                <td> </td>`
13	`            </tr>`
14	`            <tr>`
15	`                <td> </td>`
16	`                <td> </td>`
17	`                <td> </td>`
18	`            </tr>`
19	`        </table>`
20	`        <table border="1" width="40%">`
21	`            <tr height="30">`
22	`                <td> </td>`
23	`                <td> </td>`
24	`                <td> </td>`
25	`            </tr>`
26	`        </table>`
27	`    </body>`
28	`</html>`

需要注意的是，所有行的高度之和等于表格的高度，所有列的宽度之和等于表格的宽度。行和列的高度及宽度未设置时，会按照表格的宽度和高度平均分配。第 20 行代码中的表格宽度使用了百分比，表示该表格的宽度是页面宽度的 40%。设置表格高度和宽度后的网页效果如图 3-4 所示。

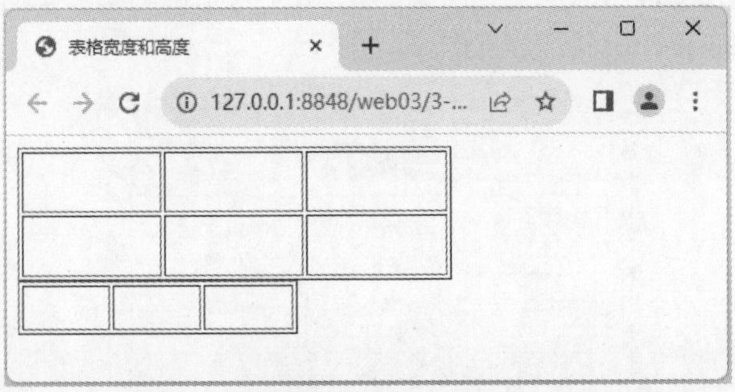

图3-4　设置表格高度和宽度后的网页效果

3.2.5 设置边距与填充

微课 3.5　微课 3.6

表格中有两种空白，分别是边距（cellspacing）和填充（cellpadding）。cellspacing 属性用于设置表格内外边框线的距离；cellpadding 属性用于设置表格单元格内容与单元格边框之间的间距。需要说明的是，在 HTML5 中，这两个属性已被废弃。建议读者在学习完 CSS3 后，使用 CSS3 中的 border-spacing 和 padding 属性来完成相应的设置。

设置表格边距与填充的基本语法如下。

```
<table cellspacing="value" cellpadding="value" border="1">
…
</table>
```

说明：在 cellspacing 属性和 cellpadding 属性中设置数值。

【实例 3-2】设置表格边距与填充。

序号	HTML 代码
1	`<!DOCTYPE html>`
2	`<html>`
3	`    <head>`
4	`        <meta charset="utf-8">`
5	`        <title>表格空白</title>`
6	`    </head>`
7	`    <body>`
8	`<table border="1" width="500" height="140" cellspacing="15" cellpadding="20">`
9	`        <tr>`
10	`            <td>民间文学</td>`
11	`            <td>传统音乐</td>`
12	`            <td>民俗</td>`
13	`        </tr>`
14	`        <tr>`
15	`            <td>传统戏剧</td>`
16	`            <td>传统美术</td>`
17	`            <td>传统技艺</td>`
18	`        </tr>`
19	`    </table>`
20	`    </body>`
21	`</html>`

设置表格边距与填充后的网页效果如图 3-5 所示。单元格内的空白是 cellpadding 属性产生的，单元格之间的空白是 cellspacing 属性产生的。

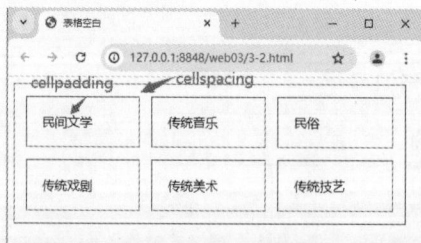

图3-5　设置表格边距与填充后的网页效果

实战小技巧

如何消除表格中插入图片后出现的空隙?

在 HTML5 网页上创建表格,在任意单元格中插入图片时会出现莫名的空隙。示例代码如下。

```
<table border="1" cellspacing="0" cellpadding="0" width="600">
    <tr>
        <td width="320" height="348">
            <img src="images/artwork.jpg">
        </td>
        <td> </td>
    </tr>
</table>
```

以上代码设置边距和填充为 0,设置图片所在单元格的宽度和高度为图片大小,但图片下方仍有空隙,如图 3-6 所示。显然,此处将单元格的宽度和高度设置为和图片一致并不能消除空隙。

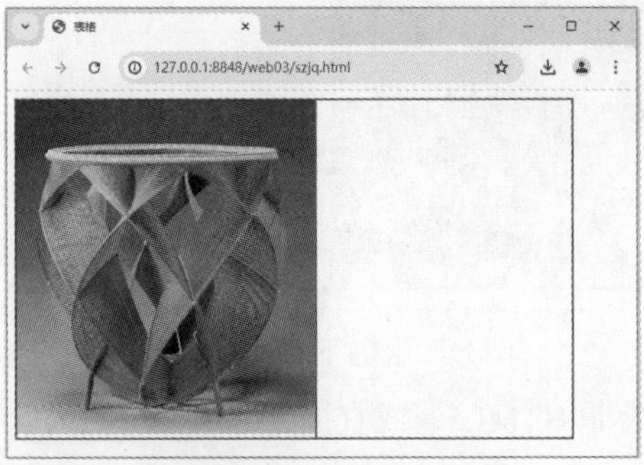

图3-6 图片下方出现空隙

出现空隙的原因是,HTML5 为了美观和可读性,会自动将代码换行或者加一些制表符。部分主流的浏览器会将这些制表符转换为空格或者换行,导致图片与块级元素之间产生空隙。解决方法主要有如下两种。

1. 把图片设置为块级元素,CSS 代码如下。

```
display: block;
```

修改后的代码如下。图片下方不再显示空隙,如图 3-7 所示。

序号	HTML 代码与 CSS 代码
1	`<!DOCTYPE html>`
2	`<html>`
3	`    <head>`
4	`        <meta charset="utf-8">`
5	`        <title>表格</title>`
6	`        <style>`
7	`            img {`
8	`                display: block;`
9	`            }`
10	`        </style>`
11	`    </head>`
12	`    <body>`
13	`        <table border="1" cellspacing="0" cellpadding="0" width="600">`
14	`            <tr>`

序号	HTML 代码与 CSS 代码
15	`<td width="320" height="348">`
16	`<img src="images/artwork.jpg">`
17	`</td>`
18	`<td> </td>`
19	`</tr>`
20	`</table>`
21	`</body>`
22	`</html>`

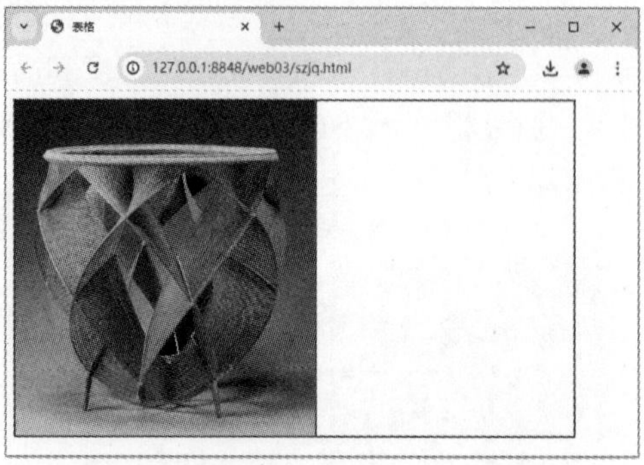

图3-7　图片下方不显示空隙

2. 将文件类型改为修改为非 HTML5，或直接删除第一行代码。

3.2.6　设置对齐方式

在表格中可以使用 align 属性设置表格或表格内容在水平方向上的对齐方式，使用 valign 属性设置表格内容在垂直方向上的对齐方式。align 属性有 4 个值可选，如表 3-4 所示。

微课 3.7　　微课 3.8

表3-4　align属性的取值

值	描述
left	左对齐
right	右对齐
center	居中对齐
justify	两端对齐，但只对文本有效

valign 属性有 4 个值可选，如表 3-5 所示。

表3-5　valign属性的取值

值	描述
top	对内容进行顶对齐
middle	对内容进行居中对齐（默认值）
bottom	对内容进行底对齐
baseline	与基线对齐

这两个属性可以设置在表格的不同标记中，对应的网页效果不尽相同。表格不同标记中对齐方式的设置如表 3-6 所示。

表3-6　表格不同标记中对齐方式的设置

标记	属性	作用
\<table>	align	设置表格相对于周围元素的对齐方式。默认左对齐
\<tr>	align、valign	设置某一行的内容分别在水平方向和垂直方向上的对齐方式
\<td>	align、valign	设置某一单元格的内容分别在水平方向和垂直方向上的对齐方式

【实例 3-3】设置表格对齐方式。

序号	HTML 代码
1	`<!DOCTYPE html>`
2	`<html>`
3	`    <head>`
4	`        <meta charset="utf-8">`
5	`        <title>表格对齐方式</title>`
6	`    </head>`
7	`    <body>`
8	`        <table width="600" border="1" height="180" align="center">`
9	`            <tr align="right">`
10	`                <td>水平靠右</td>`
11	`                <td>水平靠右</td>`
12	`                <td>水平靠右</td>`
13	`            </tr>`
14	`            <tr>`
15	`                <td valign="top">垂直向上 </td>`
16	`                <td valign="middle">垂直居中</td>`
17	`                <td valign="bottom">垂直向下</td>`
18	`            </tr>`
19	`        </table>`
20	`    </body>`
21	`</html>`

设置表格的高度和宽度大于表格内容的高度和宽度，这样方便查看表格对齐方式的设置效果。第 8 行代码\<table>标记中的 align="center"将设置表格在页面上居中显示（默认是左对齐）。第 9 行代码\<tr>标记中的 align="right"将表格第 1 行的文字右对齐。第 15～17 行代码中 valign 属性设置单元格内容在垂直方向上的对齐方式。设置表格对齐方式的效果如图 3-8 所示。

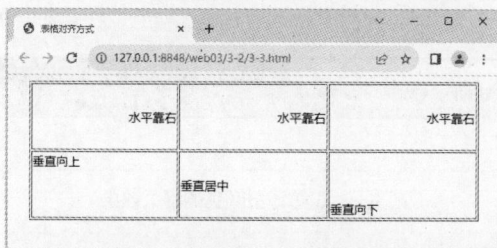

图3-8　设置表格对齐方式的效果

需要说明的是，虽然 HTML5 中的 align 属性和 valign 属性已被废弃，但仍被开发者广泛使用。读者也可在学习完 CSS3 之后，使用相关属性实现类似功能。

3.2.7　设置背景颜色

在表格中可以使用 bgcolor 属性设置背景颜色，<table>标记、<tr>标记和<td>标记都具有 bgcolor 属性，分别表示给整个表格、表格中的一行和某个单元格设置背景颜色。设置整个表格背景颜色的基本语法如下。表示颜色的 3 种方式不再赘述。

```
<table bgcolor="value">
...
</table>
```

【实例 3-4】设置表格背景颜色。

序号	HTML 代码
1	`<!DOCTYPE html>`
2	`<html>`
3	`    <head>`
4	`        <meta charset="utf-8">`
5	`        <title>表格背景颜色</title>`
6	`    </head>`
7	`    <body>`
8	`    <table width="500" border="1" cellspacing="0" cellpadding="0">`
9	`        <tr>`
10	`            <td>  </td>`
11	`            <td bgcolor="#0000CC">  </td>`
12	`        </tr>`
13	`        <tr bgcolor="#00CCCC">`
14	`            <td>  </td>`
15	`            <td>  </td>`
16	`        </tr>`
17	`    </table>`
18	`    </body>`
19	`</html>`

代码第 11 行和第 13 行分别设置表格单元格和行的背景颜色，网页效果如图 3-9 所示。

图3-9　设置背景颜色的网页效果

3.2.8　设置边框颜色

在表格中可以使用 bordercolor 属性设置边框颜色。设置表格边框颜色的基本语法如下。

```
<table bordercolor="value">
…
</table>
```

任务实施

微课 3.10

1. 创建网页文件。

打开 HBuilder X，创建一个新的网页文件，并保存在对应站点目录下。

2. 插入表格。

在网页主体<body></body>中插入<table></table>标记。

3. 在表格中插入 6 行 5 列。

在<table></table>标记中插入 6 对行标记<tr></tr>，显示表格的 6 行。表格的首行是表头，一般是表格的列名称，使用<th>标记来创建，自带加粗和居中格式。表格主体区域通过在每行插入 5 对单元格标记<td></td>形成 5 列的结构。HTML 代码如下。

```
<table>
  <tr><th>…</th><th>…</th><th>…</th><th>…</th><th>…</th></tr>
  <tr><td>…</td><td>…</td><td>…</td><td>…</td><td>…</td></tr>
  <tr><td>…</td><td>…</td><td>…</td><td>…</td><td>…</td></tr>
  <tr><td>…</td><td>…</td><td>…</td><td>…</td><td>…</td></tr>
  <tr><td>…</td><td>…</td><td>…</td><td>…</td><td>…</td></tr>
  <tr><td>…</td><td>…</td><td>…</td><td>…</td><td>…</td></tr>
</table>
```

4. 设置表格<table>标记的属性。

在<table>标记中设置 width 属性值为 80%，表示表格宽度是页面宽度的 80%。表格宽度使用百分比设置时，表格的宽度会随着浏览器窗口大小的变化而变化。设置表格 height 属性值为 500、border 属性值为 1，数值越大，边框越粗，如果设置 border="0"，则表示不显示边框。将表格在页面上居中显示。表格边框颜色为灰色（#CCCCCC），表格填充为 10，不显示表格边距。代码如下。

```
<table border="1" cellspacing="0" cellpadding="10" width="80%" height="500"
align="center" bordercolor="#CCCCCC">
```

5. 设置表格内容的对齐方式。

设置表格中的每行内容水平居中显示。代码如下。

```
<tr align="center"></tr>
```

6. 设置表格背景颜色和边框颜色。

设置表格首行背景颜色可以使用 bgcolor 属性。代码如下。

```
<tr bgcolor="#982b2c">
```

7. 使用<font>标记中的 color 属性设置首行文字颜色为白色。代码如下。

```
<font color="#fff">序号</font>
```

8. 表格有多种标记组合，在编辑网页时，可以使用代码缩进来表示表格的结构，提高代码可读性和编程效率。

非遗名录的参考代码如下。

```html
1    <!DOCTYPE html>
2    <html>
3        <head>
4            <meta charset="utf-8">
5            <title>非遗代表性项目名录</title>
6        </head>
7        <body>
8            <h1 align="center">国家级非物质文化遗产代表性项目名录</h1>
9            <table  border="1"  cellspacing="0"  width="80%"  height="500"
     align="center" bordercolor="#CCCCCC">
10              <tr bgcolor="#982b2c">
11                  <th>
12                      <font color="#fff">序号</font>
13                  </th>
14                  <th>
15                      <font color="#fff">名称</font>
16                  </th>
17                  <th>
18                      <font color="#fff">公布时间</font>
19                  </th>
20                  <th>
21                      <font color="#fff">申报地区或单位</font>
22                  </th>
23                  <th>
24                      <font color="#fff">保护单位</font>
25                  </th>
26              </tr>
27              <tr align="center">
28                  <td>1</td>
29                  <td>苗族古歌</td>
30                  <td>2006(第一批)</td>
31                  <td>贵州省台江县、黄平县</td>
32                  <td>台江县非物质文化遗产保护中心</td>
33              </tr>
34              <tr align="center">
35                  <td>2</td>
36                  <td>布洛陀</td>
37                  <td>2006(第一批)</td>
38                  <td>广西壮族自治区田阳县（现为田阳区）</td>
39                  <td>田阳县文化馆（现为田阳区文化馆）</td>
40              </tr>
41              <tr align="center">
42                  <td>3</td>
43                  <td>遮帕麻和遮咪麻</td>
44                  <td>2006(第一批)</td>
```

序号	HTML 代码
45	<td>云南省梁河县</td>
46	<td>梁河县文化馆</td>
47	</tr>
48	<tr align="center">
49	<td>4</td>
50	<td>牡帕密帕</td>
51	<td>2006(第一批)</td>
52	<td>云南省思茅市（现为普洱市）</td>
53	<td>澜沧拉祜族自治县文化馆</td>
54	</tr>
55	<tr align="center">
56	<td>5</td>
57	<td>刻道</td>
58	<td>2006(第一批)</td>
59	<td>贵州省施秉县</td>
60	<td>施秉县非物质文化遗产保护中心</td>
61	</tr>
62	</table>
63	</body>
64	</html>

【任务 3.3】表格结构化标记与非遗名录优化

任务描述

本任务在任务 3.2 的基础上增加表格结构化标记，标识表格的页眉、主体部分，提高表格的可读性，使表格更易于理解。非遗名录清单网页优化后的效果如图 3-10 所示。

图3-10 非遗名录清单网页优化后的效果

知识准备

表格结构化标记

可以使用<thead>标记、<tbody>标记和<tfoot>标记来分别标识表格的页眉、主体、页脚，使得浏览器能够支持独立于表格页眉和表格页脚的表格主体滚动。当包含多个页面的长表格被打印时，表格的页眉和页脚可被打印在包含表格数据的每个页面上。<thead>标记一般用于表示列名称所在的那一行，即首行；<tbody>标记用于表示表格数据行，<tfoot>标记一般包含表格统计行。表格结构化标记（见表3-7）在表格中出现的顺序为<thead>、<tbody>和<tfoot>。

微课 3.11　　微课 3.12

表3-7　表格结构化标记

表格结构化标记	描述
<thead>	定义表格的页眉
<tbody>	定义表格的主体
<tfoot>	定义表格的页脚

任务实施

微课 3.13

1. 将在任务 3.2 中创建的表格的第一行（即列名称）划分为表格页眉，添加表格结构化标记<thead></thead>。代码如下。

```html
<thead>
    <tr bgcolor="#982b2c">
        <th>
                <font color="#fff">序号</font>
        </th>
        …
        <th>
                <font color="#fff">保护单位</font>
        </th>
    </tr>
</thead>
```

2. 添加表格右下角文字："每页显示 5 项"，代码如下。

```html
<tfoot>
        <tr align="right">
            <td colspan="5">每页显示 5 项</td>
        </tr>
</tfoot>
```

3. 将在任务 3.2 中创建的表格的数据部分划分为表格主体，添加表格结构化标记<tbody></tbody>。非遗名录清单网页优化的参考代码如下。

序号	HTML 代码
1	`<!DOCTYPE html>`
2	`<html>`

序号	HTML 代码
3	`<head>`
4	`    <meta charset="utf-8">`
5	`    <title>非遗名录代表性项目名录</title>`
6	`</head>`
7	`<body>`
8	`    <h1 align="center">国家级非物质文化遗产代表性项目名录</h1>`
9	`    <table  border="1"  cellspacing="0"  width="80%"  height="500"  align="center" bordercolor="#CCCCCC">`
10	`        <thead>`
11	`        <tr bgcolor="#982b2c">`
12	`            <th>`
13	`                <font color="#fff">序号</font>`
14	`            </th>`
15	`            <th>`
16	`                <font color="#fff">名称</font>`
17	`            <th>`
18	`                <font color="#fff">公布时间</font>`
19	`            </th>`
20	`            <th>`
21	`                <font color="#fff">申报地区或单位</font>`
22	`            </th>`
23	`            <th>`
24	`                <font color="#fff">保护单位</font>`
25	`            </th>`
26	`        </tr>`
27	`        </thead>`
28	`        <tfoot>`
29	`            <tr align="right">`
30	`            <td colspan="5">每页显示 5 项</td>`
31	`            </tr>`
32	`        </tfoot>`
33	`        <tbody>`
34	`        <tr align="center">`
35	`            <td>1</td>`
36	`            <td>苗族古歌</td>`
37	`            <td>2006(第一批)</td>`
38	`            <td>贵州省台江县、黄平县</td>`
39	`            <td>台江县非物质文化遗产保护中心</td>`
40	`        </tr>`
41	`            ...`
42	`        </tbody>`
43	`    </table>`
44	`</body>`
45	`</html>`

【任务3.4】布局表格并制作非遗名录页面

非遗名录页面使用表格进行页面布局，整个页面一共使用了 3 个表格，页面上方使用了一个 3 行 4 列的表格，包含文字段落和数据统计。中间表格的内容是非遗项目清单，下方表格的内容为分页超链接。非遗名录页面整体效果如图 3-11 所示。

图3-11　非遗名录页面整体效果

🔧 知识准备

3.4.1　表格跨行操作

表格在实际应用中会出现不同大小的区域，那么在编辑表格时，可合并单元格进行跨行或跨列的操作。

可以通过设置单元格<td>标记中的 rowspan 属性定义横跨单元格的数量，即行数。基本语法如下。

微课 3.14

```
<table>
<tr>
<td rowspan="value"> … </td>
</tr>
…
</table>
```

3.4.2 表格跨列操作

可以通过设置单元格<td>标记中的 colspan 属性定义纵跨单元格的数量，即列数。基本语法如下。

```
<table>
<tr>
<td colspan="value"> … </td>
</tr>
</table>
```

微课 3.15

【实例 3-5】表格跨行、跨列操作。

序号	HTML 代码
1	`<!DOCTYPE html>`
2	`<html>`
3	`    <head>`
4	`        <meta charset="utf-8">`
5	`        <title>表格跨行跨列</title>`
6	`    </head>`
7	`    <body>`
8	`        <table width="500" border="1" cellspacing="0" cellpadding="0">`
9	`            <tr>`
10	`                <td rowspan="3">  </td>`
11	`                <td colspan="2">  </td>`
12	`            </tr>`
13	`            <tr>`
14	`                <td>  </td>`
15	`                <td>  </td>`
16	`            </tr>`
17	`            <tr>`
18	`                <td>  </td>`
19	`                <td>  </td>`
20	`            </tr>`
21	`        </table>`
22	`    </body>`
23	`</html>`

上述代码创建了 3 行 3 列的表格，表格第一行的第一个单元格设置了跨行操作，代码第 10 行<td rowspan="3">表示该单元格横跨第一行至第三行，因此，第二行和第三行要相应地删除一对<td></td>标记，才能使得每行的单元格数量相同。第一行的第二个单元格设置跨列操作<td colspan="2">，因此，也要在第一行删除对应数量的<td></td>标记。表格跨行跨列的网页效果如图 3-12 所示。

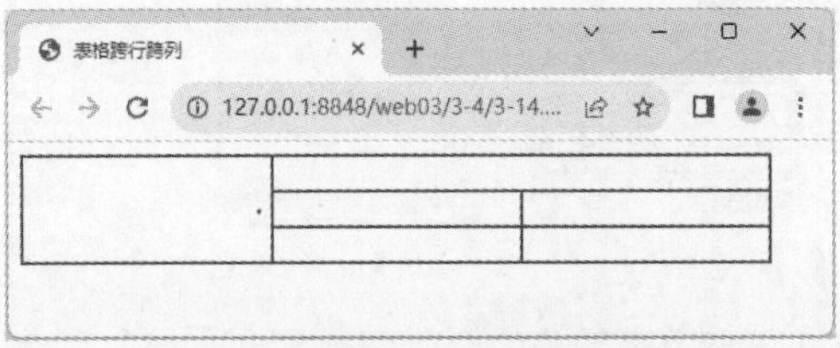

图3-12　表格跨行跨列的网页效果

3.4.3 表格嵌套

表格的单元格中可以插入文本、图片、超链接等各种网页元素，还可以插入表格，形成表格嵌套。表格嵌套常用于页面布局，构建形式复杂的层次关系。

【实例 3-6】表格嵌套。

序号	HTML 代码	说明
1	`<!DOCTYPE html>`	
2	`<html>`	
3	`    <head>`	
4	`        <meta charset="utf-8">`	
5	`        <title>表格嵌套</title>`	
6	`    </head>`	
7	`    <body>`	
8	`    <table border="1">`	外层表格为 3 行
9	`        <tr><td>外层表格</td><td>外层表格</td><td>外层表格</td></tr>`	3 列表格
10	`        <tr><td>`	
11	`            <table border="1">`	内层表格为 3 行
12	`                <tr><td>内层表格</td><td>内层表格</td><td>内层表格</td></tr>`	3 列表格
13	`                <tr><td>内层表格</td><td>内层表格</td><td>内层表格</td></tr>`	
14	`                <tr><td>内层表格</td><td>内层表格</td><td>内层表格</td></tr>`	
15	`            </table>`	
16	`        </td>`	
17	`        <td>外层表格</td><td>外层表格</td>`	
18	`        </tr>`	
19	`        <tr><td>外层表格</td><td>外层表格</td><td>外层表格</td></tr>`	
20	`    </table>`	
21	`    </body>`	
22	`</html>`	

整个结构为在 3 行 3 列的外层表格第二行的第一个单元格中嵌套一个 3 行 3 列的内层表格，内层表格代码见第 11～15 行。表格嵌套网页效果如图 3-13 所示。

图3-13　表格嵌套网页效果

任务实施

微课 3.18

1. 创建网页文件，保存在对应的站点目录下，并在该目录下新建 images 文件夹，用于存放本站点下的图片文件。

2. 创建第一个 3 行 4 列的表格。

表格不显示边框和边距，居中对齐，宽度是页面宽度的 80%。对第一行的单元格进行跨列操作，放置一个段落元素。每列的宽度是均分的，表格内容居中显示。

HTML 代码如下。

```
<table border="0" cellspacing="0"  width="80%" align="center">
        <tr>
            <td colspan="4">
                <p>…</p>
            </td>
        </tr>
        <tr align="center">
            <td width="25%">5</td>
            <td width="25%">10</td>
            <td width="25%">1557</td>
            <td width="25%">3610</td>
        </tr>
        <tr align="center">
            <td>批次</td>
            <td>类别</td>
            <td>项目</td>
            <td>子项</td>
        </tr>
</table>
```

3. 创建第二个 7 行 5 列的表格。

第二个表格在任务 3.2 中已完成创建，在表格的最后增加一行统计信息，并对该行上的单元格进行跨列操作。

4. 创建第三个 1 行 5 列的表格。

非遗名录页面参考代码如下。

序号	HTML 代码
1	`<!DOCTYPE html>`
2	`<html>`
3	`    <head>`
4	`        <meta charset="utf-8">`
5	`        <title>非遗代表性项目名录</title>`
6	`    </head>`
7	`    <body>`
8	`        <h1 align="center">国家级非物质文化遗产代表性项目名录</h1>`
9	`        <table border="0" cellspacing="0"  width="80%" align="center">`
10	`            <tr>`
11	`                <td colspan="4">`

67

序号	HTML 代码
12	<p> 建立非物质文化遗产代表性项目名录，对保护对象予以确认，以便集中有限资源，对体现中华优秀传统文化，具有历史、文学、艺术、科学价值的非物质文化遗产项目进行重点保护，是非物质文化遗产保护的重要基础性工作之一。联合国教科文组织《保护非物质文化遗产公约》（以下简称《公约》）要求"各缔约国应根据自己的国情"拟订非物质文化遗产清单。建立国家级非物质文化遗产名录，是我国履行《公约》缔约国义务的必要举措。《中华人民共和国非物质文化遗产法》明确规定："国家对非物质文化遗产采取认定、记录、建档等措施予以保存，对体现中华优秀传统文化，具有历史、文学、艺术、科学价值的非物质文化遗产采取传承、传播等措施予以保护。"
13	</p>
14	</td>
15	</tr>
16	<tr align="center">
17	<td width="25%"><font color="#982b2c" size="28">5</font></td>
18	<td width="25%"><font color="#982b2c" size="28">10</font></td>
19	<td width="25%"><font color="#982b2c" size="28">1557</font></td>
20	<td width="25%"><font color="#982b2c" size="28">3610</font></td>
21	</tr>
22	<tr align="center">
23	<td>批次</td>
24	<td>类别</td>
25	<td>项目</td>
26	<td>子项</td>
27	</tr>
28	</table>
29	<table border="1" cellspacing="0" cellpadding="10" width="80%" height="500" align="center" bordercolor="#CCCCCC">
30	<thead>
31	<tr bgcolor="#982b2c">
32	…
	</tr>
33	</thead>
34	<tfoot>
35	<tr align="right">
36	<td colspan="5">每页显示 5 项</td>
37	</tr>
38	</tfoot>
39	<tbody>
40	…
41	</tbody>
42	</table>
43	<table border="0" align="center">

序号	HTML 代码
44	`<tr><th><a href="#">上一页</a></th><th><a href="#">1</a></th><th><a href="#">2</a></th><th><a href="#">3</a></th><th><a href="#">下一页</a></th></tr>`
45	`</table>`
46	`</body>`
47	`</html>`

智海引航

【问题 3.1】网页不使用表格进行复杂页面布局的原因

在使用表格进行页面布局时，设计者一般会先根据页面版式的设计需要，将整个网页水平切割为多个独立的表格，表格的行数、列数则由该表格中所包含的板块数量来决定。对于复杂的板块，必须通过表格嵌套来完成，但太深的嵌套会导致代码冗长、可读性差，网页改版或某个模块调整、增加或删除内容难以实现。使用表格进行布局虽然简单，但效率低下且难以维护。

DIV+CSS 布局技术运用 HTML 来确定网页的结构和内容，运用 CSS 来控制网页中内容的表现形式，很好地实现了内容与形式的分离，既可以使我们设计的网页适应不同的平台，又可以很方便地进行网页改版，提高了设计效率。

【问题 3.2】常用的与表格相关的 CSS 属性

把表格相关标记中的常用属性与 CSS 属性进行比较，如表 3-8 所示。

表3-8　CSS属性与表格标记属性比较

CSS 属性	描述	表格标记属性
width	设置宽度	width
height	设置高度	height
border	设置边框，CSS 属性可以对边框的每条边设置不同的样式，而表格标记属性只能设置整个边框的粗细和颜色	border
border-collapse	设置边框折叠	无
padding	设置填充，可分别控制 4 个方向上的填充。表格标记属性不能实现分方向独立控制	cellpadding
margin	设置边距，可分别控制 4 个方向上的边距。表格标记属性不能实现分方向独立控制	cellspacing
align	设置水平对齐方式	align
valign	设置垂直对齐方式	valign

匠心独运——吴腔软语　歌韵千年

吴歌是吴语方言地区广大民众的口头文学创作，发源于江苏省东南部，苏州地区是吴歌产生和发展的中心地区。吴歌口口相传，代代相袭，具有浓厚的地方特色。吴歌源远流长，《楚辞·招魂》即有相关的记载。宋代郭茂倩编《乐府诗集》时将吴歌编入《清商曲辞》的《吴声曲》。明代冯梦龙采录宋元到明中叶流传在民间的大量吴歌，辑录成《山歌》《挂枝儿》。清代是长篇叙事吴歌的成熟繁荣时期，经书商刊刻、文人传抄和民间艺人的口传，保存了大量长篇叙事吴歌。2006 年，吴歌（江苏省苏州市）作为项目入选中国第一批国家级非物质文化遗产代表性项目名录。

吴歌以民间口头演唱方式表演，口语化的演唱是其艺术表现的基本方式。吴歌是徒歌，在没有任何乐器伴奏的情况下吟唱，其类型大致有引歌（俗称"歌头"，长篇叙事歌称"闹头"）、劳动歌、情歌、生活风俗仪式歌、儿歌和长篇叙事歌等几种。吴歌不仅是吴语地区至今仍然存活在民间的一种口头文学形式，具有一定的认识价值和审美价值，而且也是研究方言的珍贵资料。

单元习题

一、选择题

1. 下面不属于表格标记的是（　　　　）。
   A. <td>　　　　　　　B. <tr>　　　　　　　C. <th>　　　　　　　D. <li>
2. 设置表格边框的属性是（　　　　）。
   A. border　　　　　　B. align　　　　　　C. bgcolor　　　　　D. cellspacing
3. 下面属于<tr>标记 valign 属性取值的是（　　　　）。
   A. left　　　　　　　B. top　　　　　　　C. center　　　　　　D. right
4. 用于设置表格在页面上居中显示的代码是（　　　　）。
   A. <table valign="center">　　　　　　　B. <tr align="center">
   C. <table align="center">　　　　　　　D. <td align="center">
5. 下列选项属于跨列操作的是（　　　　）。
   A. <td rows="3">　　　　　　　　　　　B. <td colspan="3">
   C. <td rowspan="1">　　　　　　　　　　D. <td rowspan="3">
6. 用于设置表格的第一行文本底对齐的代码是（　　　　）。
   A. <td valign="right">　　　　　　　　　B. <td valign="foot">
   C. <tr align="bottom">　　　　　　　　　D. <tr valign="bottom">

二、填空题

1. 在表格标记中，_____标记用于设置表格标题。
2. 定义表格宽度和高度的属性分别是_____和_____。
3. _____标记用于定义表格内的表头单元格，此单元格中的文字将以_____的方式显示。
4. _____标记用于定义表格的单元格，它必须放在_____标记内。
5. align 属性的取值包括_____、_____、_____和_____，它们分别表示表格或表格内容在水平方向上的不同对齐方式。
6. 设置表格的背景颜色可以使用_____属性。
7. 网页中表示颜色的 3 种方式分别为_____、_____、_____。
8. 表格中有两种空白，分别为边距和填充，通过_____属性和_____属性设置。

单元4

HTML5表单与非遗网站登录页面和非遗网站注册页面的制作

04

HTML5 表单在网页开发中扮演着重要的角色，它允许用户输入数据并与服务器进行交互。HTML5 表单的作用包括提交数据、验证数据等。掌握 HTML5 表单是学习网页开发的重要一环，它可以帮助开发者创建功能齐全、安全可靠且用户体验良好的网站。

学习目标

1. 理解表单的基本结构。
2. 掌握表单控件的类型和属性。
3. 掌握表单的提交方式。
4. 掌握 HTML5 的内置验证功能。
5. 能够使用正则表达式进行更复杂的数据验证。
6. 培养交互设计能力。
7. 培养设计思维与创新能力。

情景引入

通过前面的学习，小新掌握了学习 HTML5 标记的方法。在学习过程中，小新逐渐意识到，善于总结、勤于实践、勇于创新方能持续提高专业技能，不断完善自我。现在小新想为非遗网站增加用户登录功能，记录网站用户的交互数据，方便今后为用户提供个性化的服务。小新了解到通过 HTML5 表单可以提供用户交互界面和功能，他对于学好 HTML5 表单信心十足，已经迫不及待地想开始探索新知识了，为此制订了如下任务规划。

① 设计非遗网站登录页面和注册页面。
② 创建表单并制作非遗网站登录页面。
③ 添加表单控件并制作非遗网站注册页面。
④ 设置 HTML5 表单控件属性并验证表单数据。
⑤ 使用正则表达式进行复杂数据验证。

【任务 4.1】设计非遗网站登录页面和注册页面

工单编号	RW4-1			
任务名称	设计非遗网站登录页面和注册页面			
任务负责人	小新			
任务说明	本任务设计非遗网站登录页面和注册页面，从用户角度进行设计，重视用户交互体验			
任务要求	1. 使用用户名和密码进行用户登录 2. 注册时，需要用户提供用户名、姓名、密码、性别、出生日期、联系电话、所在城市、身份证照片等信息			
任务完成情况				
任务等级	□一般	□重要	□紧急	□非常紧急
完成时间	□提前完成	□按时完成	□延期完成	□未能完成
完成质量	□优秀	□良好	□一般	□差

任务实施

打开 Axure，建立非遗网站登录页面和非遗网站注册页面原型，设计页面。根据任务工单给出以下原型图。

1. 非遗网站登录页面的原型图如图 4-1 所示。登录表单包括文本框、密码框和提交按钮。

图4-1　非遗网站登录页面原型图

2. 非遗网站注册页面的原型图如图 4-2 所示。注册表单包括文本框、密码框、单选按钮、复选框、文件域、下拉列表、文本域、提交按钮等。

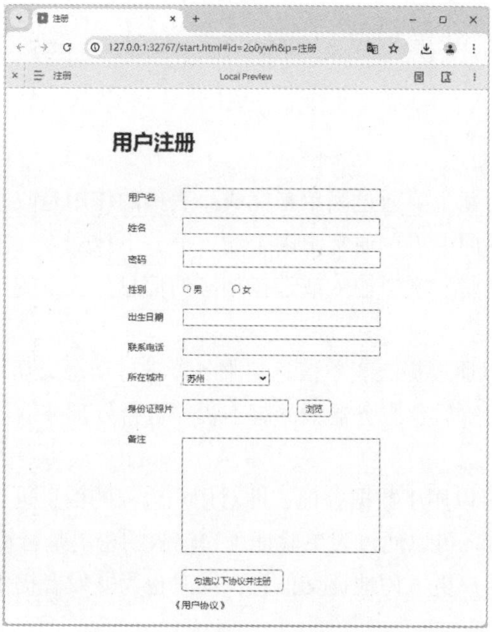

图4-2 非遗网站注册页面原型图

【任务 4.2】创建表单并制作非遗网站登录页面

📄 **任务描述**

本任务的主要内容是为非遗网站创建登录页面。已注册的用户填写相关的信息并提交网站后台，就可以通过该页面登录网站。

用户登录的完整过程非常复杂。数据从页面传到服务器上（相应程序可以用 PHP、Java 等语言开发），由程序对数据与数据库中的记录进行比对。需要说明的是，本任务只制作表单页面，不考虑数据传递工作。

用户登录时需要提交的信息包括用户名和密码。用户登录页面效果如图 4-3 所示。

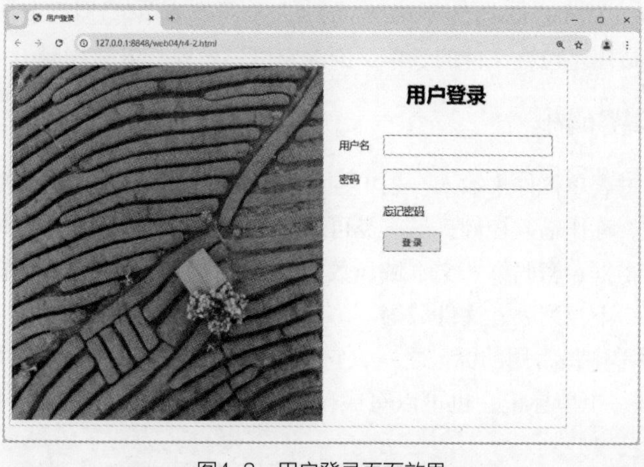

图4-3 用户登录页面效果

微课 4.1

4.2.1 表单的概念

用户与服务器之间的交互主要通过表单来完成。表单的作用是收集用户信息，其常见于网页和软件界面。表单通常由多个输入框、下拉列表、单选按钮等元素组成，用户可以在这些元素中输入或选择相应的信息。表单的主要作用有数据提交和数据验证。

1. 数据提交：用户可以通过提交表单信息与服务器进行动态交互，表单可以接收用户输入的信息，然后将这些信息提交给后台服务器上的脚本程序进行处理并返回结果。该操作遵循 HTTP 的请求/响应模式。

2. 数据验证：表单还可以用于数据验证，即对用户输入的信息进行合法性判断，以确保数据准确。例如，在注册账号时，可以通过表单验证用户输入的密码是否符合要求。

总之，表单可以帮助用户更方便地提交信息，同时也为开发者提供了收集数据和实现交互的途径。

4.2.2 表单标记与属性

可以使用<form>标记来创建表单，基本语法如下。

```
<form action="url" method="value" enctype="value">
…
</form>
```

语法说明如下。

1. action：该属性用于定义当用户提交表单时，数据将发送到的位置。它通常是一个服务器端的 URL，也可能是电子邮件地址。当用户单击提交按钮时，表单数据就会被发送到这个位置。

2. method：该属性用于定义数据发送的方式，常见的值是 get 和 post。值为 get 时，将表单数据附加到 action 属性所定义的 URL 上；值为 post 时，则将数据作为 HTTP 请求的一部分发送。get 方式通常用于提交非敏感数据，而 post 方式则适用于提交敏感数据或大量数据。

3. enctype：该属性用于定义发送到服务器的数据的编码类型，常见的值是 application/x-www-form-urlencoded 和 multipart/form-data。前者是将所有表单值连接到一个字符串中，适用于普通的表单；后者则适用于包含文件的表单，因为它可以处理二进制数据。

4.2.3 文本框和密码框

表单中的数据通过表单控件来输入。表单控件大致可分为两类：一类需要用户通过键盘输入字符，称作输入控件；另一类可通过选择输入字符，称作选择控件。输入控件包括文本框、密码框、文本域、数字框、日期控件等。选择控件包括单选按钮、复选框、下拉列表、文件域等。

微课 4.2

<input>标记是表单中最常用的标记之一，它可以用于输入文本、密码、数字、日期、颜色等多种数据。<input>是一个单标记，也可以写成<input/>。<input>标记的主要属性及说明如表 4-1 所示。

表4-1　\<input\>标记的主要属性及说明

属性	说明
type	输入控件的类型，是\<input\>标记的必需属性
value	规定\<input\>标记的值，适用于所有\<input\>标记
name	字段名称，供服务器辨识提交的信息，适用于所有标记
placeholder	水印文字。当文本框为空时显示浅灰色的文字
readonly	只读。数据会随表单提交
disabled	只读。数据不随表单提交

　　type 属性决定了控件的类型。文本框和密码框的 type 属性分别是 text 和 password。name 属性决定了字段的名称。所有数据提交到服务器之后，服务器上的程序根据字段名称来辨识数据。建议使用长短适中、可读性强、容易辨别含义的单词作为 name 属性的值。

　　【实例4-1】创建文本框和密码框。其中，value 属性值为用户输入的数据。

序号	HTML 代码
1	\<!DOCTYPE html\>
2	\<html\>
3	\<head\>
4	\<meta charset="utf-8"\>
5	\<title\>文本框和密码框\</title\>
6	\</head\>
7	\<body\>
8	文本框: \<input type="text" name="user" \>\<br/\>
9	密码框: \<input type="password" name="pwd" value="123"\>
10	\</body\>
11	\</html\>

　　文本框和密码框网页效果如图 4-4 所示。

图4-4　文本框和密码框网页效果

4.2.4　3 类按钮控件

　　表单中的按钮分 3 类：普通按钮、提交按钮和重置按钮。基本语法如下。

```
<input type="button|submit|reset" value="按钮文本">
```

　　3 类按钮的调用代码和作用如表 4-2 所示。

微课 4.3

表4-2　3类按钮的调用代码和作用

种类	调用代码	作用
普通按钮	\<input type="button" value="按钮文本"\>或\<button type="button"\>按钮文本\</button\>	单击后只触发 click 事件，不触发表单事件

种类	调用代码	作用
提交按钮	`<input type="submit" value="按钮文本">`或`<button type="submit">`按钮文本`</button>`	单击后触发表单的提交事件，数据将传递到表单 action 属性指定的目标
重置按钮	`<input type="reset" value="按钮文本">`或`<button type= "reset">`按钮文本`</button>`	单击后重置表单中所有控件的输入

【实例 4-2】创建 3 类按钮。

序号	HTML 代码
1	`<!DOCTYPE html>`
2	`<html>`
3	`    <head>`
4	`        <meta charset="utf-8">`
5	`        <title>按钮</title>`
6	`    </head>`
7	`    <body>`
8	`        <input type="submit" value="提交按钮">`
9	`        <input type="button" value="普通按钮">`
10	`        <input type="reset" value="重置按钮">`
11	`</body>`
12	`</html>`

3 类按钮的效果如图 4-5 所示。3 类按钮在外观上没有差异，但功能各不相同。普通按钮大多数与 JavaScript 的事件相结合来启动脚本，提交按钮会自动提交表单，重置按钮会清空表单中的数据。

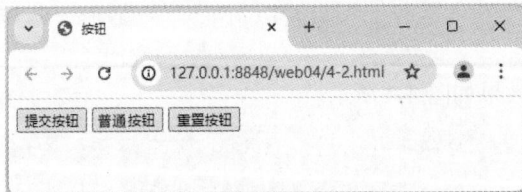

图4-5　3类按钮的效果

任务实施

1. 在站点目录下创建登录网页文件。

2. 创建登录表单。设置表单数据发送方式为 post，代码如下。

```
<form action="" method="post"></form>
```

3. 为表单分别添加输入用户名和密码的文本框及密码框。

```
<input type="text" name="username">
<input type="password" name="password">
```

4. 创建表单提交按钮。

```
<button type="submit">登录</button>
```

5. 为使页面美观整齐，采用表格进行布局，外层设置 1 行 2 列的表格，左侧放置图片，右侧放置登录表单。设置右侧单元格在垂直方向上的对齐方式为顶对齐。

```
<table id="box">
<tr>
    <td>
            <img src="img/login.png">
    </td>
    <td valign="top">
        <h1>用户登录</h1>
      <!-- 此处嵌套表格 -->
    </td>
</tr>
</table>
```

6. 内层表格为4行2列的表格。设置表格的高度和表格边距。

```
<table height="150" cellspacing="20">
    <tr>
            <td>用户名</td><td><input type="text" name="username"></td>
    </tr>
    <tr>
            <td>密码</td>
            <td><input type="password" name="password"></td>
    </tr>
    <tr>
            <td> </td>
            <td><a href="">忘记密码</a></td>
    </tr>
    <tr>
            <td> </td>
            <td>
                <button type="submit">登 录</button>
            </td>
    </tr>
</table>
```

7. 为使页面美观，添加CSS代码，后面将详细学习，此处不展开介绍。

非遗网站登录页面的代码如下。

序号	HTML 代码与 CSS 代码
1	`<!DOCTYPE html>`
2	`<html>`
3	`<head>`
4	`    <meta charset="utf-8">`
5	`    <title>用户登录</title>`
6	`    <style type="text/css">`
7	`        input{`
8	`            width: 260px;`
9	`            height:25px;`
10	`        }`
11	`        button{`
12	`            width: 90px;`
13	`            height:30px;`

序号	HTML 代码与 CSS 代码
14	`    }`
15	`        #box{`
16	`            border:1px solid #ccc;`
17	`        }`
18	`        h1{`
19	`            text-align: center;`
20	`        }`
21	`    </style>`
22	`</head>`
23	`<body>`
24	`    <form action="" method="post">`
25	`        <table id="box">`
26	`            <tr>`
27	`                <td>`
28	`                    <img src="img/login.png">`
29	`                </td>`
30	`                <td valign="top">`
31	`                    <h1>用户登录</h1>`
32	`                    <table height="150" cellspacing="20">`
33	`                        <tr>`
34	`    <td>用户名</td><td><input type="text" name="username"></td>`
35	`                        </tr>`
36	`                        <tr>`
37	`                            <td>密码</td>`
38	`                    <td><input type="password" name="password"></td>`
39	`                        </tr>`
40	`                        <tr>`
41	`                            <td> </td>`
42	`                            <td><a href="">忘记密码</a></td>`
43	`                        </tr>`
44	`                        <tr>`
45	`                            <td> </td>`
46	`                            <td>`
47	`                                <button type="submit">登 录</button>`
48	`                            </td>`
49	`                        </tr>`
50	`                    </table>`
51	`                </td>`
52	`            </tr>`
53	`        </table>`
54	`    </form>`
55	`</body>`
56	`</html>`

Web前端开发技术项目教程（HTML5+CSS3+JavaScript）（微课版）

💬 **实战小技巧**

设计表单时，文字标记是左对齐还是右对齐？

在工作场景中，有 4 种标记对齐方式：左对齐、右对齐、顶对齐和文字内对齐。表单设计中的 4 种标记对齐方式如图 4-6 所示。

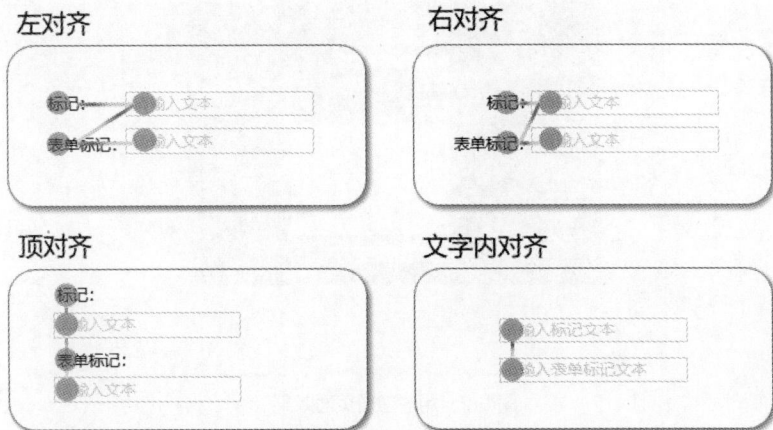

图4-6　4种标记对齐方式

4 种标记对齐方式的完成速度、优缺点与应用场景如表 4-3 所示。

表4-3　4种标记对齐方式的完成速度、优缺点与应用场景

对比	左对齐	右对齐	顶对齐	文字内对齐
完成速度	最慢	快	最快	快
优点	用户阅读标记容易，减少了垂直空间的占用	标记与输入框相邻，兼容标记长度不一致的情况，减少了垂直空间的占用	标记和输入框相邻，减少了横向空间的占用	减少了横向空间的占用
缺点	对长度不一致的标记兼容性差，增加了横向空间的占用，表单整体信息处理速度比较慢	表单整体排版参差不齐，表单标记可读性差	增加了垂直空间的占用	输入状态激活后标记消失，用户输入后容易遗忘输入项
应用场景	常用于 PC 端表单，适用于标记长度基本一致的情况，以及需要谨慎填写的情况	常用于 PC 端表单，适用于常规输入型表单	常用于移动端表单，适用于对效率要求高的情况	常用于移动端表单

【任务 4.3】添加表单控件并制作非遗网站注册页面

▶ **任务描述**

本任务是为非遗网站创建注册页面。用户需要在页面上填写并提交的信息包括用户名、姓名、密码、性别、出生日期、联系电话、所在城市、身份证照片等。用户注册页面效果如图 4-7 所示。

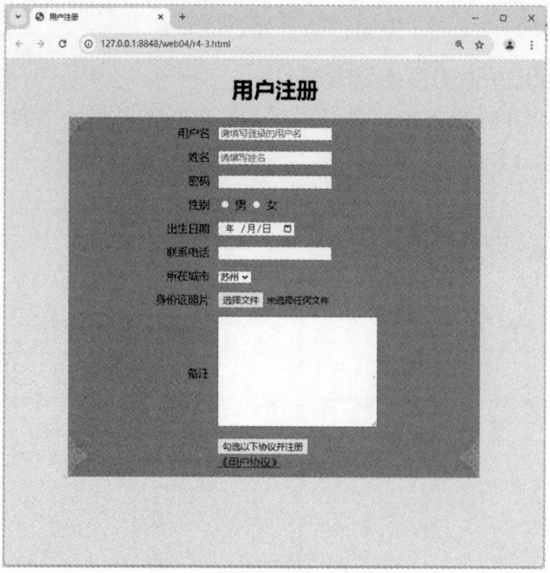

图4-7 用户注册页面效果

🛠 **知识准备**

4.3.1 单选按钮控件

单选按钮（<input type="radio">）能够保证用户在一组数据中最多只选择一项，基本语法如下。

```
<input type="radio" checked="checked"/>
```

说明：type 属性的值设置为 radio，定义<input>元素类型为单选按钮；设置 checked 属性表示将单选按钮设置为选中状态，不设置则表示处于非选中状态。

【实例 4-3】创建单选按钮。

序号	HTML 代码
1	`<!DOCTYPE html>`
2	`<html>`
3	`    <head>`
4	`        <meta charset="utf-8">`
5	`        <title>单选按钮</title>`
6	`    </head>`
7	`    <body>`
8	`<input type="radio" name="gender" value="male" id="chkMale" checked>`
9	`        <label for="chkMale">男</label>`
10	`<input type="radio" name="gender" value="female" id="chkFemale">`
11	`<label for="chkFemale">女</label>`
12	`    </body>`
13	`</html>`

实例代码中的两个单选按钮具有相同的 name 属性，表示同属一个字段（同属一个字段的选项最多只能选一个）。每个单选按钮后都跟了一个标记<label>，用于对选择的数据做出显式说明。

<label>标记中的 for 属性表示与此标记相关联的单选按钮的 id。这样设置之后，用户不需要再在页面上小心翼翼地移动鼠标指针"瞄准"单选按钮的小圆圈，只需单击标记文字，就能完成选中和取消选中操作。这种用法必须保证每个单选按钮都具有自己的 id，实际操作中推荐使用下面的方法。

```
<label>
    <input type="radio" name="gender" value="male" checked> 男
</label>
<label>
    <input type="radio" name="gender" value="female"> 女
</label>
```

将单选按钮和文字完整地移入<label></label>标记内，可使代码更具可读性。第一个单选按钮中有 checked 属性，表示此选项默认选中。

注意：上面控件中随表单提交的数据并非"男""女"这两个字符串，而是单选按钮中 value 属性的值，即 male 或 female。设置单选按钮网页效果如图 4-8 所示。

图4-8　设置单选按钮网页效果

4.3.2　复选框控件

复选框（<input type="checkbox">）允许用户在一组选项中选择多个，基本语法如下。

```
<input type="checkbox" checked="checked"/>
```

说明：type 属性的值设置为 checkbox，即定义<input>元素类型为复选框；设置 checked 属性表示将复选框设置为选中状态，不设置则表示处于非选中状态。

【实例4-4】创建复选框。

序号	HTML 代码
1	`<!DOCTYPE html>`
2	`<html>`
3	`    <head>`
4	`        <meta charset="utf-8">`
5	`        <title>复选框</title>`
6	`    </head>`
7	`    <body>`
8	`<label><input type="checkbox" name="hobbies" value="soccer" checked> 足球</label>`
9	`<label><input type="checkbox" name="hobbies" value="reading" checked> 阅读</label>`
10	`<label><input type="checkbox" name="hobbies" value="movie"> 电影</label>`
11	`<label><input type="checkbox" name="hobbies" value="travel"> 旅行</label>`
12	`    </body>`
13	`</html>`

微课 4.4　　微课 4.5

81

设置复选框网页效果如图 4-9 所示。复选框与单选按钮除了 type 属性之外，语法几乎相同，这里不再赘述。

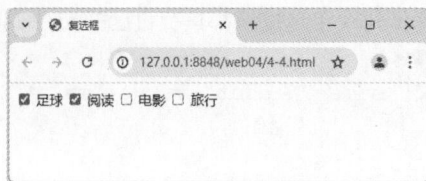

图4-9　设置复选框网页效果

4.3.3　日期控件

微课 4.6

在文本框中输入日期时，最大的困难就是确保格式规范。例如，使用"9/2/2024"这样的写法表示 2024 年 2 月 9 日，该字符串在欧洲人看来却是 2024 年 9 月 2 日。而我国则习惯将该日期写成"2024-9-2"，或者在中间加上"年""月""日"等中文字符。为了避免用户输入日期时格式的不确定性，日期控件采用在日历上点选的方式输入日期。日期控件的基本语法如下。

```
<form>
<input type="日期控件类型" />
</form>
```

说明：type 属性用于设置日期控件的类型，如表 4-4 所示。不同浏览器呈现的控件外观稍有不同，但功能类似，以下实例展示不同类型的日期控件在 Chrome 浏览器中的外观。

表4-4　日期控件的类型

类型	描述
date	定义选取日、月、年的日期选择器
month	定义选取月、年的日期选择器
week	定义选取周、年的日期选择器
time	定义选取时、分的时间选择器
datetime	定义选取时、分、日、月、年的日期和时间选择器（显示协调世界时，即 UTC） 存在兼容性问题，不推荐
datetime-local	定义选取时、分、日、月、年的日期和时间选择器（显示本地时间）

【实例 4-5】创建日期控件。

序号	HTML 代码
1	`<!DOCTYPE html>`
2	`<html>`
3	`    <head>`
4	`        <meta charset="utf-8">`
5	`        <title>日期控件</title>`
6	`    </head>`
7	`    <body>`
8	`        <input type="date">`
9	`    </body>`
10	`</html>`

date 类型日期控件网页效果如图 4-10 所示。当控件获取焦点时，输入框的右侧出现按钮，单击该按钮会弹出日期选择器，并允许手动输入。

将第 8 行代码中 type 属性的值修改为 week，网页效果如图 4-11 所示。

图4-10　date类型日期控件网页效果

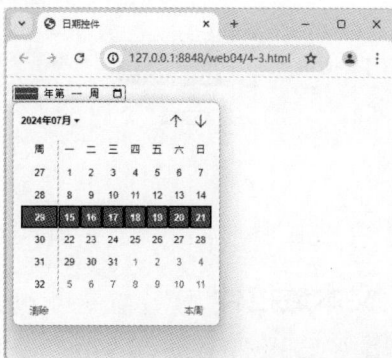
图4-11　week类型日期控件的网页效果

4.3.4　下拉列表控件

下拉列表（<select>）允许用户在多个选项中选择一个，基本语法如下。

微课 4.7　微课 4.8

```
<select name="名称" multiple="multiple" size="value">
    <option value="值 1">下拉列表项 1</option>
    <option value="值 2">下拉列表项 2</option>
        ...
</select>
```

说明：<select>标记用于创建下拉列表；<option>标记用于创建下拉列表项，该标记不能独立使用，必须在<select>标记中使用。<select>标记中的 name 属性定义该控件的名称，multiple 属性规定可同时选择多个选项，size 属性规定下拉列表中可见选项的数量。<option>标记中的 value 属性定义了选项的实际值。

【实例 4-6】创建下拉列表。

序号	HTML 代码
1	`<!DOCTYPE html>`
2	`<html>`
3	`    <head>`
4	`        <meta charset="utf-8">`
5	`        <title>下拉列表</title>`
6	`    </head>`
7	`    <body>`
8	`        <select name="branches">`
9	`            <option value="0">软件技术</option>`
10	`            <option value="1">计算机网络</option>`
11	`            <option value="2">人工智能</option>`
12	`        </select>`
13	`    </body>`
14	`</html>`

上面的实例代码所设置的下拉列表网页效果如图4-12所示。

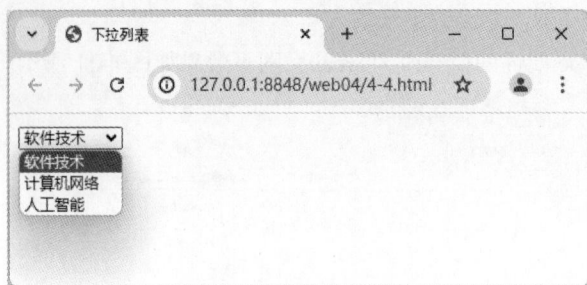

图4-12 下拉列表网页效果

4.3.5 文本域控件

微课 4.9

文本域（<textarea>）允许用户输入多行文本，基本语法如下。

```
<textarea rows="value" cols="value">内容</textarea>
```

说明：rows属性用于设置文本域内的可见行数，即文本域高度；cols属性用于设置文本域内的可见列数，即文本域宽度。

【实例4-7】创建文本域。

序号	HTML 代码
1	`<!DOCTYPE html>`
2	`<html>`
3	`    <head>`
4	`        <meta charset="utf-8">`
5	`        <title>文本域</title>`
6	`    </head>`
7	`    <body>`
8	`        <textarea cols="50" rows="10" id="textarea"> </textarea>`
9	`    </body>`
10	`</html>`

上面的实例代码所设置的文本域网页效果如图4-13所示。

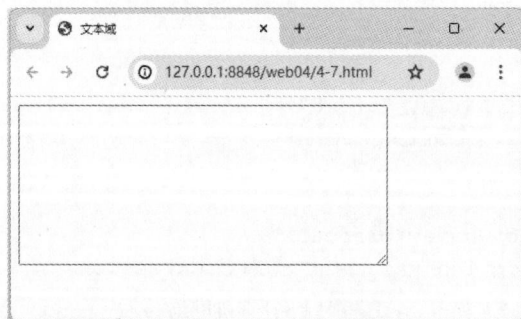

图4-13 文本域网页效果

4.3.6 文件域控件

文件域（<input type="file">）允许用户从他们的系统中选择一个或多个文件，基本语法如下。

```
<form enctype="multipart/form-data" >
<input type="file" />
</form>
```

说明：type属性的值设置为file，即定义<input>元素类型为文件域；表单标记中需要设置 enctype= "multipart/form-data"，否则无法提交数据。

【实例4-8】创建文件域。

序号	HTML 代码
1	`<!DOCTYPE html>`
2	`<html>`
3	`    <head>`
4	`        <meta charset="utf-8">`
5	`        <title>文件域</title>`
6	`    </head>`
7	`    <body>`
8	`        <form enctype="multipart/form-data">`
9	`        <input type="file" name="photo" accept="image/*">`
10	`        </form>`
11	`    </body>`
12	`</html>`

在上面实例代码的第9行中，<input type="file">标记用于创建一个文件域，accept属性是一个过滤器，它限制用户只能选择特定类型的文件。在这个实例中，用户只能选择图片文件。文件域网页效果如图4-14所示。

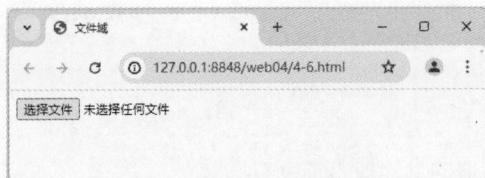

图4-14　文件域网页效果

4.3.7　HTML5 新增输入类型

HTML5为表单提供了更多的输入类型，使得用户输入数据更加方便和有效。以下是对几种新增输入类型的简单解释。

① 电话号码（<input type="tel">）：用于输入电话号码。用户可以在输入框中直接输入电话号码，而无须设置特殊的格式。

② 电子邮件（<input type="email">）：用于输入电子邮件地址。浏览器通常会验证电子邮件地址的格式是否正确。

③ 网址（<input type="url">）：用于输入网址。浏览器通常会验证网址是否有效。

④ 数字（<input type="number">）：用于输入数字。用户可以输入整数、小数或使用上下箭头来选择数字。

新增的输入类型不仅使得表单更加易用，还提供了浏览器和设备的内置验证，提高了表单的准确性和用户体验。

【实例4-9】创建HTML5新增输入类型控件。

序号	HTML 代码
1	`<!DOCTYPE html>`
2	`<html>`
3	`    <head>`
4	`        <meta charset="utf-8">`
5	`        <title>HTML5 新增输入类型控件</title>`
6	`    </head>`
7	`    <body>`
8	`        电话号码：<input type="tel"> `
9	`        电子邮件：<input type="email"> `
10	`        网址：<input type="url"> `
11	`        数字：<input type="number"> `
12	`    </body>`
13	`</html>`

HTML5 新增输入类型控件网页效果如图 4-15 所示。

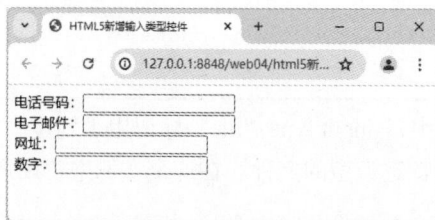

图4-15　HTML5新增输入类型控件网页效果

任务实施

1. 在站点目录下创建非遗网站注册页面文件。

2. 创建注册表单。

```
<form action="" method="post"></form>
```

3. 在表单中添加文本框和密码框。利用 placeholder 属性设置水印文字，即当文本框为空时显示的浅灰色的文字。

```
<input type="text" name="loginname" placeholder="请填写登录的用户名">
<input type="text" name="truename" placeholder="请填写姓名">
<input type="password" name="password">
```

4. 添加性别单选按钮。

```
<label><input type="radio" name="gender" value="male"> 男</label>
<label><input type="radio" name="gender" value="female"> 女</label>
```

5. 添加日期控件，以设置出生日期。

```
<input type="date" name="birthday" >
```

6. 添加联系电话输入框。

```
<input type="tel" name="phone" >
```

7. 添加所在城市下拉列表。

```
<select name="city" >
```

Web前端开发技术项目教程（HTML5+CSS3+JavaScript）（微课版）

```
        <option value="0">苏州</option>
        <option value="1">无锡</option>
        <option value="2">常州</option>
</select>
```

8. 添加身份证照片文件域。

```
<input type="file" name="photo">
```

9. 添加备注文本域。

```
<textarea name="remark" cols="30" rows="10"></textarea>
```

10. 添加提交按钮和超链接。

```
<input type="submit" value="勾选以下协议并注册" name="commit" id="commit">
<br/><a href="user.html">《用户协议》</a>
```

11. 为了输入字段整齐美观，使用表格来格式化。创建一个 10 行 2 列的表格。

```
<table id="box" width="615" height="492" cellspacing="10" align="center">
</table>
```

12. 为了美化页面，设置背景图片，CSS 代码如下。后面会详细介绍 CSS 代码，此处不展开说明，只引用。

```
body {
        background: url(img/bg5.png);
}
#box {
        background: url(img/bg.jpg);
}
h1{
        text-align: center;
}
```

非遗网站注册页面的完整代码如下。

序号	HTML 代码与 CSS 代码
1	`<!DOCTYPE html>`
2	`<html>`
3	`<head>`
4	`    <meta charset="utf-8">`
5	`    <title>用户注册</title>`
6	`    <style type="text/css">`
7	`        body{`
8	`            background: url(img/bg5.png);`
9	`        }`
10	
11	`        #box{`
12	`            background: url(img/bg.jpg);`
13	`        }`
14	`        h1{`
15	`            text-align: center;`
16	`        }`
17	`    </style>`
18	`</head>`

序号	HTML 代码与 CSS 代码
19	`<body>`
20	`    <h1>用户注册</h1>`
21	`    <form action="" method="post">`
22	`        <table id="box" width="615" height="492" cellspacing="10" align="center">`
23	`            <tr>`
24	`                <td align="right" width="200">用户名</td>`
25	`                <td><input type="text" name="loginname" placeholder="请填写登录的用户名"></td>`
26	`            </tr>`
27	`            <tr>`
28	`                <td align="right">姓名</td>`
29	`                <td><input type="text" name="truename" placeholder="请填写姓名"></td>`
30	`            </tr>`
31	`            <tr>`
32	`                <td align="right">密码</td>`
33	`                <td><input type="password" name="password"></td>`
34	`            </tr>`
35	`            <tr>`
36	`                <td align="right">性别</td>`
37	`                <td>`
38	`                    <label><input type="radio" name="gender" value="male"> 男</label>`
39	`                    <label><input type="radio" name="gender" value="female">女</label>`
40	`                </td>`
41	`            </tr>`
42	`            <tr>`
43	`                <td align="right">出生日期</td>`
44	`                <td><input type="date" name="birthday"></td>`
45	`            </tr>`
46	`            <tr>`
47	`                <td align="right">联系电话</td>`
48	`                <td><input type="tel" name="phone" ></td>`
49	`            </tr>`
50	`            <tr>`
51	`                <td align="right">所在城市</td>`
52	`                <td>`
53	`                    <select name="city" >`
54	`                        <option value="0">苏州</option>`
55	`                        <option value="1">无锡</option>`
56	`                        <option value="2">常州</option>`
57	`                    </select>`
58	`                </td>`

序号	HTML 代码与 CSS 代码
59	`</tr>`
60	`<tr>`
61	`<td align="right">身份证照片</td>`
62	`<td>`
63	`<input type="file" name="photo" >`
64	`</td>`
65	`</tr>`
66	`<tr>`
67	`<td align="right">备注</td>`
68	`<td>`
69	`<textarea name="remark" cols="30" rows="10"></textarea>`
70	`</td>`
71	`</tr>`
72	`<tr>`
73	`<td></td>`
74	`<td>`
75	`<input type="submit" value="勾选以下协议并注册" name="commit" id="commit">`
76	` <a href="user.html">《用户协议》</a>`
77	`</td>`
78	`</tr>`
79	`</table>`
80	`</form>`
81	`</body>`
82	`</html>`

注意：由于所有字段最终会发送到服务器，服务器区分这些数据的依据是字段的名称（name 属性的值），因此最好为每个字段起一个长短适中、容易理解的名称。

【任务 4.4】设置 HTML5 表单控件属性并验证表单数据

任务描述

微课 4.10

对 HTML5 表单内容进行验证的原因主要有以下几点。

1. 确保数据的完整性和一致性：验证可以确保用户输入的数据完整和准确。例如，如果一个表单要求用户输入电子邮件地址，那么验证可以确保输入的电子邮件地址格式正确。

2. 防止恶意输入：验证可以帮助防止恶意输入，常用途径有结构查询语言（Structure Query Language，SQL）注入攻击或者跨站脚本攻击（Cross Site Script Attack，通常称为 XSS）。例如，如果一个表单的输入被用来直接插入数据库查询中，那么恶意的用户可能会输入特殊的字符来修改查询的意图。通过验证，可以确保这些输入被正确地处理，从而防止这些攻击。

3. 提高用户体验：在客户端进行初步的验证，可以节省用户在提交表单后因为数据错误而需要重新填写或修改的时间。例如，如果一个表单要求用户输入一个有效的日期，那么在用户输入日期后立即进行验证，如果日期无效，就可以立即提示用户进行修改。

4. 减轻服务器负载：在客户端进行验证，可以减少服务器需要处理的数据量。因为只有通过验证的数据才会被提交到服务器，所以可以减轻服务器的负载。

本任务主要讲解如何对用户名、姓名、密码、出生日期、联系电话、身份证照片等字段进行合法性验证。

![知识准备]

4.4.1 必填属性

在 HTML5 表单标记中可以使用 required 属性来强制用户填写表单字段。当用户试图提交表单时，如果任何带有 required 属性的字段未被填写，浏览器就不会提交表单，并会显示一个错误消息。

【实例 4-10】设置必填属性 required。

序号	HTML 代码
1	`<!DOCTYPE html>`
2	`<html>`
3	`    <head>`
4	`        <meta charset="utf-8">`
5	`        <title>必填属性</title>`
6	`    </head>`
7	`    <body>`
8	`        <form action="/register" method="post">`
9	`         <label for="username">用户名:</label>`
10	`         <input type="text" name="loginname" required> `
11	`         <label for="password">密码:</label>`
12	`         <input type="password" name="password" required> `
13	`         <input type="submit" value="注册">`
14	`        </form>`
15	`    </body>`
16	`</html>`

用户名和密码字段都带有 required 属性，所以当用户试图提交表单但没有填写这些字段时，浏览器将阻止表单提交并显示一个错误消息。required 属性在 HTML5 表单中可以应用于单选按钮、复选框和下拉列表元素。设置必填属性 required 后的网页效果如图 4-16 所示。

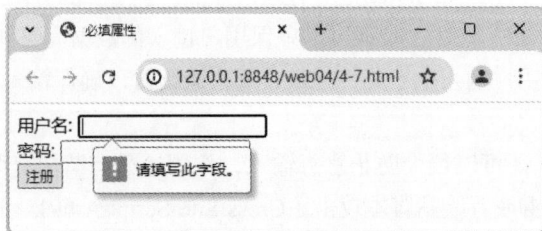

图4-16　设置必填属性required后的网页效果

💬 实战小技巧

必填项通常用红色的"*"来标记，此外还可以用文字进行说明。如果必填项多于选填项，则将选填项单独标记；如果选填项多于必填项，则将必填项单独标记；如果全是必填项，就不需要标记，避免满屏都是"*"标记。如果满屏都是"*"标记，则会不美观且会增加用户的认知负担。标识必填项修改前后的效果如图4-17所示。

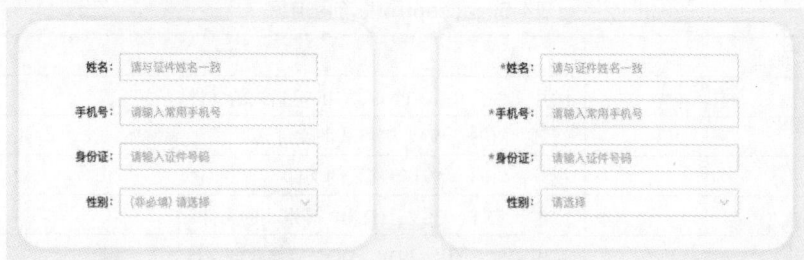

图4-17　标识必填项修改前后的效果

4.4.2　输入长度限制

对于文本框、密码框，可以限制输入其中的字符串长度。为了实现这一目标，可以使用maxlength属性。maxlength属性规定了用户在输入框中可以输入的最大字符数。当用户输入的字符数超过这个值时，浏览器将阻止用户继续输入。

【实例4-11】设置输入长度限制。

序号	HTML 代码
1	`<!DOCTYPE html>`
2	`<html>`
3	`    <head>`
4	`        <meta charset="utf-8">`
5	`        <title>输入长度限制</title>`
6	`    </head>`
7	`    <body>`
8	`        <form action="/register" method="post">`
9	`            <label for="username">用户名:</label>`
10	`            <input type="text" name="username" required maxlength="20">`
11	`            <label for="password">密码:</label>`
12	`<input type="password" name="password" required maxlength="20">`
13	`            <input type="submit" value="注册">`
14	`        </form>`
15	`    </body>`
16	`</html>`

用户名和密码字段都设置了maxlength属性，限制输入长度为20个字符。

4.4.3　文件类型限制

文件域是一个非常常见的控件，它允许用户选择文件并进行上传。然而，有时需要对用户上传的文件类型进行限制，以确保上传的文件符合要求。为此，可以使用accept属性来指定允许上传的文件类型。例如，假设只允许用户上传图片文件，则可以这样编写文件域的代码。

```html
<input type="file" accept="image/*">
```

其中，accept 属性的值为 image/*，前缀 image 表示允许上传的文件类型为图片，后缀 "*"表示允许上传任意格式的图片。这意味着只有图片格式的文件才能被上传。accept 属性常用前缀如表 4-5 所示。

表4-5　accept属性常用前缀

前缀	含义
image	图片文件：JPG、PNG、GIF 等格式的文件
audio	音频：MP3、WAV 等格式的文件
video	视频：MP4、AVI 等格式的文件
text	文本：TXT、CSV、HTML 等格式的文件
application	应用文件：ZIP、PDF、DOC 等格式的文件

这种限制文件类型的方法在实际应用中非常有用。例如，一个具备图片上传功能的网站希望用户上传 JPG、PNG、GIF 等常见格式的图片文件，而不是文本、音频或视频等非图片文件，通过使用 accept 属性就可以轻松实现这个功能。需要注意的是，accept 属性不仅可以用于限制文件类型，还可以用于限制文件大小。例如，如果要求用户上传的文件大小不超过 1MB，则可以使用如下代码。

```html
<input type="file" accept="image/*;max-size=1MB">
```

本例中，max-size=1MB 表示允许上传的文件大小不超过 1MB。通过灵活使用 accept 属性对用户上传的文件进行更精细的控制，有助于确保上传的文件符合要求，从而提高网站或应用的稳定性，并提升用户的体验。

任务实施

1. 除备注外，所有字段均为"必填"。将用户名设置为必填字段的代码如下。

```html
<input type="text" name="loginname" placeholder="请填写登录的用户名" required>
```

2. 设置用户名和密码不超过 20 个字符，代码如下。

```html
<input type="text" name="loginname" placeholder="请填写登录的用户名" required maxlength="20">
<input type="password" name="password" required maxlength="20">
```

3. 设置姓名不超过 4 个字符，代码如下。

```html
<input type="text" name="truename" placeholder="请填写姓名" required maxlength="4">
```

4. 将出生日期设置为 date 类型。

```html
<input type="date" name="birthday" required>
```

5. 将联系电话设置为 tel 类型。

```html
<input type="tel" name="phone" required>
```

6. 身份证照片只允许上传 JPG、PNG 格式的图片。

```html
<input type="file" name="photo" accept=".jpg,.png" required>
```

完善后的非遗网站注册页面的代码如下。

```
1    <!DOCTYPE html>
2    <html>
3    <head>
4        <meta charset="utf-8">
5        <title>用户注册</title>
6        <style type="text/css">
7            body{
8                background: url(img/bg5.png);
9            }
10
11            #box{
12                background: url(img/bg.jpg);
13            }
14            h1{
15                text-align: center;
16            }
17        </style>
18   </head>
19   <body>
20       <h1>用户注册</h1>
21       <form action="" method="post">
22           <table    id="box"    width="615"    height="492"    cellspacing="10"
     align="center">
23               <tr>
24                   <td align="right" width="200">用户名</td>
25                   <td><input type="text" name="loginname" placeholder="请
     填写登录的用户名" required maxlength="20"></td>
26               </tr>
27               <tr>
28                   <td align="right">姓名</td>
29                   <td><input type="text" name="truename" placeholder="请填
     写姓名" required maxlength="4"></td>
30               </tr>
31               <tr>
32                   <td align="right">密码</td>
33                   <td><input    type="password"    name="password"    required
     maxlength="20"></td>
34               </tr>
35               <tr>
36                   <td align="right">性别</td>
37                   <td>
38   <label><input type="radio" name="gender"value="male"> 男</label>
39   <label><input type="radio" name="gender" value="female"> 女</label>
40                   </td>
```

序号	HTML 代码与 CSS 代码
41	`        </tr>`
42	`        <tr>`
43	`            <td align="right">出生日期</td>`
44	`            <td><input type="date" name="birthday" required></td>`
45	`        </tr>`
46	`        <tr>`
47	`            <td align="right">联系电话</td>`
48	`            <td><input type="tel" name="phone" required></td>`
49	`        </tr>`
50	`        <tr>`
51	`            <td align="right">所在城市</td>`
52	`            <td>`
53	`                <select name="city" required>`
54	`                    <option value="0">苏州</option>`
55	`                    <option value="1">无锡</option>`
56	`                    <option value="2">常州</option>`
57	`                </select>`
58	`            </td>`
59	`        </tr>`
60	`        <tr>`
61	`            <td align="right">身份证照片</td>`
62	`            <td>`
63	`                <input type="file" name="photo" accept=".jpg,.png*" required>`
64	`            </td>`
65	`        </tr>`
66	`        <tr>`
67	`            <td align="right">备注</td>`
68	`            <td>`
69	`        <textarea name="remark" cols="30" rows="10"></textarea>`
70	`            </td>`
71	`        </tr>`
72	`        <tr>`
73	`            <td></td>`
74	`            <td>`
75	`<input type="submit" value="勾选以下协议并注册" name="commit" id="commit">`
76	`                 <a href="user.html">《用户协议》</a>`
77	`            </td>`
78	`        </tr>`
79	`    </table>`
80	`  </form>`
81	`</body>`
82	`</html>`

【任务 4.5】使用正则表达式进行复杂数据验证

任务描述

表单中的数据多种多样，涵盖各种类型和格式。之前的任务只介绍了几种简单的验证方法，如检查输入长度和文件类型等。然而，更复杂的验证则需要使用更强大的工具。正则表达式就是其中之一，它是一种强大的字符串格式规范化验证工具。本任务对字段的验证提出了更高的要求，读者可根据需要自行学习。

微课 4.11

1. 姓名必须是 2~4 个中文字符。
2. 联系电话必须是以 1 开头的 11 位数字，第二位数字是 3、4、5、6、7、8、9 中的任意一个。

知识准备

4.5.1 常用元字符

正则表达式（Regular Expression）是一种文本模式，包含普通字符和特殊字符（元字符），可以用来描述和匹配字符串的特定模式、验证输入是否符合特定的格式或规则。例如，可以使用正则表达式来检查一个字符串是否包含数字、字母或特殊字符，或者检查一个字符串的长度是否在某个范围内。

正则表达式中的元字符是具有特殊意义的专用字符，可以用来规定其前导字符（即位于元字符前面的字符）在目标对象中的出现模式。元字符是构成正则表达式的基本元件。常用元字符如表 4-6 所示。

表4-6 常用元字符

元字符	含义
\	将下一个字符标记为一个特殊字符。例如，\n 匹配一个换行符
^	匹配字符串的开始字符
$	匹配字符串的结束字符
.	匹配任意单个字符
\b	匹配单词的边界字符
\B	匹配非单词的边界字符
\d	匹配数字
\D	匹配非数字
[xyz]	字符集合，匹配其中包含的任意一个字符
[a~z]	字符范围，匹配 a~z 中的任意一个字符

下面举几个例子来说明。

"^Hello" 可以匹配任何以 Hello 开头的字符串。

"world$" 可以匹配任何以 world 结尾的字符串。

在字符串 "Hello, world!" 中，Hello 可以被 "^Hello" 匹配，但 world 不能被 "world$" 匹配。

"er\b" 可以匹配 never 中的 er，但不能匹配 verb 中的 er。

"er\B" 可以匹配 verb 中的 er，但不能匹配 never 中的 er。

"\d\d\d\d" 可以连续匹配 4 个数字，如 0512。

可以注意到，上面的例子中，"\d\d\d\d" 的写法非常烦琐且重复。正则表达式中也提供了用于重复匹配的元字符，如表 4-7 所示。

表4-7　用于重复匹配的元字符

元字符	含义
*	重复任意多次
+	至少重复一次
?	最多重复一次
{n}	重复 n 次
{n,}	至少重复 n 次
{m,n}	重复 m～n 次

例如，"\d{3,4} - \d{8}" 匹配我国的固话号码：3 位或 4 位区号，加上 8 位电话号码。

4.5.2　分支规则

分支指的是存在几种规则，满足其中任意一种都视为匹配成功，具体方法是用 "|" 把不同的规则分隔开。例如，"\d{17}(\d|X)" 可以用来匹配我国的身份证号码，我国大部分地区现行身份证号码有 18 位，"\d{17}" 用来匹配前 17 位数字，"(\d|X)" 用来匹配最后一位阿拉伯数字或者罗马数字 X。需要注意的是，这个正则表达式只能用来匹配格式正确的身份证号码，不能用来验证身份证号码的有效性。要验证身份证号码的有效性，还需要进行其他校验，例如校验最后一位校验码是否正确等。

🔑 任务实施

使用正则表达式改写姓名和联系电话两个字段，代码如下。

```
<input type="text" name="truename" placeholder="请填写姓名" required
pattern="^[\u4e00-\u9fa5]{2,4}$">
<input type="tel" name="phone" required pattern="^1[3-9]\d{9}$">
```

上面代码中的 pattern 属性是 <input> 标记中的一个属性，它允许定义一个正则表达式，以限制用户在字段中输入的内容。当用户尝试提交表单时，浏览器会检查输入内容是否与 pattern 属性所定义的正则表达式匹配。如果匹配，则提交成功；如果不匹配，则浏览器会阻止提交并显示错误消息。

注意：pattern 属性只对 text、search、url、tel 和 email 类型的 <input> 标记有效。

代码中用到的第一个正则表达式 "^[\u4e00-\u9fa5]{2,4}$" 的解释如下。

- ^：匹配字符串的开始字符。

- [\u4e00-\u9fa5]：匹配中文字符。\u4e00-\u9fa5 是 Unicode 范围，大致涵盖常用的简体和繁体中文字符。

- {2,4}：匹配前面的字符（在这里是中文字符），要求字符个数为 2～4 个。

Web前端开发技术项目教程（HTML5+CSS3+JavaScript）（微课版）

- $：匹配字符串的结束字符。

所以，这个正则表达式匹配的字符串是由 2～4 个中文字符组成的，并且这些字符是字符串的全部内容。

第二个正则表达式是"^1[3-9]\d{9}$"，解释如下。

- ^：匹配字符串的开始字符。
- 1：表示字符串必须以数字 1 开始。
- [3-9]：表示下一个字符必须是数字 3～9 中的任意一个数字。也就是说，它可以是 3、4、5、6、7、8 或 9。
- \d{9}：表示接下来的 9 个字符都必须是数字。
- $：匹配字符串的结束字符。

所以，这个正则表达式的意思是：匹配我国的合法手机号。

智海引航

【问题 4.1】用户提交表单后表单数据的处理过程

当用户提交表单时，表单数据通常会经过一系列的处理，包括验证、处理和存储。以下是基本的处理流程。

首先，在浏览器中通过 HTML 或 JavaScript 对用户提交的表单数据进行验证。这通常包括检查数据是否符合特定的格式要求（例如，是否为电子邮件地址、电话号码等），以及是否存在任何潜在的安全问题（如 SQL 注入、XSS 等）。验证过程可能还涉及数据的一致性和完整性检查。

然后，表单一般提交到服务器上的接收程序，这个程序可能是用 PHP、Java、C#、Node.js 开发的。它们将数据格式化为特定的数据结构，或者对数据进行一些计算或转换。

最后，经过处理的数据通常会被存储到数据库中。这可能涉及将数据插入数据库表中，或者更新现有的数据库记录。在这个过程中，还需要考虑数据的安全性和隐私性，例如，是否需要加密存储数据，或者是否需要限制对数据的访问权限。

【问题 4.2】用户绕过了部分验证后，确保数据安全的方式

用户可以通过浏览器的"开发者工具"绕过一些验证，将不合法的数据提交给服务器。这种行为可能会导致数据的安全性和完整性受到威胁。因此，服务器上的接收程序不仅需要验证数据的合法性，还需要对数据进行再一次验证，以确保数据的安全性和完整性。

在进行服务器端验证时，应该采取一些措施来防止恶意攻击。例如，可以使用加密技术来保护数据的传输和存储，以确保数据不会被篡改或窃取。此外，还可以使用各种安全协议和标准（如 HTTPS、SSL/TLS 等）来加强服务器的安全性。

总之，虽然客户端验证可以在一定程度上保证安全性，但服务器端验证仍然是必要的。服务器端验证可以确保数据的安全性和完整性，并防止恶意攻击对数据造成威胁。

匠心独运——太极生辉 武蕴道心

武当武术的发源地在湖北武当山，其创始人是元末明初的武当道人张三丰。张三丰将《易经》和《道德经》的精髓与武术巧妙融为一体，创造了具有重要养生及健身价值的以太极拳、形意拳、八卦掌为主体的武当武术体系。2006年，武当武术入选中国第一批国家级非物质文化遗产代表性项目名录。

武当武术具有鲜明的道家文化特征，是武功和养生方法的天然结合体，既具有深厚的传统武术文化底蕴，又含有精湛的科学道理。太极拳强调"先以心使身"，而后"身能从心"。形意拳讲究"用意不用力，意到气到，气到力达"。八卦掌要求绕圈走转，达"意足念化"。这些都符合把形体训练与心理训练相结合的内养外练的运动观念。

单元习题

Web前端开发技术项目教程（HTML5+CSS3+JavaScript）（微课版）

一、选择题

1. 下列不属于表单标记属性的是（　　）。
   A. method　　　　B. action　　　　C. enctype　　　　D. target
2. 下列表示单选按钮的属性值是（　　）。
   A. checkbox　　　B. radio　　　　C. text　　　　　D. hidden
3. 用于插入文字域的标记是（　　）。
   A. <input>　　　　B. <textarea>　　C. <option>　　　D. <select>
4. 下列不属于<select>标记的属性是（　　）。
   A. type　　　　　B. name　　　　　C. size　　　　　D. multiple
5. 下列不属于HTML5新增输入类型的是（　　）。
   A. email　　　　　B. submit　　　　C. tel　　　　　　D. search
6. HTML5中提示用户填写字段的新增属性为（　　）。
   A. pattern　　　　B. autofocus　　　C. autocomplete　D. placeholder
7. 在表单中定义文件域需要设置<form>标记中的（　　）属性。
   A. action　　　　　B. enctype　　　　C. method　　　　D. name
8. 在<textarea>标记中，用于指定文本域高度和宽度的属性分别为（　　）。
   A. rows、cols　　　B. rowspan、colspan C. cols、rows　　D. col、row

二、填空题

1. 在HTML中，设置表单控件类型的属性是_____。
2. 在实际应用中，登录页面上用于输入用户名和密码的输入框分别使用_____和_____进行设置。
3. HTML中用_____来接收用户输入，以设计交互界面。
4. 提交表单的方式有两种，使用method属性进行设置，属性值分别为_____和_____。
5. 表单中设置复选框被选中的属性为_____。

6. 如果在一组数据中只允许选中一项，则需要设置_____属性的值为_____。

7. <select>标记必须与_____标记配套使用。

8. _____标记用来定义下拉列表中的选项，它必须嵌套在<select>标记中使用。

9. 在<textarea>标记中，_____属性用于指定文本域的名称，_____属性用于规定文本域的宽度，_____属性用于规定文本域的高度。

单元5
CSS基础与制作非遗活动详情页面

05

使用 HTML 创建网页元素，浏览器页面会显示网页元素的默认样式，在实际应用中，这样的默认样式呈现出来的页面不够美观，影响用户体验。HTML 的作用就像是建造房子，但只能建造毛坯房，CSS 则起到了"装修"的作用。样式设置是细致入微的工作，小到空白的设置，大到元素的移动，都会影响最终的页面效果。本单元将带领读者使用 CSS 来进行样式设置，美化网页。

学习目标

1. 掌握 CSS 基本语法，能正确编写 CSS 语句。
2. 能够在网页中正确引入 CSS 代码。
3. 能够设置文本的字体样式。
4. 能够对文本进行精细排版。
5. 培养用户导向的设计思维。
6. 提升网页审美能力和艺术素养。
7. 培养精益求精的职业素养。

情景导入

通过前面的学习，小新掌握了搭建网页内容的方法，也积累了一定的实战经验，但是小新觉得相较于互联网上的页面，自己制作的非遗网站页面外观不够精美，用户体验感较差。因此，小新想要通过修改网页样式（如设置字体颜色、调整段落间距等）来提升网页美观度。经过一番了解，小新得知 CSS 经常被用来美化网页。因此，小新制订了如下任务规划。

① 设计非遗活动详情页面。
② 设计字体样式并美化非遗活动详情页面头部区域。
③ 精细排版文本并美化非遗活动详情页面正文区域。
④ 制作并美化非遗活动详情页面。

【任务 5.1】设计非遗活动详情页面

任务描述

工单编号	RW5-1
任务名称	设计非遗活动详情页面
任务负责人	小新
任务说明	本任务设计非遗活动详情页面。该页面是非遗网站上的一个三级页面，通过单击"首页->资讯"的相关活动链接打开。非遗活动详情页面主要通过文字和图片来介绍和展示非遗活动
任务要求	1. 非遗活动详情页面内容包含当前位置信息、非遗活动的标题（包括发布时间和来源）、非遗活动正文（包括编辑信息） 2. 非遗活动详情页面元素样式设置和美化
任务完成情况	

任务等级	□一般	□重要	□紧急	□非常紧急
完成时间	□提前完成	□按时完成	□延期完成	□未能完成
完成质量	□优秀	□良好	□一般	□差

任务实施

打开 Axure，建立非遗活动详情页面原型，设计页面。根据任务描述给出以下 3 种版式设计。

版式设计 1：左上区域为当前位置区域，中间靠上区域是标题区域，中间部分显示正文，右下区域显示编辑部信息。页面上的图片可以在正文中间显示。非遗活动详情页面版式设计 1 如图 5-1 所示。

图5-1　非遗活动详情页面版式设计1

版式设计 2：页面上的图片在正文下面显示，一行显示多张图片。非遗活动详情页面版式设计 2 如图 5-2 所示。

图5-2　非遗活动详情页面版式设计2

版式设计 3：正文内容只显示文字。非遗活动详情页面版式设计 3 如图 5-3 所示。

图5-3　非遗活动详情页面版式设计3

【任务 5.2】设计字体样式并美化非遗活动详情页面头部区域

任务描述

非遗活动详情页面的头部区域包括当前位置、标题、发布时间和来源等信息，可以使用\<h1\>标记、\<h3\>标记、\<span\>标记来创建网页内容。为了提升网页美观度，开发者可以通过 CSS3 来设置网页文字的样式。非遗活动详情页面头部区域的网页效果如图 5-4 所示。

设置\<span\>字
体颜色、大小

当前位置：首页 > 资讯 > 文化和自然遗产日·江苏

2023年"文化和自然遗产日"非遗宣传展示活动启动

设置\<h1\>字体、大小及居中

发布日期：2023-06-09 来源："文旅之声"微信公众号

设置\<h3\>字体颜色、大小、居中

图5-4　非遗活动详情页面头部区域的网页效果

🔧 知识准备

5.2.1　CSS

微课 5.1

CSS 是定义 HTML 文件显示样式的文件或代码片段。CSS 为开发者提供了一种强大的方式来控制网页的外观和布局。它允许开发者控制网页的布局、颜色、字体，以及其他视觉效果，而无须改变 HTML 文件本身的内容。

HTML 与 CSS 表现为内容结构与表现形式的关系，HTML 确定网页结构和内容，CSS 决定网页页面元素的表现形式。使用了 CSS 的网页具有如下优势。

（1）样式丰富

CSS 提供了丰富的样式定义，可以对网页中元素的字体、颜色、背景、布局、边距、边框等各个方面进行精细的样式控制。这使得开发者能够创造出美观、富有吸引力的网页。

（2）易于使用和修改

CSS 将所有的样式声明统一存放，进行统一管理。网页内容和样式分离，使得修改样式也变得非常方便，只需要在样式表中修改相应的声明，就可以自动应用到所有引用该样式表的网页上，开发者无须逐个修改每个网页的代码。

（3）可重用性和可维护性好

通过将样式定义在样式表中，可以实现样式的重用和共享。这不仅减少了冗余的代码，还提高了网页的可维护性。

（4）兼容性好

CSS 允许开发者根据不同的屏幕尺寸和设备类型来定制网页的样式。通过使用媒体查询等特性，可以实现网页在不同设备和屏幕尺寸下的自适应布局和样式调整，从而提升用户体验。

5.2.2　CSS 基本语法

CSS 基本语法如下。

```
selector {property:value; property:value; …;}
```

语法说明如下。

（1）selector 代表选择器（或选择符），property 代表属性，value 代表属性值。

（2）在使用 CSS 语法设置属性和属性值时，属性与属性值之间用冒号隔开，如设置文字颜色为红色的代码是"color:red;"。

（3）如果属性值由多个单词构成，单词间有空格，那么必须给属性值加上引号，如'Courier New'。

（4）定义多个属性时，属性与属性之间用分号隔开，如"p{font-size:12px;color:red;}"，定义

最后一个属性时，分号可省略。

　　CSS 中通过各种选择器来关联网页元素，本质上是一种"网页元素"与"样式"的对应关系。为了使 CSS 规则与 HTML 元素有效对应起来，必须定义一套完整的规则，实现 CSS 对 HTML 元素的"选择"。

5.2.3　CSS 基本选择器

　　CSS 包括很多类型的选择器，这些选择器大体可以分为基本选择器和复合选择器。CSS 基本选择器又可分为标记选择器、类选择器和 id 选择器这 3 种。

（1）标记选择器

　　标记选择器使用 HTML 标记名称作为选择器，用于为页面中所有具有该名称的元素指定统一的样式。标记选择器用法如图 5-5 所示。

微课 5.2　　微课 5.3

| h1 | {color:#FF0000;} |

标记选择器　　属性　　属性值

图5-5　标记选择器用法

【实例 5-1】使用标记选择器设置样式。

HTML 代码
1　`<h1>我是一个一级标题<h1>`
2　`<h3>我是一个三级标题<h3>`
3　`<p>我是段落</p>`
4　`<p>我是段落</p>`

CSS 代码
1　`p{`
2　`    color:red;`
3　`}`

　　使用标记选择器的网页效果如图 5-6 所示。

图5-6　使用标记选择器的网页效果

（2）类选择器

　　类选择器通过 HTML 标记的 class 属性值来选择元素，并为其应用特定的样式。类选择器的书写方式是在自定义类名称的前面加一个句点"."，即在 class 属性值前面加句点"."。类选择器用法如图 5-7 所示。

| .red | {color:#00FF00;} |

类选择器　　属性　　属性值

图5-7　类选择器用法

【实例 5-2】使用类选择器设置样式。

Web前端开发技术项目教程（HTML5+CSS3+JavaScript）（微课版）

HTML 代码
1	`<h1 class="first">我是一个一级标题<h1>`
2	`<h3>我是一个三级标题<h3>`
3	`<p class="first">我是段落</p>`
4	`<p>我是段落</p>`

CSS 代码
1	`.first{`
2	`    color:red;`
3	`    font-size:20px;`
4	`}`

先设置第一个标题元素和第一个段落元素的 class 属性值为 first，然后使用类选择器.first 控制它们的样式。使用类选择器的网页效果如图 5-8 所示。

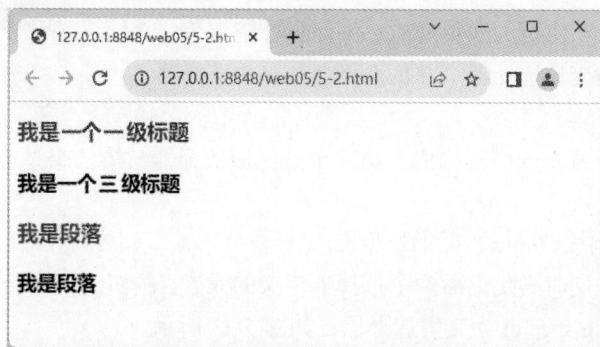

图5-8　使用类选择器的网页效果

（3）id 选择器

id 选择器通过 HTML 标记的 id 属性值来选择元素，并为其应用特定的样式。由于 id 属性在 HTML 文件中必须是唯一的，因此，id 选择器通常用于选取单个元素。id 选择器以符号"#"开头，后跟 id 属性值。id 选择器用法如图 5-9 所示。

图5-9　id 选择器用法

【实例 5-3】使用 id 选择器设置样式。

HTML 代码
1	`<h1>我是一个一级标题<h1>`
2	`<h3>我是一个三级标题<h3>`
3	`<p id="pid">我是段落</p>`
4	`<p>我是段落</p>`

CSS 代码
1	`#pid{`
2	`    color:red;`
3	`    font-size:24px;`
4	`}`

先设置第一个段落元素的 id 属性值为 pid，然后使用 id 选择器#pid 设置该段落的样式，注意本页面中只能有一个元素的 id 为 pid，否则会出现冲突。使用 id 选择器的网页效果如图 5-10 所示。

图5-10 使用id选择器的网页效果

5.2.4 CSS 复合选择器

组合 3 种基本选择器可以产生更多形式的选择器，即复合选择器，从而实现更简单、快捷的选择功能。下面将介绍 3 种常用的复合选择器，分别是交集选择器、并集选择器和包含选择器。

微课 5.4　微课 5.5

（1）交集选择器

交集选择器由两个基本选择器构成。第一个是标记选择器，第二个是类选择器，中间不能有空格。基本语法如下。

标记名.类名{样式属性:取值;样式属性:取值;...}

交集选择器将选中同时满足前后两个选择器定义的元素。例如，声明了 p、.special 和 p.special 这 3 种选择器，其中，p.special 为交集选择器，如图 5-11 所示。

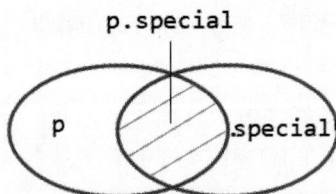

图5-11 交集选择器

【实例 5-4】交集选择器的使用。

HTML 代码	
1	`<h3>标题 1<h3>`
2	`<p>段落 2</p>`
3	`<h3 class="special">标题 3<h3>`
4	`<p class="special">段落 4</p>`
CSS 代码	
1	`p.special{`
2	`    color:red;`
3	`}`

为 HTML 代码的第 4 行中提到的"段落 4"设置特定的样式时，单独使用标记选择器 p 会将"段落 2"和"段落 4"同时选中，使用类选择器 .special 会将"标题 3"和"段落 4"同时选中，这两种情况都不能只关联到"段落 4"，需要在此基础上缩小范围。观察代码后可以发现，既满足是段落元素又属于类别 special 的只有一个元素，因此可以使用交集选择器 p.special 来实现。使用

Web前端开发技术项目教程（HTML5+CSS3+JavaScript）（微课版）

106

交集选择器的网页效果如图 5-12 所示。

图5-12　使用交集选择器的网页效果

（2）并集选择器

并集选择器用于将定义了相同 CSS 样式的不同元素进行合并书写，任何形式的选择器（如标记选择器、类选择器、id 选择器等）都可以作为并集选择器的一部分，不同选择器之间用逗号隔开，使得代码更加简洁明了。基本语法如下。

图5-13　并集选择器

```
选择器 1,选择器 2{样式属性:取值;样式属性:取值;…}
```

例如，声明了 h2,#special 这两种选择器，它们定义了相同的样式，h2,#special 为并集选择器，如图 5-13 所示。

【实例 5-5】并集选择器的使用。

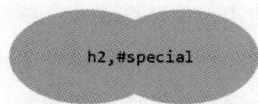

HTML 代码
1	`<h1>一级标题</h1>`
2	`<h2>二级标题<h2>`
3	`<h3 id="special">三级标题<h3>`
4	`<p class="one">段落</p>`

CSS 代码
1	`h2,#special{`
2	`   color:red;`
3	`}`
4	`.one{`
5	`   font-size:18px;`
6	`}`

二级标题元素、id 为 spacial 的元素都应用同一种样式：文字颜色为红色。等同于如下写法。

CSS 代码
1	`h2{`
2	`   color:red;`
3	`}`
4	`#spacial{`
5	`   color:red;`
6	`}`
7	`.one{`
8	`   font-size:18px;`
9	`}`

使用并集选择器的网页效果如图 5-14 所示。

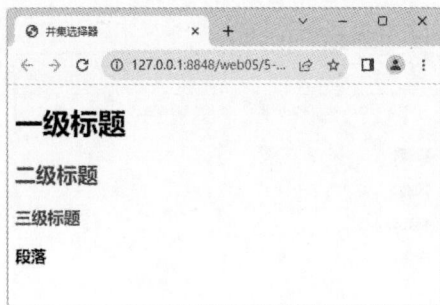

图5-14 使用并集选择器的网页效果

（3）包含选择器

包含选择器（又称后代选择器）用于选择嵌套关系中的后代元素。例如，元素 A 包含元素 B，使用包含选择器时，只对元素 A 里的元素 B 进行定义，对单独的元素 A 或元素 B 不进行定义。它的写法是把代表外层元素的选择器写在前面，把代表内层元素的选择器写在后面，之间用空格分隔。基本语法如下。

外层元素 内层元素{样式属性:取值;样式属性:取值;…}

【实例 5-6】包含选择器的使用。

HTML 代码
1   `<h1>嵌套使用<span>CSS</span>标记的方法</h1>`
2   `<span>标记不生效</span>`

CSS 代码
1   `h1 span{color:red;}`

使用包含选择器的网页效果如图 5-15 所示。

图5-15 使用包含选择器的网页效果

5.2.5 引入 CSS 代码的 4 种方式

将 CSS 代码插入网页文件的方式有链入外部样式表、导入外部样式表、内部样式表、行内样式表。

（1）链入外部样式表

将 CSS 代码单独保存为 CSS 文件，与 HTML 文件进行分离，使得一个外部样式表文件可以应用于多个 HTML 文件。当改变这个样式表文件时，应用该样式表的所有网页的相关样式都随之改变。链入外部样式表常用在有大量相同样式的网站页面上，保持网站风格统一。使用这种方法不仅能减少重复工作，而且方便以后的修改和编辑，有利于站点的维护，同时在浏览网页时减少了代码的重复下载。

微课 5.6

【实例5-7】将外部的 CSS 文件 style.css 引入网页中，代码如下。

序号	HTML 代码
1	`<!DOCTYPE html>`
2	`<html>`
3	`<head>`
4	`<meta charset="utf-8">`
5	`<title>链入外部样式表</title>`
6	`<link rel="stylesheet" type="text/css" href="css/style.css">`
7	`</head>`
8	`<body>`
9	`...`
10	`</body>`
11	`</html>`

上面第 6 行代码中将<link>标记插入网页<head>标记中，rel="stylesheet"是指在 HTML 文件中使用的是外部样式表。type="text/css"是指文件的类型为样式表文件。href 属性用于设置外部样式表文件的路径。

（2）导入外部样式表

使用方法与链入外部样式表类似。但由于该方式不常使用，因此本书不做详细介绍。

（3）内部样式表

内部样式表是将 CSS 写在<head>与</head>之间，<style></style>标记用来说明所要定义的样式。type="text/css"说明这是样式表。

【实例5-8】内部样式表的使用。

序号	HTML 代码
1	`<!DOCTYPE html>`
2	`<html>`
3	`<head>`
4	`<meta charset="utf-8">`
5	`<title>内部样式表</title>`
6	`<style type="text/css">`
7	`<!-- CSS 语句 -->`
8	`</style>`
9	`</head>`
10	`<body>`
11	`...`
12	`</body>`
13	`</html>`

所有 CSS 的代码被集中在同一个区域，方便后期的维护，页面本身的 HTML 代码也大大简化了。

（4）行内样式表

行内样式表将样式设置在 HTML 标记里，实则退化成一个标记中的属性使用，其效果只能作用于某个标记，不建议在网页中大量使用。

【实例5-9】行内样式表的使用。

序号	HTML 代码与 CSS 代码
1	`<!DOCTYPE html>`
2	`<html>`
3	`<head>`
4	`<meta charset="utf-8">`
5	`<title>行内样式表</title>`
6	`</head>`
7	`<body>`
8	`<h1>行内样式表</h1>`
9	`<p style="color:red;font-size:18px;">1.第一个段落元素。</p>`
10	`<p>2.第二个段落元素。</p>`
11	…
12	`</body>`
13	`</html>`

💬 边学边思

如何选择 CSS 引入方式?

如果样式只应用于当前编辑的网页,则可以使用内部样式表。如果样式需要应用于网站的多个网页,则可以使用外部样式表。一个网页可以同时使用多种 CSS 的引入方式。

微课 5.7

5.2.6 设置字体样式

(1)设置字体

font-family 属性用于设置字体,基本语法如下。

`font-family:FontName1,FontName2,…,FontNameN;`

微课 5.8　　微课 5.9

font-family 属性可以一次定义一个或多个字体。当定义多个字体时,字体名称之间用逗号隔开。浏览器读取字体列表时,会按照定义的先后顺序来决定选用哪种字体。若浏览器在计算机本地字体库中找不到第一种字体,则自动读取第二种字体,若第二种字体仍未找到,则自动读取第三种字体,依此类推。如果定义的所有字体都找不到,则选用计算机系统中的默认字体。

【实例 5-10】设置字体。

HTML 代码
1　`<h1>我是标题</h1>`
2　`<p>This is a paragraph </p>`

CSS 代码
1　`h1{`
2　`    font-family: 'Microsoft Yahei',微软雅黑;`
3　`}`
4　`p{`
5　`    font-family: Arial, Helvetica, sans-serif;`
6　`}`

设置字体的网页效果如图 5-16 所示。

Web前端开发技术项目教程(HTML5+CSS3+JavaScript)(微课版)

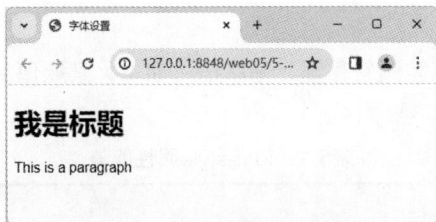

图5-16　设置字体的网页效果

（2）设置字体大小

font-size 属性用于设置字体大小，基本语法如下。

```
font-size:Number|Keyword| Percentage;
```

说明：font-size 属性的值可以使用像素、关键字或百分比等来表示，详细介绍如下。

① 像素（px）。像素是最常用的单位之一，可以精确地控制字体大小。需要注意的是，在不同设备上查看同一网站时，字体大小的显示效果可能会有所不同，这与屏幕分辨率有关。

② 相对单位 em 和 rem。这两种单位与字体大小相关。em 表示相对于字体大小进行计算，而 rem 表示相对于根元素（HTML 标记）的字体大小进行计算。使用这两种单位可以实现响应式设计。例如，目前字体大小为 16px，h1{font-size: 1em;}表示<h1>标记内容的字体大小为 16px，根元素的字体大小为 16px；h1{font-size: 2rem;}表示<h1>标记内容的字体大小为 32px。

③ 百分比。指相对于父元素字体大小的百分比。如父元素的字体大小为 16px，h1{font-size:100%;}表示<h1>标记内容的字体大小为 16px。

④ 绝对单位。可以使用点（pt）、厘米（cm）、毫米（mm）等单位来表示。

⑤ 关键字。包括 xx-small、x-small、small、medium、large、x-large、xx-large，分别代表极小、较小、小、中等、大、较大和极大，如 h1{ font-size: medium;}。

【实例 5-11】设置字体大小。

HTML 代码
1	<h1>我是标题</h1>
2	<p>我是一个段落</p>
3	<p id="par">我也是一个段落</p>
CSS 代码
1	#par{
2	font-family: 'Microsoft Yahei',微软雅黑;
3	font-size:20px;
4	}

设置字体大小的网页效果如图 5-17 所示。

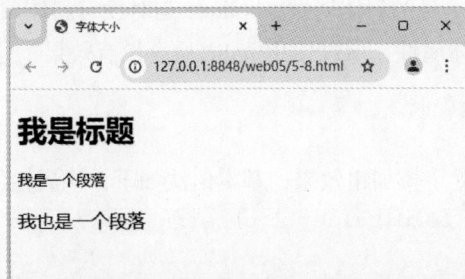

图5-17　设置字体大小的网页效果

（3）设置字体倾斜程度

font-style 属性用于设置字体倾斜程度，基本语法如下，其取值如表 5-1 所示。

```
font-style: normal|italic|oblique;
```

表5-1　font-style属性取值

值	描述
normal	默认值。浏览器显示一个标准的字体样式
italic	浏览器会显示一个斜体的字体样式
oblique	浏览器会显示一个倾斜的字体样式

【实例 5-12】设置字体倾斜程度。

HTML 代码
1　　<h1>我是正常字体 normal</h1>
2　　<h2>我是斜体 italic </h2>
3　　<h3>我是倾斜 oblique </h3>

CSS 代码
1　　h1{
2　　　　font-style: normal;
3　　}
4　　h2{
5　　　　font-style: italic;
6　　}
7　　h3{
8　　　　font-style: oblique;
9　　}

设置字体倾斜程度的网页效果如图 5-18 所示。

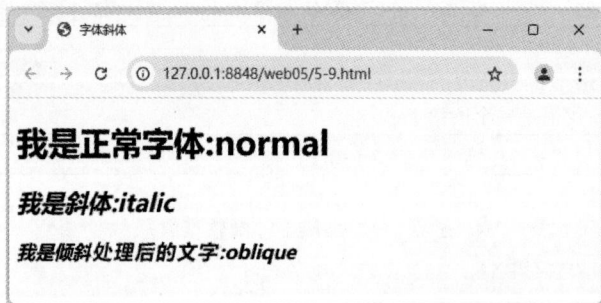

图5-18　设置字体倾斜程度的网页效果

其中，italic 是使用字体本身的斜体属性，oblique 是对没有斜体属性的字体做倾斜处理。因为有少量的不常用字体没有斜体属性，所以使用 italic 后会没有效果，这时就需要使用 oblique 以使文字倾斜。

（4）设置字体加粗

font-weight 属性用于设置字体加粗效果，基本语法如下，该属性的取值如表 5-2 所示。

```
font-weight: normal|bold|bolder|lighter|number;
```

表5-2 font-weight属性取值

值	描述
normal	默认值。定义标准的字体
bold	定义粗体字体
bolder	定义更粗的字体
lighter	定义更细的字体
number（100～900）	定义由细到粗的字体。400 等同于 normal，700 等同于 bold

【实例5-13】设置字体加粗效果。

HTML 代码

```
1  <p>我是正常字体 normal </p>
2  <p id="one">我是加粗 bold </p>
3  <p id="two">我是加粗程度 900 </p>
```

CSS 代码

```
1  #one{
2      font-weight: bold;
3  }
4  #two{
5      font-weight: 900;
6  }
```

设置字体加粗的网页效果如图 5-19 所示。

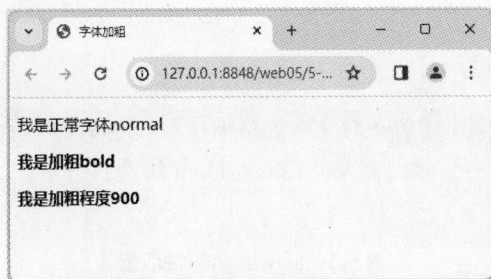

图5-19 设置字体加粗的网页效果

（5）设置字体变体

font-variant 属性用于设置字体变体，基本语法如下。

```
font-variant: normal|small-caps;
```

说明：font-variant 属性值 normal 表示正常的字体，为默认值；small-caps 表示英文字体显示为小型的大写字母。

【实例5-14】设置字体变体效果。

HTML 代码

```
1  <p>This is a paragraph <span>This Is Another Paragraph</span></p>
```

CSS 代码

```
1  span{
2      font-variant:small-caps;
3  }
```

设置字体变体的网页效果如图 5-20 所示。

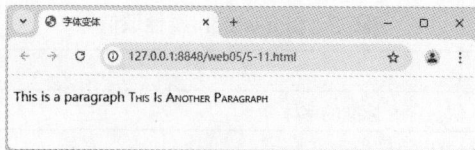

图5-20 设置字体变体的网页效果

font-variant 属性值为 small-caps 时，显示的大写字母会比正常的大写字母小。

（6）字体组合属性 font

font 属性的基本语法如下。

```
font:font-style|font-variant|font-weight|font-size|font-family;
```

说明：该属性是一个组合属性，可同时设置 font-style、font-variant、font-weight、font-size 和 font-family，不同属性值之间用空格隔开。必须按顺序设置属性。

【实例 5-15】使用字体组合属性 font。

HTML 代码
1   <p>使用组合属性 font 来设置字体斜体、加粗、24 像素、黑体 </p>

CSS 代码

```
1  p{
2      font: italic bold 24px '黑体';
3      /*font: italic bold 24px/30px '黑体';*/
4  }
```

CSS 代码第 3 行中的 "24px/30px"，"/" 前面是字体大小，"/" 后面是行高，行高将在后面详细讲述。

5.2.7 设置文本对齐方式

文本样式除了字体样式外，还包括对文本的精细排版。例如，设置文本在水平方向上的对齐方式时需要使用 text-align 属性，该属性的取值如表 5-3 所示。

微课 5.10　　微课 5.11

表5-3　text-align属性取值

值	描述
left	默认值。文本左对齐
right	文本右对齐
center	文本居中
justify	两端对齐

【实例 5-16】设置 text-align 属性。

HTML 代码

```
1  <h2>设置文本排列方式</h2>
2  <hr>
3  <p class="one">我是左对齐的文字</p>
4  <p class="two">我是右对齐的文字</p>
5  <p class="three">我是居中对齐的文字</p>
6  <p class="four">
7  <span>这段文字为两端对齐排列方式</span>
8  </p>
```

Web前端开发技术项目教程（HTML5+CSS3+JavaScript）（微课版）

CSS 代码

```
1   h2{
2       font-family:'黑体';
3           font-size: 18pt;
4       text-align: center;
5   }
6   .one, .two,.three,.four {
7       font-size: 18px;
8   }
9   .one {
10      text-align:left;
11  }
12  .two {
13      text-align: right;
14  }
15  .three {
16      text-align: center;
17  }
18  .four {
19      text-align: justify;
20  }
21  .four::after {
22      content: "";
23      display: inline-block;
24      width: 100%;
25      overflow: hidden;
26      height: 0;
27  }
```

　　text-align 属性定义行内内容如何相对它的块级父元素对齐。text-align 属性并不控制块级元素自己的对齐方式，只控制它的行内内容的对齐方式。如果元素中包含块级元素，那么对齐方式将不对其发生作用。代码第 18～20 行设置段落中的行内元素两端对齐，两端对齐对单行文字不起作用，对多行文字的最后一行也不起作用，所以需要增加第 21～27 行代码，用于将第四个段落"伪装"为多行文字，并不是最后一行。设置文本对齐方式后的网页效果如图 5-21 所示。

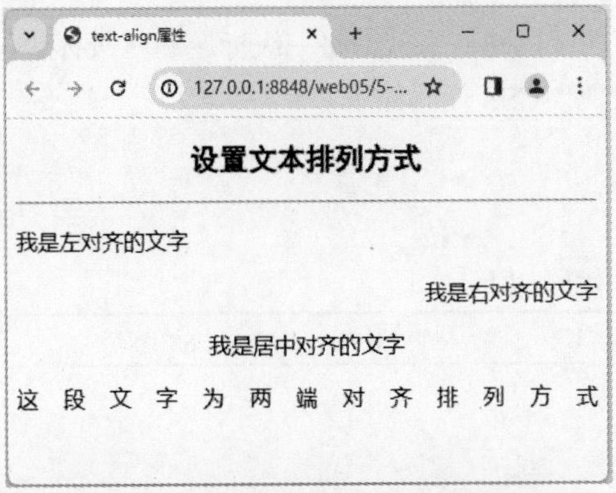

图5-21　设置文本对齐方式后的网页效果

任务实施

1. 创建新网页文件。

打开 HBuilder X，在非遗项目站点中创建网页文件。

2. 在<body></body>标记之间创建网页元素。HTML 参考代码如下。

```
<span id="local">当前位置：</span>
<span>首页 > 资讯> 文化和自然遗产日·江苏</span>
<h1>2023 年"文化和自然遗产日"非遗宣传展示活动启动</h1>
<h3>发布时间：2023-06-09 来源："文旅之声"微信公众号</h3>
```

3. 使用内部样式表引入 CSS 代码。在当前编辑的网页文件头部插入<style></style>标记，设置 type 属性。

4. 设置当前位置信息和标题区域的文字样式。

（1）设置文字颜色。

将第 1 行和第 4 行 HTML 代码中文字的颜色分别设置为#9a252b 和#aaa。颜色的设置方式可参照之前讲解的方式。CSS 代码如下。

```
#local{
color: #9a252b;
}
h3{
color: #aaa;
}
```

使用 id 选择器#local 与网页上 id 为 local 的网页元素相关联，即{}中的 CSS 语句作用于设置了 id="local"的标记。使用标记选择器 h3 与页面上的所有三级标题元素相关联。

（2）设置页面基础字体样式。使用字体组合属性 font 设置页面的字体大小为 18 像素，字体为 Microsoft Yahei,Arial。CSS 代码如下。

```
body{
        font:18px "Microsoft Yahei",Arial;
}
```

（3）设置三级标题的字体大小。CSS 代码如下。

```
h3{
        font-size:16px;
}
```

（4）设置文本在水平方向上的对齐方式。将一级标题和三级标题设置在水平方向上居中显示。此处使用并集选择器简化代码。CSS 代码如下。

```
h1,h3{
text-align:center;
}
```

非遗活动详情页面参考代码如下。

序号	HTML 代码与 CSS 代码
1	`<!DOCTYPE html>`
2	`<html>`
3	`    <head>`
4	`        <meta charset="utf-8">`

Web前端开发技术项目教程（HTML5+CSS3+JavaScript）（微课版）

序号	HTML 代码与 CSS 代码
5	`<title>非遗活动详情</title>`
6	`<style>`
7	`body{`
8	`    font:18px "Microsoft Yahei",Arial;`
9	`}`
10	`#local{`
11	`    color:#9a252b;`
12	`}`
13	`h3{`
14	`    color:#aaa;`
15	`    font-size:16px;`
16	`}`
17	`h1,h3{`
18	`    text-align: center;`
19	`}`
20	`</style>`
21	`</head>`
22	`<body>`
23	`<span id="local">当前位置：</span>`
24	`<span>首页 > 资讯> 文化和自然遗产日·江苏</span>`
25	`<h1>2023年"文化和自然遗产日"非遗宣传展示活动启动</h1>`
26	`<h3>发布时间：2023-06-09 来源："文旅之声"微信公众号</h3>`
27	`</body>`
28	`</html>`

【任务 5.3】精细排版文本并美化非遗活动详情页面正文区域

任务描述

非遗活动详情页面的正文区域使用`<p>`标记和`<span>`标记来创建 HTML 内容，使用 CSS 来设置正文的字体样式，并进行文本的精细排版，包括段落首行缩进、段落的行高、字词间距、文本修饰等。正文区域网页效果如图 5-22 所示。

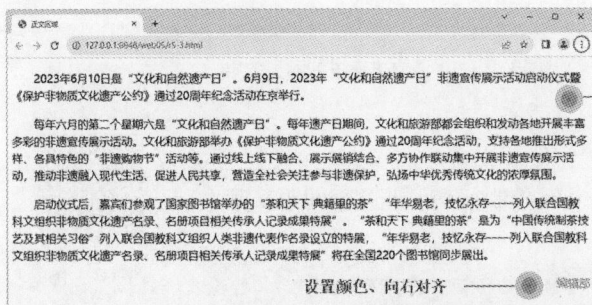

图5-22　正文区域网页效果

微课 5.13

微课 5.14

5.3.1 设置文本缩进

中文正文段落的排版习惯是将每个段落的首行缩进，CSS 属性 text-indent 可以设置文本缩进。基本语法如下。

```
text-indent:Length|Percentage;
```

说明：text-indent 属性用于定义首行文本的缩进。长度（Length）包括长度值和长度单位，长度单位可以使用之前提到的所有单位。百分比（Percentage）则是相对于上一级元素的宽度而定的。text-indent 属性允许指定负值。如果使用负值，那么首行会向左凸出，产生悬挂缩进的效果。

【实例 5-17】设置文本缩进。

HTML 代码
1	`<p id="one">` 2023 年 6 月 10 日是 "文化和自然遗产日"。6 月 9 日，2023 年 "文化和自然遗产日" 非遗宣传展示活动启动仪式暨《保护非物质文化遗产公约》通过 20 周年纪念活动在京举行。`</p>`
2	`<p id="two">`启动仪式后，嘉宾们参观了国家图书馆举办的 "茶和天下 典籍里的茶" "年华易老，技忆永存——列入联合国教科文组织非物质文化遗产名录、名册项目相关传承人记录成果特展"。`</p>`

CSS 代码
1	`#one{`
2	`    text-indent: 2em;`
3	`}`
4	`#two{`
5	`    margin-left: 20px;`
6	`    text-indent: -1em;`
7	`}`

CSS 代码第 2 行中的 text-indent 属性定义段落首行缩进两个字符。此处的 2em 表示字体大小的两倍。代码第 6 行使用负值-1em 形成悬挂缩进的效果。设置文本缩进的网页效果如图 5-23 所示。

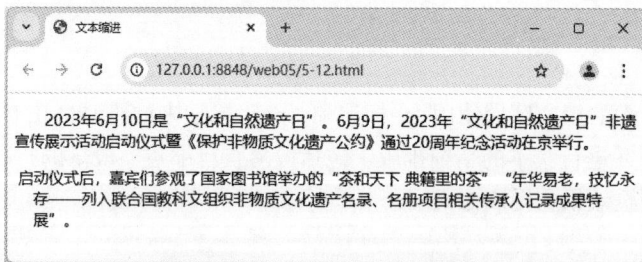

图5-23 设置文本缩进的网页效果

5.3.2 调整行高

可以使用 CSS 属性 line-height 控制行高、调整行间距，基本语法如下。

```
line-height:Length|Number|Percentage;
```

微课 5.15

微课 5.16

说明：实际行间距受字体大小和行高影响。line-height 属性取值如表 5-4 所示。

表5-4 line-height属性取值

值	描述
normal	浏览器默认的行高。一般由字体大小决定
数字（Number）	行高为该元素字体大小与该数字相乘的结果，示例如下： font-size:14px; line-height:2;　　/*实际行高为 28px，即两倍行距*/
长度（Length）	由长度值和长度单位确定
百分比（Percentage）	该元素字体大小的百分比，示例如下： font-size:14px; line-height:100%;　　　/*实际行高为 14px，即单倍行距*/

【实例 5-18】设置文本行高。

HTML 代码	
1	`<p id="one">` 2023 年 6 月 10 日是"文化和自然遗产日"。6 月 9 日，2023 年"文化和自然遗产日"非遗宣传展示活动启动仪式暨《保护非物质文化遗产公约》通过 20 周年纪念活动在京举行。`</p>`
2	`<p id="two">`启动仪式后，嘉宾们参观了国家图书馆举办的"茶和天下 典籍里的茶""年华易老，技忆永存——列入联合国教科文组织非物质文化遗产名录、名册项目相关传承人记录成果特展"。`</p>`
3	`<p id="three">` 非遗的宣传、弘扬方面，十年来，中国篆刻艺术院组织了几十场重大的篆刻艺术主题展，在弘扬中国传统文化，传承保护和发展篆刻艺术上，取得了突出成果。`</p>`

CSS 代码	
1	`body{`
2	`    font-size: 20px;`
3	`}`
4	`#one{`
5	`    font-size: 10px;`
6	`    line-height: 2;`
7	`}`
8	`#two{`
9	`    line-height:26px;`
10	`}`
11	`#three{`
12	`    line-height: 30px;`
13	`}`

CSS 代码的第 6 行使用倍数来表示行高，实际行高为字体大小（20px）的两倍，一般行高的值要大于或等于字体大小才比较美观，文字不至于重叠。设置行高的网页效果如图 5-24 所示。

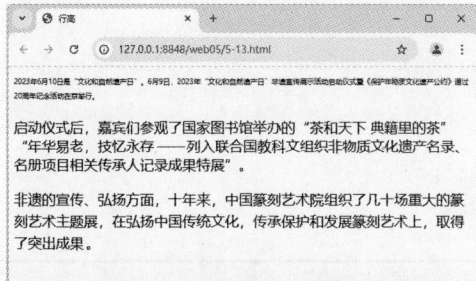

图5-24 设置行高的网页效果

5.3.3 文本修饰

文本修饰主要包括给文字添加下画线、删除线、上画线等，基本语法如下。

```
text-decoration:none|underline|line-through|overline;
```

说明：text-decoration 属性取值如表 5-5 所示。

微课 5.17

表5-5　text-decoration属性取值

值	描述
none	默认值。定义标准的文本
underline	定义文本下的一条线
line-through	定义穿过文本的一条线
overline	定义文本上的一条线

5.3.4 设置字间距

letter-spacing 属性可以控制英文字母之间的距离、中文字与字之间的距离，基本语法如下。

```
letter-spacing: normal|length;
```

微课 5.18

5.3.5 设置词间距

word-spacing 属性可以控制英文单词与单词之间的间距，基本语法如下。

```
word-spacing: normal|length;
```

【实例 5-19】设置字词间距。

微课 5.19

HTML 代码

1	`<p>` 2023 年 6 月 10 日是"文化和自然遗产日"。6 月 9 日，2023 年"文化和自然遗产日"非遗宣传展示活动启动仪式暨《保护非物质文化遗产公约》通过 20 周年纪念活动在京举行。`</p>`
2	`<p id="one">` 2023 年 6 月 10 日是"文化和自然遗产日"。6 月 9 日，2023 年"文化和自然遗产日"非遗宣传展示活动启动仪式暨《保护非物质文化遗产公约》通过 20 周年纪念活动在京举行。`</p>`
3	`<p id="two">It includes that intangible cultural heritage work been promoted from the external to the inner, the heritage protection transformed from passive to active and national cultural heritage retrieving and so on.</p>`
4	`<p>It includes that intangible cultural heritage work been promoted from the external to the inner, the heritage protection transformed from passive to active and national cultural heritage retrieving and so on.</p>`

CSS 代码

```css
1  #one{
2      letter-spacing:3px;
3  }
4  #two{
5      letter-spacing:3px;
6      word-spacing:2px;
7  }
```

设置字词间距的网页效果如图 5-25 所示。

Web前端开发技术项目教程（HTML5+CSS3+JavaScript）（微课版）

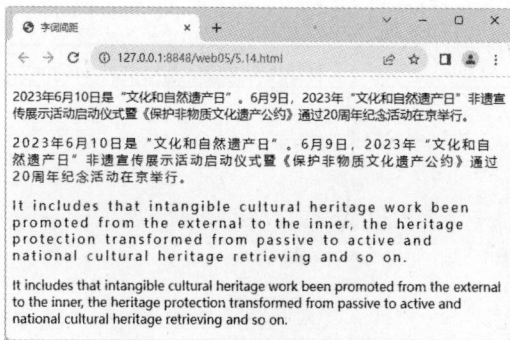

图5-25 设置字词间距的网页效果

任务实施

1. 创建新的网页文件。

2. 在网页文件主体中创建多个正文段落和"编辑部"段落。

微课 5.20

3. 设置正文段落的字体大小为 20 像素，首行缩进两个字符，调整行高为 1.5 倍。CSS 代码如下。

```
p{
        text-indent:2em;
        font-size:20px;
        line-height:1.5;
}
```

4. 设置"编辑部"段落的文本对齐方式为向右对齐。

该段落为特殊段落，在该段落元素的 HTML 标记中设置 id 属性为 edit。CSS 代码如下。

```
#edit{
        text-align:right;
        color:#000;
}
```

非遗活动详情页面正文区域参考代码如下。

序号	HTML 代码与 CSS 代码
1	`<!DOCTYPE html>`
2	`<html>`
3	`    <head>`
4	`        <meta charset="utf-8">`
5	`        <title>正文区域</title>`
6	`        <style type="text/css">`
7	`            p{`
8	`                text-indent:2em;`
9	`                font-size:20px;`
10	`                line-height:1.5;`
11	`            }`
12	`            #edit{`
13	`                text-align:right;`
14	`                color:#000;`

序号	HTML 代码与 CSS 代码
15	`        }`
16	`      </style>`
17	`   </head>`
18	`   <body>`
19	`      <p>…</p>`
20	`      <p>…</p>`
21	`      <p>…</p>`
22	`      <p id="edit">编辑部</p>`
23	`   </body>`
24	`</html>`

【任务 5.4】制作并美化非遗活动详情页面

任务描述

按照网页的设计，可以适当增加图片使网页更加美观，非遗活动详情页面效果如图 5-26 所示。

图5-26 非遗活动详情页面效果

知识准备

5.4.1 设置透明度

在 CSS 中，设置透明度主要有以下 4 种方式。

1. 使用 opacity 属性设置透明度

opacity 属性用于设置一个元素的整体透明度。它的值介于 0（完全透明）和 1（完全不透明）之间。需要注意的是，使用 opacity 属性时，元素的所有子元素也会继承相同的透明度。那么，要想实现图 5-27 所示的网页效果，HTML 代码和 CSS 代码应该如何编写？

图5-27 设置opacity属性的网页效果

HTML 代码如下。

```
<h1>透明度设置<img src="images/css.png" ></h1>
<h1 id="t">透明度设置<img src="images/css.png" ></h1>
```

CSS 代码如下。第二个标题元素的背景、文字和包含的图片都呈现半透明状态。

```
h1 {
    background-color: blue;
}
#t {
    opacity: 0.5;    /* 50% 透明度 */
}
```

2. 使用 rgba()设置透明度

如果只想对颜色设置透明度，而不是整个元素，可以使用 rgba()。rgba 是红色、绿色、蓝色和透明度的缩写，取值范围是 0（完全透明）～1（完全不透明）。

使用 rgba()设置两个标题元素的 CSS 代码如下。

```
h1 {
    background-color: rgba(255, 0, 0, 1 );
}
#t {
    background-color: rgba(255, 0, 0, 0.5); /* 半透明的红色背景*/
}
```

第一个标题元素使用 rgba(255, 0, 0, 1)设置背景颜色为不透明，第二个标题元素使用 rgba(255, 0, 0, 0.5)设置背景颜色为半透明。与使用 opacity 属性不同的是，标题元素内的图片和文字不受影响，设置 rgba()的网页效果如图 5-28 所示。

图5-28　设置rgba()的网页效果

3. 使用 hsla() 设置透明度

与 rgba()类似，hsla()也是 CSS3 中引入的一种颜色表示方式，它使用色相（Hue）、饱和度（Saturation）、亮度（Lightness）和透明度（Alpha）来定义颜色。这对那些更习惯于使用色轮而不是 RGB 颜色模型的设计师来说会更方便。

```
h1 {
  background-color: hsla(0, 100%, 50%, 0.5); /* 半透明的红色背景，色相为 0（红色） */
}
```

4. 使用 filter 属性设置透明度

filter 属性可以设置模糊、对比度、亮度、饱和度以及透明度等，能实现更复杂的视觉效果。对于透明度，可以使用 opacity()函数进行设置，效果与第一种方式类似。

```
h1 {
  filter: opacity(0.5); /* 50% 透明度 */
}
```

5.4.2　CSS3 新增选择器

1. 关系选择器

CSS3 新增了很多高级选择器，给前端技术工程师提供了极大的便利。例如，在关系选择器方面，除了前面提到的包含选择器之外，还新增了 3 种代表元素间关系的选择器，如表 5-6 所示。

表5-6　关系选择器

关系选择器	类型	描述
E F	后代选择器（包含选择器）	选择匹配的 F 元素，且匹配的 F 元素被包含在匹配的 E 元素内
E>F	子元素选择器	选择匹配的 F 元素，且匹配的 F 元素是所匹配的 E 元素的子元素
E+F	相邻兄弟选择器	选择匹配的 F 元素，且匹配的 F 元素紧邻在匹配的 E 元素的后面，E 和 F 具有共同的父元素
E~F	相邻兄弟组选择器	选择匹配的 F 元素，且匹配的 F 元素位于匹配的 E 元素的后面

设计一段 HTML 代码，让其包含表 5-6 所示的 4 种关系，代码如下。

Web前端开发技术项目教程（HTML5+CSS3+JavaScript）（微课版）

HTML 代码

```
1   <h1>关系选择器介绍</h1>
2   <div class="outer">
3   <p>1.直接嵌套在层"outer"下的段落元素。<p>
4       <div class="inner">
5           <p>2.嵌套在层"outer"下，并直接嵌套在层"inner"下的段落元素。</p>
6       </div>
7   </div>
8   <p>3.未嵌套的段落元素。</p>
9   <p>4.未嵌套的段落元素。</p>
```

后代选择器前面已经详细阐述，就不在此赘述。子元素选择器是后代选择器的子集，只选中"直接后代"。在上面的 HTML 代码的基础上增加如下 CSS 代码。

CSS 代码

```
1   div.outer>p{
2       color:red;
3   }
```

在此 CSS 代码中，div.outer>p 属于子元素选择器，只有第一个段落元素属于元素 div.outer 的直接子元素。使用子元素选择器的网页效果如图 5-29 所示。

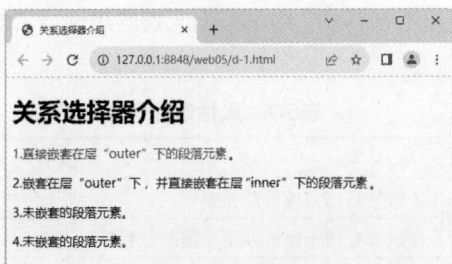

图5-29　使用子元素选择器的网页效果

将 CSS 代码修改如下。

CSS 代码

```
1   div+p{
2       color:red;
3   }
```

将子元素选择器中的">"改为"+"，变为相邻兄弟选择器，div+p 选择器选择的元素是紧邻在 div 元素后面的 p 元素，它们有同一个父元素，因此第三个段落元素满足此要求。使用相邻兄弟选择器的网页效果如图 5-30 所示。

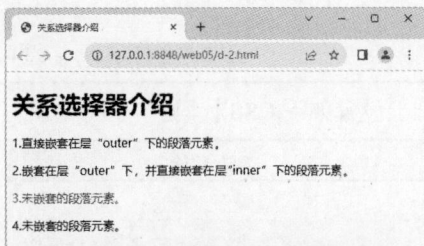

图5-30　使用相邻兄弟选择器的网页效果

再将 CSS 代码修改如下。

CSS 代码
1　div~p{
2　　　color:red;
3　}

选择器 div～p 属于相邻兄弟组选择器，表示选择 div 元素后面的所有 p 元素，此时的 div 元素和 p 元素属于兄弟节点，p 元素出现在 div 元素之后，但不必紧跟，第三个和第四个段落元素满足此要求。使用相邻兄弟组选择器的网页效果如图 5-31 所示。

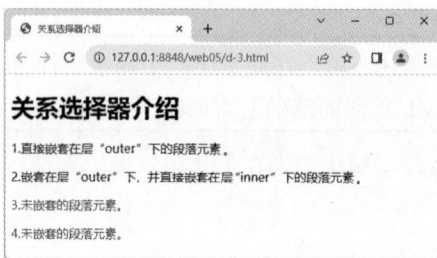

图5-31　使用相邻兄弟组选择器的网页效果

2. 属性选择器

CSS3 选择器新增了一类属性选择器，用于根据元素的属性或者属性值来选择元素，常用属性选择器如表 5-7 所示。

表5-7　属性选择器

选择器	描述
[attribute]	选取带有指定属性的元素
[attribute=value]	选取带有指定属性及指定值的元素
[attribute*=value]	选取属性值中包含指定值的元素
[attribute～=value]	选取属性值中包含指定值且该值是完整单词的元素
[attribute^=value]	选取属性值以指定值开头的元素
[attribute|=value]	选取属性值以指定值开头且该值是完整单词的元素
[attribute$=value]	匹配属性值以指定值为结尾的每个元素

设计一段 HTML 代码。

HTML 代码
1　<h1>属性选择器介绍</h1>
2　<p class="first">1.第一个段落元素。<p>
3　<p class="second">2.第二个段落元素。</p>
4　<p id="third">3.第三个段落元素。</p>
5　<p>4.第四个段落元素。</p>

在上面 HTML 代码的基础上设置如下 CSS 代码。

CSS 代码
1　p[class]{
2　　　color:red;
3　}

选择器 p[class]选中设置了 class 属性的段落元素，没有设置 class 属性的段落元素未被选中。因此，第一段和第二段都被选中。修改 CSS 代码如下。

CSS 代码

```
1  p[class="first"]{
2      color:red;
3  }
```

选择器 p[class="first"]选中设置了 class 属性的段落元素，且该属性值为 "=" 后面的值 first。

除了上述属性与属性值完全相等这种情况外，还有以某字符串开头或结尾的属性值等类型的属性选择器，用法类似，不在此赘述。

3. 伪类选择器

伪类选择器指定的对象并非文件中真实存在的元素，而是元素的某种状态，它是让页面更具表现力的特殊属性。应用较广泛的伪类选择器是用于表示超链接 4 种状态的选择器，如表 5-8 所示。

表5-8　伪类选择器

选择器	描述
:link	选择所有未被访问的超链接
:hover	选择鼠标指针悬停其上的元素
:active	选择活动的超链接
:visited	选择所有已访问的超链接

设置超链接 4 种状态下的样式，代码如下。

HTML 代码

```
1  <div>
2      <h3>友情链接</h3>
       <a href="https://www.w3school.com.cn">W3School</a>
3      <a href="https://www.jianshu.com">简书</a>
4  </div>
```

CSS 代码

```
1   a:link{
2       text-decoration:none;
3       color:#00F;
4   }
5   a:visited{
6       text-decoration:none;
7       color:#666;
8   }
9   a:hover,a:active{
10      color:#F00;
11  }
```

使用伪类选择器的网页效果如图 5-32 所示。

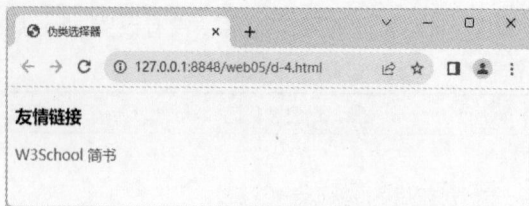

图5-32 使用伪类选择器的网页效果

4. 结构伪类选择器

这一类选择器根据文件结构来指定元素的样式。例如，需要选择出现在文件的某个特定位置的元素时，可以使用结构伪类选择器。结构伪类选择器如表5-9所示。

表5-9 结构伪类选择器

选择器	描述
E:first-child	选择作为其父的首个子元素的每个E元素
E:last-child	选择作为其父的最后一个子元素的每个E元素
E:first-of-type	选择作为其父的首个E元素的每个E元素
E:last-of-type	选择作为其父的最后一个E元素的每个E元素
E:nth-child(n)	选择作为其父的第n个子元素的每个E元素
E:nth-last-child(n)	选择作为其父的第n个子元素的每个E元素，从最后一个子元素计数
E:nth-last-of-type(n)	选择作为其父的第n个E元素的每个E元素，从最后一个子元素计数
E:nth-of-type(n)	选择作为其父的第n个E元素的每个E元素
E:only-of-type	选择作为其父的唯一E元素的每个E元素
E:only-child	选择作为其父的唯一子元素的E元素
E:empty	选择没有子元素的每个E元素

通过一个实例来说明结构伪类选择器的使用，HTML代码和CSS代码如下。

HTML 代码

```
1  <h1>结构伪类选择器介绍</h1>
2  <p>1.第一个段落元素。</p>
3  <p>2.第二个段落元素。</p>
4  <p>3.第三个段落元素。</p>
5  <p>4.第四个段落元素。</p>
```

CSS 代码

```
1  p: first-of-type,p:nth-last-of-type(2){
2      color:#F00;
3  }
4  p: nth-child(even){
5      font-weight:bold;
6  }
```

选择器p:first-of-type表示选中第一个段落元素，将其文字颜色设置为红色。p:nth-last-of-type(2)表示要选中作为其父元素的倒数第2个段落元素，即第三个段落元素，将其文字颜色设置为红色。p:nth-child(even)表示选中序号为偶数的段落元素，即第二个段落元素和第四个段落元素，将其字体加粗。even表示偶数，除此之外，还可以使用整数（1、2、3）、公式（2n+1）。使用结构伪类选择器的网页效果如图 5-33 所示。

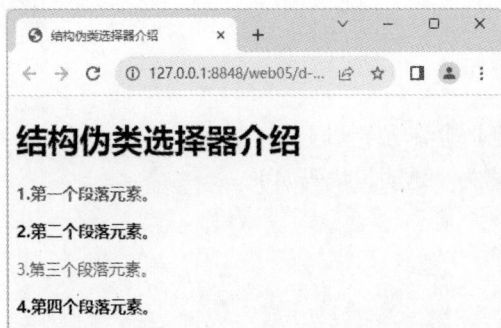

图5-33 使用结构伪类选择器的网页效果

5. 伪元素选择器

伪元素选择器也是一种广泛使用的选择器，如表 5-10 所示。所谓伪元素，就是在文件结构中本来不存在，但是通过 CSS 创建出来的元素。默认情况下，这个伪元素是行内元素，不过可以使用 display 属性改变这一点。

表5-10 伪元素选择器

选择器	描述
E::after	在每个 E 元素之后插入内容
E::before	在每个 E 元素之前插入内容
E::first-letter	选择每个 E 元素的首字母
E::first-line	选择每个 E 元素的首行
E::selection	选择用户选择的元素部分

通过一个实例来说明伪元素选择器的使用，HTML 代码和 CSS 代码如下。

HTML 代码

```
1  <div>
2      <h2>伪元素选择器</h2>
3      <p>请在我前面加序号。</p>
4  </div>
```

CSS 代码

```
1  p::before{
2      content: "1.";
3  }
```

使用伪元素选择器的网页效果如图 5-34 所示。

图5-34 使用伪元素选择器的网页效果

任务实施

1. 创建网页文件。

打开 HBuilder X，创建非遗活动详情网页。

2. 设置"编辑部"元素为半透明，代码如下。

```
#edit{
    text-align:right;
    color:#000;
    opacity:0.5;
}
```

3. 整合页面头部区域、正文区域，并调试和美化代码。

非遗活动详情页面参考代码如下。

序号	HTML 代码与 CSS 代码
1	`<!DOCTYPE html>`
2	`<html>`
3	`    <head>`
4	`        <meta charset="utf-8">`
5	`        <title>非遗活动详情页面</title>`
6	`        <style>`
7	`        body{`
8	`            font:18px 'Microsoft Yahei',Arial;`
9	`        }`
10	`        #local{`
11	`            color:#9a252b;`
12	`        }`
13	`        h3{`
14	`            color:#aaa;`
15	`            font: bold 16px 'Microsoft Yahei',Arial;`
16	`        }`
17	`        h1,h3{`
18	`            text-align: center;`
19	`        }`
20	`        p{`
21	`            text-indent:2em;`
22	`            font-size:20px;`
23	`            line-height:1.5;`
24	`        }`
25	`        #edit{`
26	`            text-align:right;`
27	`            color:#000;`
28	`            opacity:0.5;`
29	`        }`
30	`        #image{`
31	`            text-align: center;`
32	`        }`

序号	HTML 代码与 CSS 代码
33	`        </style>`
34	`    </head>`
35	`    <body>`
36	`        <span id="local">当前位置：</span>`
37	`        <span>首页 > 资讯> 文化和自然遗产日·江苏</span>`
38	`            <h1>2023 年"文化和自然遗产日"非遗宣传展示活动启动</h1>`
39	`            <h3>发布时间：2023-06-09 来源："文旅之声"微信公众号</h3>`
40	`            <p>`2023 年 6 月 10 日是"文化和自然遗产日"。6 月 9 日，2023 年"文化和自然遗产日"非遗宣传展示活动启动仪式暨《保护非物质文化遗产公约》通过 20 周年纪念活动在京举行。`</p>`
41	`            <p id="image"><img src="images/r-5.png"></p>`
42	`            <p>`每年六月的第二个星期六是"文化和自然遗产日"。每年遗产日期间，文化和旅游部都会组织和发动各地开展丰富多彩的非遗宣传展示活动。文化和旅游部举办《保护非物质文化遗产公约》通过 20 周年纪念活动，支持各地推出形式多样、各具特色的"非遗购物节"活动等。通过线上线下融合、展示展销结合、多方协作联动集中开展非遗宣传展示活动，推动非遗融入现代生活、促进人民共享，营造全社会关注参与非遗保护，弘扬中华优秀传统文化的浓厚氛围。`</p>`
43	`            <p>`启动仪式后，嘉宾们参观了国家图书馆举办的"茶和天下 典籍里的茶""年华易老，技·忆永存——列入联合国教科文组织非物质文化遗产名录、名册项目相关传承人记录成果特展"。"茶和天下 典籍里的茶"是为"中国传统制茶技艺及其相关习俗"列入联合国教科文组织人类非遗代表作名录设立的特展，"年华易老，技·忆永存——列入联合国教科文组织非物质文化遗产名录、名册项目相关传承人记录成果特展"将在全国 220 个图书馆同步展出。`</p>`
44	`            <p id="edit">编辑部</p>`
45	`    </body>`
46	`</html>`

因为目前已学的 CSS 属性有限，这里将图片放入<p>标记中，设置段落的对齐方式使得段落里面的图片在水平方向上居中显示。

智海引航

【问题 5.1】举例说明 CSS 代码调试方法

首先，在集成开发环境中编辑 HTML、CSS 代码。很多开发软件（如 Adobe Dreamweaver、HBuilder X 等）本身会自带内置的浏览器，但是网页最终的浏览效果以在真实浏览器（如 Chrome 等）中的效果为准。目前，大多数浏览器都有"开发者工具"的功能，推荐在真实浏览器中调试 CSS 代码，例如，在 Chrome 浏览器页面的某元素上方单击鼠标右键，弹出快捷菜单，选择"检查"命令，出现开发者工具视图。视图左侧上方的 Elements 界面显示本文件的 HTML 代码，并将鼠标指针下方元素的 HTML 代码高亮显示出来。视图右侧的 Styles 界面显示 CSS 代码，将作用于该元素的所有样式呈现出来，包括浏览器默认样式和用户自定义样式。该右侧视图支持代码的临时编辑，但修改的代码不做保存。Chrome 浏览器 CSS 代码调试如图 5-35 所示。

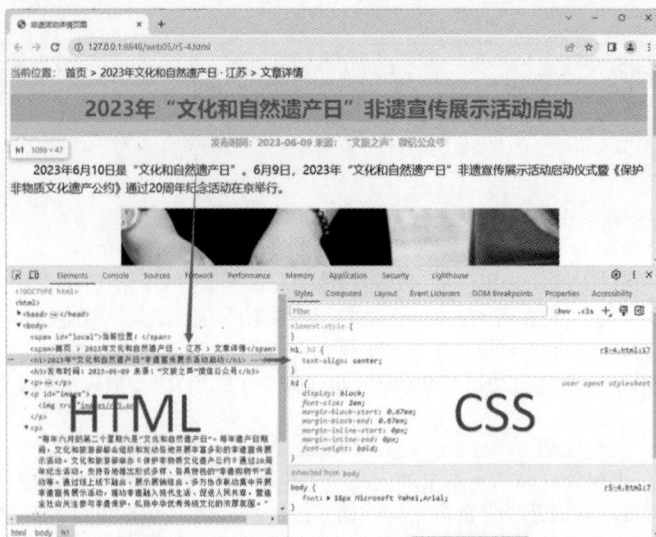

图5-35　Chrome浏览器CSS代码调试

【问题 5.2】举例说明 CSS 的继承性和层叠性

为了让读者更好地理解 CSS 的继承性，这里引入 DOM 的概念。文档对象模型（Document Object Model，DOM）是 HTML 和 XML 文件的编程接口。DOM 以树状结构表示 HTML 文件。这里以如下 HTML 文件为例进行说明。

HTML 代码

1	`<html>`
2	`<head>`
3	`<title>CSS 继承性</title>`
4	`</head>`
5	`<body>`
6	`<h1>中国茶文化</h1>`
7	`<p>中国茶文化是中国制茶、饮茶的文化。中国茶文化源远流长，博大精深。</p>`
8	`<ul>`
9	`    <li>绿茶`
10	`        <ul>`
11	`            <li>洞庭碧螺春</li>`
12	`            <li>西湖龙井</li>`
13	`            <li>信阳毛尖</li>`
14	`        </ul>`
15	`    </li>`
16	`    <li>红茶</li>`
17	`    <li>乌龙茶</li>`
18	`</ul>`
19	`</body>`
20	`</html>`

将 HTML 文件按照 DOM 的树状结构表示出来，如图 5-36 所示。这棵树顶端的<html>标记被称为根节点。这种树状结构中存在"父子"关系，上层标记为其下层标记的父节点，反之为子节

点。每一对"父子"关系都是相对的，每一个节点既可以是父节点，又可以是子节点。

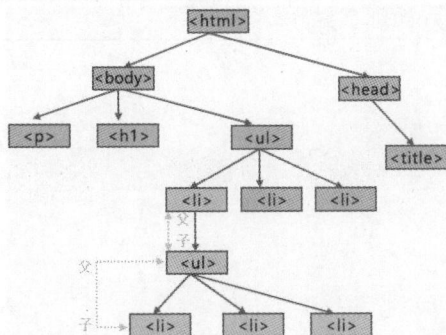

图5-36　HTML文件结构

CSS 的继承性指的是子节点元素会继承其父节点元素的 CSS 样式，但不是所有样式都会自动继承。在上面的 HTML 文件中应用如下 CSS 代码。CSS 继承性如图 5-37 所示。

CSS 代码
1　`ul li: first-of-type {`   2　　`color: blue;`   3　`}`

设置第一层列表元素<ul>的第一个列表项<li>的文字颜色为蓝色。嵌套在其下一层的列表自动继承了父节点元素的该 CSS 样式，文字颜色也会显示为蓝色。但有些样式不会被自动继承，包括边框属性、边距属性、填充属性、背景属性、定位属性、布局属性、宽度和高度属性等。例如，设置了父节点元素的边框样式，子元素节点不会继承其边框样式。

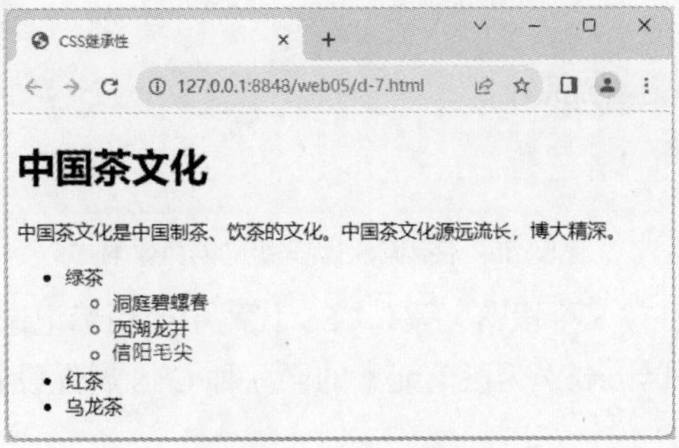

图5-37　CSS继承性

CSS 的继承性可以大大缩减代码量，并提高代码的可读性，尤其是在页面内容很多且关系复杂的情况下。

CSS 又称层叠样式表，层叠性可以简单地理解为 CSS 解决"冲突"的规则，即层叠规则，也即 CSS 优先级。CSS 优先级有选择器优先级、样式表优先级。

读者可以阅读以下代码，猜一猜下面每个段落的文字颜色。

HTML 代码
1　`<p>1.第一个段落元素。</p>`   2　`<p class="red">2.第二个段落元素。</p>`   3　`<p id="third" class="red">3.第三个段落元素。</p>`   4　`<p style="color:blue;" id="forth">4.第四个段落元素。</p>`   5　`<p class="green red">5.第五个段落元素。</p>`

CSS 代码

```
1    p{
2        color:black;
3    }
4    .red{
5        color:red;
6    }
7    #third,#forth{
8        color:yellow;
9    }
10   .green{
11       color:green;
12   }
13   /*p{
14       color:pink;
15   }*/
```

使用 CSS 优先级的网页效果如图 5-38 所示。

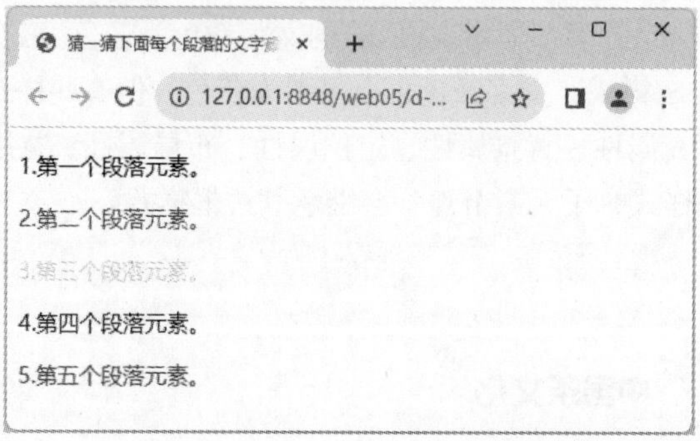

图5-38　使用CSS优先级的网页效果

在上面的 HTML 代码中有 5 个段落元素，CSS 代码中使用标记选择器（p）、类选择器（.red 和.green）、id 选择器（#third,#forth）为段落元素的同一种 CSS 属性设置不同的值，即将文字设置为不同的颜色。

第一个段落元素的颜色比较好确定，为标记选择器定义的文字颜色为黑色。

第二个段落元素使用了类名 red，类选择器.red 定义的文字颜色为红色，与标记选择器 p 定义的文字颜色发生了冲突，此时该段落显示的颜色由层叠规则决定，优先级高的选择器覆盖优先级低的。此处类选择器的优先级大于标记选择器，因此段落文字的颜色为.red 定义的红色。

第三个段落元素既使用了 id 选择器#third，又使用了类选择器.red，因而产生冲突，选择器优先级从高到低排列：id 选择器 > 类选择器 > 标记选择器。因此该段落文字的颜色为#third 定义的黄色。

第四个段落元素使用了行内样式 style 属性和 id 选择器，此时行内样式的优先级大于 id 选择器，文字颜色会显示为蓝色。

第五个段落元素设置了两个类名，分别是 green 和 red，此时会显示前面的类名对应的类选择器.green 设置的绿色。

如果在 CSS 代码中增加第 13~15 行，那么第一个段落元素会显示粉色。同一个选择器在不同的位置重复使用，后面的代码会覆盖前面的代码，即所谓的"就近"原则，离元素近的优先级高。CSS还定义了一个!import命令，该命令被赋予最高的优先级，也就是说不管权重及样式位置的远近如何，!import语句都具有最高优先级。

一个网页文件可以应用多种CSS引入方式，即在同一个文件中既可以有链入的外部样式表，又可以有内部样式表。如果某个元素的样式发生冲突，那么引入方式的优先级有高低之分，排序为链入外部样式表|导入外部样式表<内部样式表<行内样式表，选择器的优先级排序为行内样式>id选择器>类选择器>标记选择器。

在元素丰富的页面中，同一个元素有可能会从很多地方获得样式，随着代码量的增加，有可能使代码变得非常混乱，从而出现无法找到一个元素的样式来自哪条规则的情况。因此，必须充分理解CSS中的"层叠"原理。

计算冲突样式的优先级是一个比较复杂的过程，但是可以把握一个大的原则，即"越特殊的样式优先级越高"。例如，行内样式只对一个指定元素产生影响，所以它非常特殊，优先级很高。

匠心独运——竹龙翻腾 薪火相传

龙舞，也称"舞龙"，民间又叫"耍龙""耍龙灯"或"舞龙灯"。龙舞在全国各地和各民族间广泛分布，其形式品种的多样，是任何其他民间舞都无法比拟的。早在商代的甲骨文中，已出现以数人集体祭龙求雨的文字；汉代董仲舒《春秋繁露》的记录中已有明确的各种舞龙求雨的记载；此后历朝历代的诗文中记录宫廷或民间舞龙的文字屡见不鲜。直至现在，龙舞仍是民间喜庆节令场合普遍存在的舞蹈形式之一。2006年，龙舞（铜梁龙舞）入选中国第一批国家级非物质文化遗产代表性项目名录。

龙舞最基本的表现手段是其道具造型、构图变化和动作套路。根据龙形道具的扎制材料的不同，分为布龙、纱龙、纸龙、草龙、钱龙、竹龙、棕龙、板凳龙、百叶龙、荷花龙、火龙、鸡毛龙、肉龙等。龙舞的构图和动作一般具有"圆曲""翻滚""绞缠""穿插""窜跃"等特征。龙舞的传统表演程序一般为"请龙""出龙""舞龙"和"送龙"。

单元习题

一、选择题

1. CSS文件的扩展名为（　　　）。
   A. .htm　　　　　　B. .css　　　　　　C. .html　　　　　D. .txt

2. CSS引入方式中优先级最高的是（　　　）。
   A. 链入外部样式表　B. 内部样式表　　　C. 行内样式表　　　D. 导入外部样式表

3. CSS语法中，selector、value、property依次代表（　　　）。
   A. 选择器、属性值、属性　　　　　　　　B. 属性、属性值、选择器
   C. 选择器、属性、属性值　　　　　　　　D. 属性、选择器、属性值

4. 下列选择器优先级最高的是（　　　）。
   A. 类选择器　　　B. 标记选择器　　　　C. id选择器　　　　D. 包含选择器

5. 设置文本缩进的属性为（　　　）。

    A．word-spacing   B．text-decoration

    C．text-align   D．text-indent

6. 下列不属于 text-align 属性合法取值的是（　　　）。

    A．left   B．right   C．center   D．none

7. 设置文字加粗效果的 CSS 代码为（　　　）。

    A．font-weight:normal;   B．font-weight:700;

    C．font-weight:700px;   D．font-weight:bold;

8. 在实际应用中，超链接文字下方显示下画线使用的 CSS 属性是（　　　）。

    A．text-decoration   B．line-height

    C．text-indent   D．text-transform

二、填空题

1. CSS 代码的插入方式有链入外部样式表、_____、内部样式表、_____。

2. CSS 的特性有_____和_____。

3. 内部样式表通过_____标记把样式表的内容直接定义在 HTML 文件的<head>标记中。

4. 利用 text-align 属性排列文本时，可选用的属性值有_____、left、_____、

_____。

单元6
CSS高级应用与制作非遗项目申报指南页面

06

通过前面几个单元的学习，读者已经认识了很多网页元素，学习了 CSS 的基本语法，对单个网页元素的创建和样式控制也有所了解，但如果需要制作比较复杂的网页，目前学习的这些知识还远远不够。较复杂的网页由不同的内容区块组成，有些内容区块可能在同一网站上的多处均会出现，在不同的网站中能找到类似的内容区块，有这些特征的内容区块被称为网页常用组件，如水平导航栏、侧边栏等。

学习目标

1. 学会有序列表和无序列表的创建方法。
2. 学会列表的嵌套使用。
3. 掌握列表的样式设置。
4. 掌握超链接的样式设置。
5. 掌握边框的样式设置。
6. 掌握背景的样式设置。
7. 培养持续学习、深度学习的能力。
8. 关注前沿技术，培养创新思维。

情景导入

小新要为非遗网站制作非遗项目申报指南页面，并决定使用列表来制作非遗项目申报指南区域和水平导航栏。他意识到想要制作这些内容，设计并实现更加美观的网页效果，仅靠之前的入门技能远远不够，持续钻研、深耕 CSS3 方能进一步提升页面的美观度。如何设置列表样式、背景样式、边框样式等将是新的学习方向。因此，小新制订了如下任务规划。

① 设计非遗项目申报指南页面。
② 创建列表并制作非遗项目申报指南区域。
③ 设置边框样式并制作文件下载区域。
④ 制作并美化水平导航栏。
⑤ 设置背景样式并美化非遗项目申报指南页面。

【任务 6.1】设计非遗项目申报指南页面

▶ 任务描述

工单编号	RW6-1
任务名称	设计非遗项目申报指南页面
任务负责人	小新
任务说明	非遗项目申报指南页面是一个二级页面，通过单击非遗网站首页中的"指南"导航项打开，主要介绍各类申报指南的相关程序、所需材料、工作要求及相关文件下载地址
任务要求	1. 按照网页内容将页面划分为页面头部区域、申报指南区域、文件下载区域 2. 页面头部区域主要包括网站 Logo、网站名称、水平导航栏 3. 申报指南区域左边的侧边栏用来显示各类非遗相关项目，右边则显示对应内容 4. 文件下载区域显示在申报指南区域下方，按照文件链接顺序排列
任务完成情况	

任务等级	□一般	□重要	□紧急	□非常紧急
完成时间	□提前完成	□按时完成	□延期完成	□未能完成
完成质量	□优秀	□良好	□一般	□差

🔑 任务实施

根据网页内容来规划和设计页面布局。打开 Axure，建立非遗项目申报指南页面原型，设计页面，原型图如图 6-1 所示。

图6-1　非遗项目申报指南页面原型图

【任务6.2】创建列表并制作非遗项目申报指南区域

任务描述

使用列表制作申报指南区域的侧边栏，通过列表间的嵌套形成二级目录结构，并设置列表的CSS属性以美化列表样式。该区域右侧是与侧边栏对应的正文内容，正文内容较长，需要进行溢出控制，如在垂直方向上添加滚动条。申报指南区域的网页效果如图6-2所示。

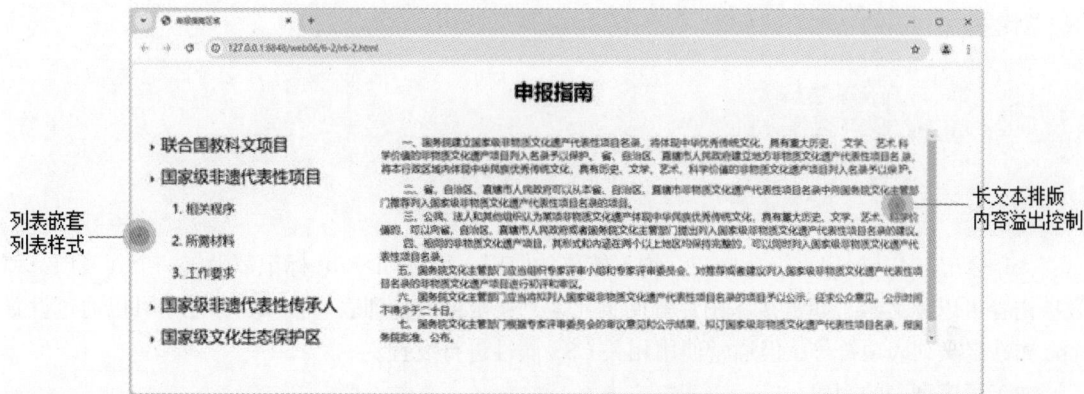

图6-2　申报指南区域的网页效果

知识准备

6.2.1　列表的创建

列表在网页上的应用广泛，且形式多样，在网页上使用列表可以让网页呈现的信息直观且有序，便于用户理解。列表常见的形式有水平导航栏（无序列表）、侧边栏（有序列表）、轮播图（无序列表）等。列表实际案例如图6-3所示。

微课 6.1

图6-3　列表实际案例

（1）列表的常用类型

列表的常用类型有无序列表和有序列表，相应标记如表 6-1 所示。

表6-1　列表标记

标记	描述
<ul>	定义无序列表
<ol>	定义有序列表
<li>	定义列表项

（2）有序列表的创建

创建有序列表的基本语法如下。

```
<ol>
<li> 第一个列表项内容</li>
<li> 第二个列表项内容</li>
<li> 第三个列表项内容</li>
…
</ol>
```

<ol>标记与<li>标记为组合标记，均不能单独使用，每对<li></li>标记都生成一个列表项，列表项内容可以是文本、超链接、图片等网页元素，甚至可以是列表。在<ol>标记中可以通过设置type 属性定义列表项符号，但通常使用相关 CSS 属性进行设置。

（3）无序列表的创建

创建无序列表的基本语法如下。

```
<ul>
<li> 第一个列表项内容</li>
<li> 第二个列表项内容</li>
<li> 第三个列表项内容</li>
…
</ul>
```

无序列表的使用方法与有序列表相似，此处不再赘述。

（4）列表嵌套

列表项内容也可以是列表，形成列表嵌套，可以对多层次关系的内容进行描述。

【实例 6-1】列表嵌套。

序号	HTML 代码
1	<!DOCTYPE html>
2	<html>
3	<head>
4	<meta charset="utf-8">
5	<title>列表嵌套示例</title>
6	</head>
7	<body>
8	<ul>
9	<li>家电类
10	<ol type="i">
11	<li>电冰箱</li>
12	<li>电视机</li>

序号	HTML 代码
13	<li>洗衣机</li>
14	</ol>
15	</li>
16	<li>家具类</li>
17	</ul>
18	</body>
19	</html>

外层无序列表的第一个列表项嵌套了一个显示"家电类"产品的有序列表。列表嵌套的网页效果如图6-4所示。

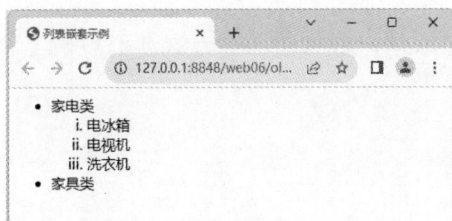

图6-4　列表嵌套的网页效果

6.2.2　列表样式属性设置

无序列表默认的列表项符号是实心圆，有序列表默认的列表项符号为阿拉伯数字序号"1." "2." "3." 等。列表创建之后，用户需要使用 CSS 设置列表样式。CSS 的 list-style-type 属性和 list-style-image 属性分别用于设置列表项符号和图片。

（1）list-style-type 属性用于设置列表项符号

设置列表项符号的基本语法如下。

```
list-style-type:属性值;
```

list-style-type 属性取值如表6-2所示。实际应用中，none 值使用较广泛。

表6-2　list-style-type属性取值

值	描述
none	无符号
disc	实心圆，是无序列表的默认符号
circle	空心圆
square	实心方块
decimal	数字，是有序列表的默认符号
lower-roman	小写罗马数字（i、ii、iii、iv、v 等）
upper-roman	大写罗马数字（I、II、III、IV、V 等）
lower-alpha	小写英文字母（a、b、c、d、e 等）
upper-alpha	大写英文字母（A、B、C、D、E 等）

（2）list-style-image 属性用于设置列表项图片

设置列表项图片的基本语法如下。

```
list-style-image:none|url(图片路径);
```

该 CSS 属性设置为 none 时，表示不使用图片符号，url()用于设置图片的路径。

【实例 6-2】list-style-image 属性的使用。

序号	HTML 代码与 CSS 代码	说明
1	`<!DOCTYPE html>`	
2	`<html>`	
3	`<head>`	
4	`<title>列表项图片</title>`	
5	`<style type="text/css">`	
6	`ul{`	
7	`    list-style-type:none;`	不显示列表项符号
8	`}`	
9	`#second{`	
10	`    list-style-image:url(../img/eg_arrow.gif);`	设置列表项图片
11	`}`	
12	`</style>`	
13	`</head>`	
14	`<body>`	
15	`<ul>`	
16	`    <li>HTML</li>`	
17	`    <li>CSS</li>`	
18	`    <li>JavaScript</li>`	
19	`</ul>`	
20	`<ul id="second">`	
21	`    <li>超文本标记语言</li>`	
22	`    <li>样式表</li>`	
23	`    <li>JavaScript 脚本</li>`	
24	`</ul>`	
25	`</body>`	
26	`</html>`	

设置列表项图片的网页效果如图 6-5 所示。

图6-5　设置列表项图片的网页效果（1）

💬 实战小技巧

在实际应用中，列表项符号更多地采用背景图片来完成，因为背景图片的位置更易控制。
例如，下面的代码创建了两个列表。

```
<ul id="first">
    <li>HTML</li>
    <li>CSS</li>
    <li>JavaScript</li>
```

```
</ul>
<ul id="second">
          <li>超文本标记语言</li>
          <li>样式表</li>
          <li>JavaScript 脚本</li>
</ul>
```

使用 list-style-image 属性设置第一个列表的列表项图片，无法控制其位置，图片会显示在列表项的下边框之外。而第二个列表使用背景图片作为列表项符号，较容易控制图片出现的位置。CSS 代码如下。

```
#first{
      list-style-image:url(../img/eg_arrow.gif);
}
#second li{
      background:url(../img/eg_arrow.gif) no-repeat 10px 5px;
      list-style-type: none;
}
#second{
      padding:0px;   /*设置列表的填充*/
}
li{
      padding-left:20px; /*设置列表项的左边填充*/
      border-bottom: 1px solid #ccc; /*设置列表项的下边框*/
}
```

设置列表项图片的网页效果如图 6-6 所示。

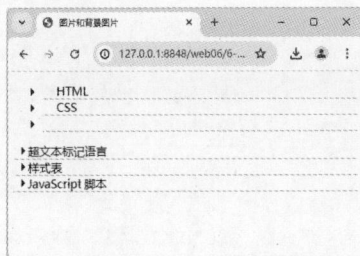

图6-6 设置列表项图片的网页效果（2）

6.2.3 溢出设置

overflow 属性用于控制内容溢出元素边框时的显示方式，基本语法如下。

```
overflow:visible|hidden|scroll|auto;
```

overflow 属性取值如表 6-3 所示。

表6-3 overflow属性取值

值	描述
visible	默认值。内容不会被修剪，会呈现在元素边框之外
hidden	内容会被修剪，并且其余内容是不可见的
scroll	内容会被修剪，但是浏览器会显示滚动条，以便查看其余的内容
auto	如果内容被修剪，则浏览器会显示滚动条，以便查看其余的内容

【实例 6-3】overflow 属性的使用。

序号	HTML 代码与 CSS 代码	说明
1	`<!DOCTYPE html>`	
2	`<html>`	
3	`<head>`	
4	`<title>overflow属性</title>`	
5	`<style type="text/css">`	
6	`.container {`	
7	`  height: 300px;`	
8	`  width: 260px;`	
9	`  background-color: #70a1ff;`	
10	`  display: inline-block;`	
11	`  margin: 0px 20px;`	
12	`}`	
13	`img {`	
14	`  width: 300px;`	
15	`  opacity: 0.7;`	
16	`}`	
17	`.visible {`	
18	`  overflow: visible;`	超出部分溢出显示
19	`}`	
20	`.hidden {`	
21	`  overflow: hidden;`	超出部分被隐藏
22	`}`	
23	`.scroll {`	
24	`  overflow: scroll;`	水平方向和垂直方向
25	`}`	上都出现滚动条，可
26	`.auto {`	以滚动显示
27	`  overflow: auto;`	超出部分出现滚动条，
28	`}`	未超出部分可以正常
29	`</style>`	显示
30	`</head>`	
31	`<body>`	
32	`<div class="container visible">`	
33	`    <img src="../img/animal.png" />`	
34	`</div>`	
35	`<div class="container hidden">`	
36	`    <img src="../img/animal.png" />`	
37	`</div>`	
38	`<div class="container scroll">`	
39	`    <img src="../img/animal.png" />`	
40	`</div>`	
41	`<div class="container auto">`	
42	`    <img src="../img/animal.png" />`	
43	`</div>`	
44	`</body>`	
45	`</html>`	

设置 overflow 属性的网页效果如图 6-7 所示。图片如果大于其所在的块级父元素，那么会根据 overflow 属性设置的溢出方式显示出不同的效果。

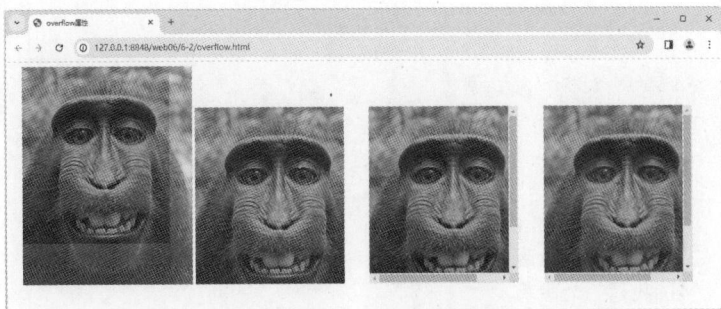

图6-7　设置overflow属性的网页效果

6.2.4　white-space 属性

white-space 属性用于指定元素内空白的处理方式。能在文本中产生空白的符号主要包括空格、制表符、换行符等。white-space 属性的基本语法如下。

```
white-space:normal|pre|nowrap|pre-wrap|pre-line|inherit;
```

white-space 属性取值如表 6-4 所示。

表6-4　white-space属性取值

值	描述
normal	默认值。空白会被浏览器忽略
pre	空白会被浏览器保留。其作用类似于 HTML 中的 `<pre>` 标记
nowrap	文本不会换行，直到遇到 ` ` 标记
pre-wrap	保留空白序列，可以正常地进行换行
pre-line	合并空白序列，保留换行符
inherit	从父元素继承 white-space 属性的值

【实例 6-4】white-space 属性的使用。

序号	HTML 代码与 CSS 代码	说明
1	`<!DOCTYPE html>`	
2	`<html>`	
3	`　<head>`	
4	`　　<meta charset="utf-8">`	
5	`　　<title>white-space 属性</title>`	
6	`　　<style type="text/css">`	
7	`　　p{`	
8	`　　　　width: 220px;`	
9	`　　　　background-color: aqua;`	
10	`　　}`	
11	`　　.one{`	
12	`　　　　white-space: normal;`	默认设置
13	`　　}`	
14	`　　.two{`	

序号	HTML 代码与 CSS 代码	说明
15	white-space: nowrap;	文本不换行
16	}	
17	</style>	
18	</head>	
19	<body>	
20	<p class="one">	
21	我是一个段落	
22	我是一个段落	
23	我是一个段落	
24	</p>	
25	<p class="two">	
26	我是一个段落	
27	我是一个段落	
28	我是一个段落	
29	</p>	
30	</body>	
31	</html>	

设置 white-space 属性的网页效果如图 6-8 所示。当 white-space 属性值为 normal 时，换行符、制表符、空格会被合并显示，首位空白会被删除，超出段落元素宽度时文本会自动换行。而 white-space 属性值为 nowrap 时，文本会在同一行显示，即使超出段落元素宽度，文本也不会换行。

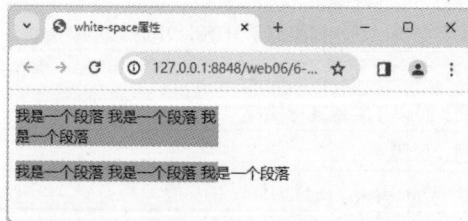

图6-8 设置white-space属性的网页效果

6.2.5 文本溢出设置

text-overflow 属性用于指定当文本溢出包含它的元素时应该如何显示，基本语法如下。

```
text-overflow:clip|ellipsis|string|initial|inherit;
```

text-overflow 属性取值如表 6-5 所示。

表6-5 text-overflow属性取值

值	描述
clip	修剪溢出文本
ellipsis	使用省略号来代表被修剪的文本
string	使用给定的字符串来代表被修剪的文本
initial	设置为属性默认值
inherit	从父元素继承该属性值

需要注意的是，text-overflow 属性配合"overflow:hidden;"和"white-space:nowrap;"这两个

属性使用时才能起作用。

【实例 6-5】text-overflow 属性的使用。

序号	HTML 代码与 CSS 代码	说明
1	`<!DOCTYPE html>`	
2	`<html>`	
3	`<head>`	
4	`<meta charset="utf-8">`	
5	`<title>text-overflow 属性</title>`	
6	`<style type="text/css">`	
7	`p{`	
8	`    width: 190px;`	
9	`    overflow: hidden;`	配合使用
10	`    white-space: nowrap;`	配合使用
11	`}`	
12	`.one{`	
13	`    text-overflow: ellipsis;`	文本溢出时显示省
14	`}`	略号
15	`.two{`	
16	`    text-overflow: clip;`	修剪溢出文本
17	`}`	
18	`</style>`	
19	`</head>`	
20	`<body>`	
21	`<p class="one">文本溢出时 text-overflow 属性设置</p>`	
22	`<p class="two">文本溢出时 text-overflow 属性设置</p>`	
23	`</body>`	
24	`</html>`	

使用文本溢出设置的网页效果如图 6-9 所示。段落元素设置了固定的宽度 190px，当文本长度超出段落的宽度时，第一个段落设置为用省略号来处理文本溢出，第二个段落则直接修剪溢出的文本。

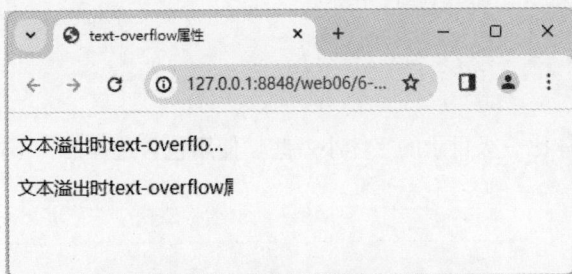

图6-9　使用文本溢出设置的网页效果

任务实施

1. 在站点目录下新建非遗项目申报指南页面。

2. 在页面中创建一级标题元素"申报指南"，令其居中显示。

HTML 代码如下。

```
<h1>申报指南</h1>
```

CSS 代码如下。

```
h1{
    text-align:center;
}
```

3. 使用无序列表创建第一级申报指南目录。

HTML 代码如下。

```
<ul>
            <li>联合国教科文项目</li>
            <li>国家级非遗代表性项目</li>
            <li>国家级非遗代表性传承人</li>
            <li>国家级文化生态保护区</li>
</ul>
```

设置一级目录的字体大小和行高。

CSS 代码如下。

```
li {
        line-height: 50px;
        font-size: 26px;
}
```

4. 使用有序列表创建第二级申报指南目录。在第 3 步无序列表的<li></li>标记中插入用有序列表表示的二级目录。

HTML 代码如下。

```
<ul>
            <li>联合国教科文项目</li>
            <li>国家级非遗代表性项目
                    <ol>
                            <li>相关程序</li>
                            <li>所需材料</li>
                            <li>工作要求</li>
                    </ol>
            </li>
            <li>国家级非遗代表性传承人</li>
            <li>国家级文化生态保护区</li>
</ul>
```

设置二级目录的字体比一级目录的字体小一些。使用包含选择器，不需要增加额外的 HTML 代码，简洁明了。

CSS 代码如下。

```
li li {
        font-size: 20px;
}
```

5. 使用 list-style-image 属性设置无序列表的列表项符号为箭头图片。这样设置后，二级目录的列表项符号也会随之变化，需要同时设置有序列表的 list-style-image 为 none。

CSS 代码如下。

```
ul{
```

```
        list-style-image:url(../img/eg_arrow.gif);
    }
    ol{
        list-style-image:none;
    }
```

6. 右侧正文部分放置在层<div id="right">中，设置固定的大小，当长文本出现时需要进行文本的溢出控制，在右侧添加滚动条以便查看全文。

CSS 代码如下。

```
#right{
    overflow:auto;
}
```

7. 为了使网页更加美观，将侧边栏和正文部分放置在不同的层中，实现左右分布显示。

非遗项目申报指南区域参考代码如下。

序号	HTML 代码与 CSS 代码
1	`<!DOCTYPE html>`
2	`<html>`
3	`    <head>`
4	`        <meta charset="utf-8">`
5	`        <title>申报指南区域</title>`
6	`        <style>`
7	`            ul{`
8	`                list-style-image:url(../img/eg_arrow.gif);`
9	`            }`
10	`            ol{`
11	`                list-style-image: none;`
12	`            }`
13	`            li {`
14	`                line-height: 50px;`
15	`                font-size: 26px;`
16	`            }`
17	`            li li {`
18	`                font-size: 20px;`
19	`            }`
20	`            #left {`
21	`                width: 340px;`
22	`                display: inline-block;`
23	`                margin-right: 50px;`
24	`            }`
25	`            #right {`
26	`                width: 800px;`
27	`                height: 335px;`
28	`                overflow: auto;`
29	`                display: inline-block;`
30	`            }`

序号	HTML 代码与 CSS 代码
31	#guide {
32	width: 1200px;
33	}
34	h1 {
35	text-align: center;
36	}
37	</style>
38	</head>
39	<body>
40	<div id="guide">
41	<h1>申报指南</h1>
42	<div id="left">
43	<ul>
44	<li>联合国教科文项目</li>
45	<li>国家级非遗代表性项目
46	<ol>
47	<li>相关程序</li>
48	<li>所需材料</li>
49	<li>工作要求</li>
50	</ol>
51	</li>
52	<li>国家级非遗代表性传承人</li>
53	<li>国家级文化生态保护区</li>
54	</ul>
55	</div>
56	<div id="right">
57	一、国务院建立国家级非物质文化遗产代表性项目名录，将体现中华优秀传统文化，具有重大历史、文学、艺术、科学价值的非物质文化遗产项目列入名录予以保护。
58	…
59	</div>
60	</div>
61	</body>
62	</html>

【任务 6.3】设置边框样式并制作文件下载区域

任务描述

使用列表制作文件下载区域，每个列表项都是超链接，单击文件下载链接可以下载相关文件。通过 CSS 设置列表项的边框样式、背景样式、超链接样式等。文件下载区域网页效果如图 6-10 所示。

图6-10 文件下载区域网页效果

知识准备

6.3.1 边框样式设置

每个列表项下方的分隔线都是通过设置边框样式来实现的，下面将详细介绍边框的样式设置。

实际上，网页元素都有边框，但绝大多数网页元素的默认样式不显示边框。CSS 中有很多设置边框样式的属性，主要包括边框类型（border-style）、边框粗细（border-width）、边框颜色（border-color）这 3 个方面。每个元素都包括 4 个方向上的边框，分别是上边框（top）、下边框（bottom）、左边框（left）、右边框（right）。

3 种边框样式与 4 个方向上的边框组合，可以细化为 12 个 CSS 边框属性，分别设置 4 个方向上边框的边框类型、边框粗细、边框颜色。CSS 边框属性如表 6-6 所示。

微课 6.2

表6-6 CSS边框属性

border	边框类型	边框粗细	边框颜色
上边框	border-top-style	border-top-width	border-top-color
下边框	border-bottom-style	border-bottom-width	border-bottom-color
左边框	border-left-style	border-left-width	border-left-color
右边框	border-right-style	border-right-width	border-right-color

边框类型包括实线、虚线、双实线等。边框的 style 属性取值如表 6-7 所示。

表6-7 边框的style属性取值

值	描 述
none	定义无边框
hidden	与 none 相同，不过应用于表格元素时除外。对于表格元素，hidden 用于解决边框冲突问题
dotted	定义点状边框。在大多数浏览器中呈现为实线
dashed	定义虚线。在大多数浏览器中呈现为虚线
solid	定义实线
double	定义双实线。双实线的宽度等于 border-width 属性的值

值	描　述
groove	定义 3D 凹槽边框。其效果取决于 border-color 属性的值
ridge	定义 3D 脊状边框。其效果取决于 border-color 属性的值
inset	定义 3D 嵌入式边框。其效果取决于 border-color 属性的值
outset	定义 3D 外凸式边框。其效果取决于 border-color 属性的值
inherit	从父元素继承边框样式

【实例 6-6】设置段落元素上边框样式：双实线、宽度为 5 像素、颜色为红色，代码如下。

序号	HTML 代码与 CSS 代码
1	`<!DOCTYPE html>`
2	`<html>`
3	`<head>`
4	`<title>边框样式设置</title>`
5	`<style type="text/css">`
6	`p{`
7	`  border-top-style:double;`
8	`  border-top-width:5px;`
9	`  border-top-color:red;`
10	`}`
11	`</style>`
12	`</head>`
13	`<body>`
14	`<p>设置这段文字的上边框样式</p>`
15	`</body>`
16	`</html>`

设置段落元素上边框样式的网页效果如图 6-11 所示。

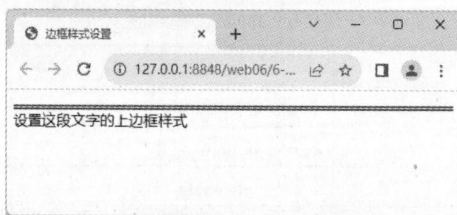

图6-11　设置段落元素上边框样式的网页效果

除了以上设置边框样式的方法外，还有更为简便的方法。实例 6-6 中的第 6～10 行代码可以用下面的代码替代。

```
p{
border-top:double 5px #FF0000;
}
```

border-top、border-bottom、border-left 和 border-right 是组合属性，可以同时设置边框类型、边框粗细、边框颜色，分别用 3 个值代表 3 个分量上的设置，值与值之间用空格分隔。

边框组合属性除了上面的 4 个外，还有 border-style、border-width、border-color、border，具体描述如表 6-8 所示。

表6-8 部分边框组合属性的具体描述

属性	描述
border-style	可以取 1 个值（应用于 4 条边框）、2 个值（第 1 个值应用于上下边框，第 2 个值应用于
border-width	左右边框）、3 个值（第 1 个值应用于上边框，第 2 个值应用于左右边框，第 3 个值应用于
border-color	下边框）、4 个值（分别应用于上边框、右边框、下边框、左边框，按顺时针方向）
border	设置 4 条边框的类型、粗细、颜色

【实例 6-7】使用边框组合属性 border-style、border-width、border-color 设置边框样式，代码如下。

序号	HTML 代码与 CSS 代码
1	`<!DOCTYPE html>`
2	`<html>`
3	`<head>`
4	`<title>边框组合属性</title>`
5	`<style type="text/css">`
6	`p{`
7	`  border-style:solid dashed double dotted;`
8	`  border-width:5px 6px;`
9	`  border-color:blue;`
10	`}`
11	`</style>`
12	`</head>`
13	`<body>`
14	`<p>`段落元素设置上边框样式为实线，右边框为虚线，下边框为双实线，左边框为点线。上下边框为 5 像素，左右边框为 6 像素。颜色都为蓝色。`</p>`
15	`</body>`
16	`</html>`

第 7 行代码按照顺时针方向（上、右、下、左）分别设置段落上边框样式为实线，右边框样式为虚线，下边框样式为双实线，左边框样式为点线。第 8 行代码设置上下边框的粗细为 5 像素，左右边框的粗细为 6 像素。第 9 行代码设置边框颜色都为蓝色。使用边框组合属性的网页效果如图 6-12 所示。

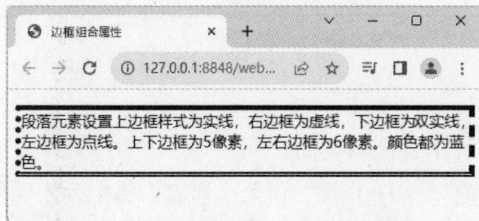

图6-12 使用边框组合属性的网页效果

【实例 6-8】使用 border 组合属性设置边框样式，代码如下。

序号	HTML 代码与 CSS 代码
1	`<!DOCTYPE html>`
2	`<html>`
3	`<head>`
4	`<title>border 组合属性</title>`
5	`<style type="text/css">`

序号	HTML 代码与 CSS 代码
6	p{
7	border:#0000FF 3px solid;
8	}
9	</style>
10	</head>
11	<body>
12	<p> border 组合属性设置 4 条边框的 style、width、color</p>
13	</body>
14	</html>

第 7 行代码同时设置段落 4 条边框的样式。设置段落边框的网页效果如图 6-13 所示。

图6-13　设置段落边框的网页效果

6.3.2　CSS3 新增边框属性

CSS3 新增边框属性如表 6-9 所示，这些属性可以通过创建圆角边框、添加边框阴影、使用图片来绘制边框。

表6-9　CSS3新增边框属性

设置内容	属性	说明
圆角边框	border-radius	4 个 border-*-radius 属性的简写属性
边框阴影	box-shadow	向边框添加一个或多个阴影
图片边框	border-image	所有 border-image-* 属性的简写属性

任务实施

1. 在站点目录下新建文件下载区域页面。

2. 在页面上创建一级标题"文件下载"和无序列表，每个列表项即文件下载项，单击文件下载链接可以下载对应文件。

3. 设置标题文字居中显示。CSS 代码如下。

```
h1{
    text-align: center;
}
```

4. 设置无序列表样式。不显示无序列表的列表项符号。CSS 代码如下。

```
ul{
    list-style-type: none;
}
```

5. 设置边框样式。设置每个列表项的下边框样式为点线、1 像素、灰色（#b2b2b2）。CSS 代码如下。

```
li{
    border-bottom: dotted 1px #b2b2b2;
    line-height:50px;
}
```

6. 设置超链接样式。文字颜色为黑色，无下画线，行高为 39 像素。CSS 代码如下。

```
a{
    color: #000;
    text-decoration: none;
    line-height:39px;
}
```

7. 当鼠标指针悬停在某个文件下载项上方时，其背景颜色变为灰色，可以使用伪类选择器 li:hover 来实现。CSS 代码如下。

```
li:hover{
    background-color:#ccc;
}
```

文件下载区域参考代码如下。

序号	HTML 代码与 CSS 代码
1	`<!DOCTYPE html>`
2	`<html>`
3	`    <head>`
4	`        <meta charset="utf-8">`
5	`        <title>文件下载区域</title>`
6	`        <style>`
7	`            h1{`
8	`                text-align: center;`
9	`            }`
10	`            ul{`
11	`                list-style-type: none;`
12	`            }`
13	`            li{`
14	`                border-bottom: dotted 1px #b2b2b2;`
15	`                line-height:50px;`
16	`            }`
17	`            li:hover{`
18	`                background-color:#ccc;`
19	`            }`
20	`            a{`
21	`                color: #000;`
22	`                text-decoration: none;`
23	`                line-height:39px;`
24	`            }`
25	`        </style>`
26	`    </head>`
27	`    <body>`
28	`        <h1>文件下载</h1>`

序号	HTML 代码与 CSS 代码
29	`    <ul>`
30	`        <li><a href="uploads/sbqd5.xlsx" target="_blank">` 第五批 国家级非物质文化遗产代表性项目推荐申报清单`</a></li>`
31	`        <li><a href="uploads/sbs5.xlsx" target="_blank">` 国家级 非物质文化遗产代表性项目推荐申报书（第五批）`</a></li>`
32	`        <li><a href="uploads/sbcl5.xlsx" target="_blank">` 国家级 非物质文化遗产代表性项目推荐申报视频、图片及辅助材料制作要求（第五批）`</a></li>`
33	`        <li><a href="uploads/sbqd4.xlsx" target="_blank">` 省（自 治区、直辖市）推荐第四批国家级非物质文化遗产代表性项目清单`</a></li>`
34	`        <li><a href="uploads/sbcl4.xlsx" target="_blank">` 国家级 非物质文化遗产代表性项目申报录像片及辅助材料制作要求（第四批）`</a></li>`
35	`        <li><a href="uploads/sbs4.xlsx" target="_blank">` 国家级 非物质文化遗产代表性项目申报书（第四批）`</a></li>`
36	`    </ul>`
37	`</body>`
38	`</html>`

【任务 6.4】制作并美化水平导航栏

▷ 任务描述

水平导航栏是网站最常见的组件之一，用于构建信息架构，方便用户在网站各功能模块的网页间跳转。可以使用列表来创建导航栏的导航项，导航项的数量不宜过多。有时，当将鼠标指针移到某导航项上时会弹出它下面的二级导航项，但本任务不涉及。本任务需要对列表进行文字样式设置、超链接样式设置等。导航栏的网页效果如图 6-14 所示。

图6-14　导航栏的网页效果

✕ 知识准备

6.4.1　设置宽度

CSS 中的 width 属性用于设置元素的宽度，基本语法如下。

```
width:长度值|百分比|auto;
```

说明：长度值为一个具体的长度，单位有 px（像素）、em（基于父元素的字体大小）等，如 "width: 200px;" 或 "width: 5em;"。百分比（%）是相对于父元素的宽度，例如，"width: 50%;" 会将元素的宽度设置为其父元素宽度的 50%。auto 为默认值，浏览器会自动计算元素的宽度。

6.4.2 设置高度

CSS 中的 height 属性用于设置元素的高度，基本语法如下。

```
height:长度值|百分比|auto;
```

这个属性与 width 属性类似，此处不再赘述。

【实例 6-9】设置图片的大小。

序号	HTML 代码与 CSS 代码	说明
1	`<!DOCTYPE html>`	
2	`<html>`	
3	`<head>`	
4	`<title>图片大小设置</title>`	
5	`<style type="text/css">`	
6	`#land{`	
7	`        width: 200px;`	设置图片宽度
8	`        height:200px;`	设置图片高度
9	`}`	
10	`</style>`	
11	`</head>`	
12	`<body>`	
13	`<img src="img/landscape.png">`	
14	`<img src="img/landscape.png" id="land">`	
15	`</body>`	
16	`</html>`	

设置图片大小的网页效果如图 6-15 所示。设置图片大小时还需要考虑原图比例，否则图片会变形。

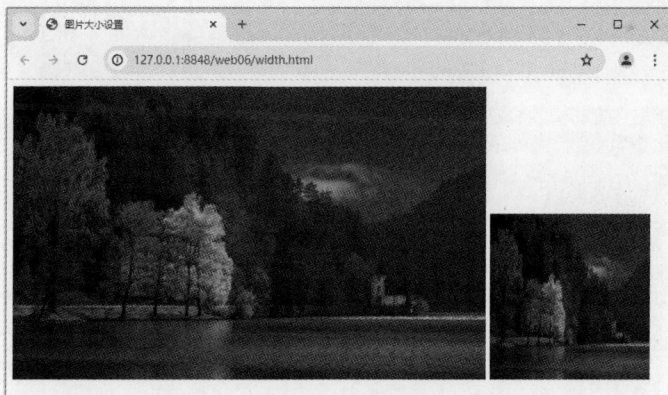

图6-15　设置图片大小的网页效果

任务实施

1. 创建一个层作为一个容器，要求：id 为 nav、宽度为 1000px、高度为 60px，在页面上水平居中。这个容器用于放置导航栏。HTML 代码如下。

```
<div id="nav"></div>
```

CSS 代码如下。其中，"margin: 0 auto;"设置方法将在后续单元中介绍。

```
#nav {
        width: 1000px;
        height: 60px;
        background: #CCC;/* 为了便于查看容器大小*/
        margin: 0 auto; /* 水平居中 */
}
```

2. 容器创建好后，接下来往里面添加导航栏。把容器类比为盒子，把导航栏中的 5 个导航项（首页、机构、资讯、名录、指南）类比为酒杯。如果直接把 5 个酒杯放到盒子里面，那么不仅杂乱，而且可能会让酒杯东倒西歪。但是，如果使用隔板分别将这 5 个酒杯两两隔开，则可以使酒杯的放置稳当且有序。在网页设计中，这个隔板就是无序列表<ul>，里面的每个单元格就是列表项<li>。盒子里面的<ul>要和盒子里面的空间一样大，若太小，酒杯放不进去；若太大，酒杯就会放置不稳。HTML 代码如下。

```
<div id="nav">
        <ul>
            <li><a href="#" target="_blank">首页</a></li>
            <li><a href="#" target="_blank">机构</a></li>
            <li><a href="#" target="_blank">资讯</a></li>
            <li><a href="#" target="_blank">名录</a></li>
            <li><a href="#" target="_blank">指南</a></li>
        </ul>
</div>
```

CSS 代码如下。图 6-16 所示为完成以上步骤后的阶段效果 1。

```
#nav ul{
        width: 1000px;
        height: 60px;
}
```

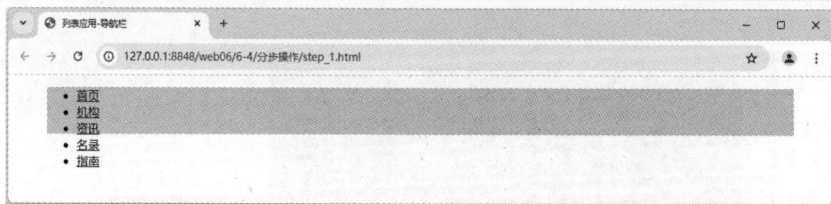

图6-16　阶段效果1

3. <li> 标记是块级元素，所以它不允许其他元素和自己处于同一行。HTML 代码中共有 5 个<li>，需要使用 float 属性让它们浮动起来。float 属性将在单元 7 详细介绍。CSS 代码如下。

```
#nav ul li{
        float: left;
}
```

为列表项设置 float 属性之后，阶段效果 2 如图 6-17 所示。

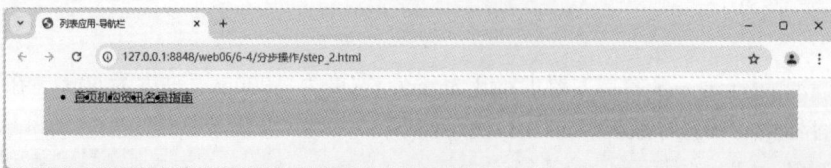

图6-17　阶段效果2

4. 到目前为止，还没有实现最终的设计效果。所有的列表项之间都没有预留安全距离，后面的文字全部贴着前面的文字。设置<li>标记的宽度为 200px，不显示列表项符号。CSS 代码如下。

```
#nav li{
width:200px;
}
#nav ul{
    list-style-type:none;
}
```

阶段效果 3 如图 6-18 所示。

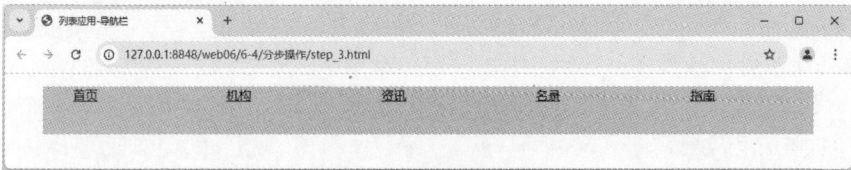

图6-18　阶段效果3

5. 为了便于观察，将<li>标记的背景颜色设置成红色（#900）。设置背景颜色是页面布局中一个很重要的方法，它便于开发者查看块级元素范围。CSS 代码如下。

```
#nav li{
    background-color: #900;
}
```

阶段效果 4 如图 6-19 所示。

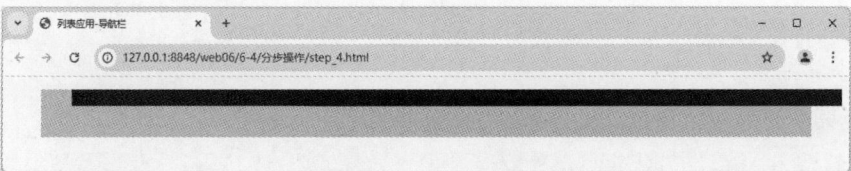

图6-19　阶段效果4

6. 此时列表元素的左边、顶部和底部存在空白，需要清除默认设置的边距与填充。边距属性margin 与填充属性 padding 将在单元 7 中详细介绍，此处不展开说明。CSS 代码如下。

```
#nav ul{
    margin:0px;
    padding:0px;
}
```

阶段效果 5 如图 6-20 所示。

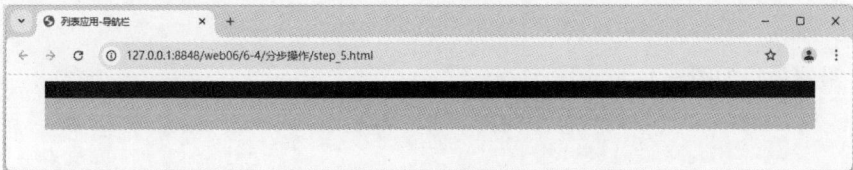

图6-20　阶段效果5

7. <li>标记的高度并没有和容器的高度一样，这就是为什么在布局页面时经常会设置背景颜色。现在暂不把<li>标记的背景颜色去掉，将<li>标记的高度设置成容器的高度。虽然高度一样，但是文字却位于顶端，为了使文字有垂直居中的效果，还需要设置行高，也就是容器的高度，即文字行高=<li>标记高度=<ul>标记高度=<div>标记高度。

设置文字在列表项内居中显示，CSS 代码如下。

```
#nav ul li {
        float: left;
        width: 200px;
        height: bopx
        list-style: none;
        background:#990000;
        line-height:60px; /* 设置行高，等于 <li> 标记的高度 */
        text-align:center;      /* 文字水平居中 */
}
```

阶段效果 6 如图 6-21 所示。

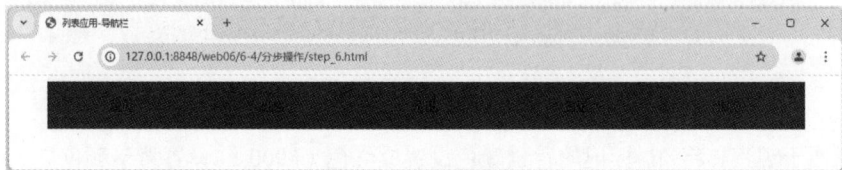

图6-21　阶段效果6

8. 设置超链接样式。将字体大小设置为 20px，将文字颜色设置为白色，规定超链接不显示下画线，并规定鼠标指针移上去和移走的效果。CSS 代码如下。

```
#nav ul li a{
        font-size:20px;
        text-decoration:none;
        color:#FFF;
}
```

阶段效果 7 如图 6-22 所示。

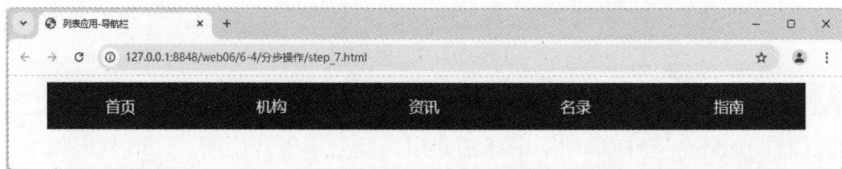

图6-22　阶段效果7

至此，一个导航栏制作完成。为了使导航栏更加美观，读者可以继续对其进行完善。例如，让鼠标指针悬浮在导航栏上时，超链接所在列表项的背景颜色变成黑色。CSS 代码如下。

```
#nav ul li:hover{
    background:#000;
}
```

导航栏最终效果如图 6-23 所示。

图6-23　导航栏最终效果

Web前端开发技术项目教程（HTML5+CSS3+JavaScript）（微课版）

【任务 6.5】设置背景样式并美化非遗项目申报指南页面

任务描述

根据任务 6.1 的原型图规划用户界面，整合任务 6.2、任务 6.3、任务 6.4 中的申报指南区域、文件下载区域、水平导航栏。制作页面头部区域，放置网站 Logo、网站名称、水平导航栏，增加页面的背景样式设置，对 CSS 代码和 HTML 代码进行有效整合优化。非遗项目申报指南页面的整体效果如图 6-24 所示。

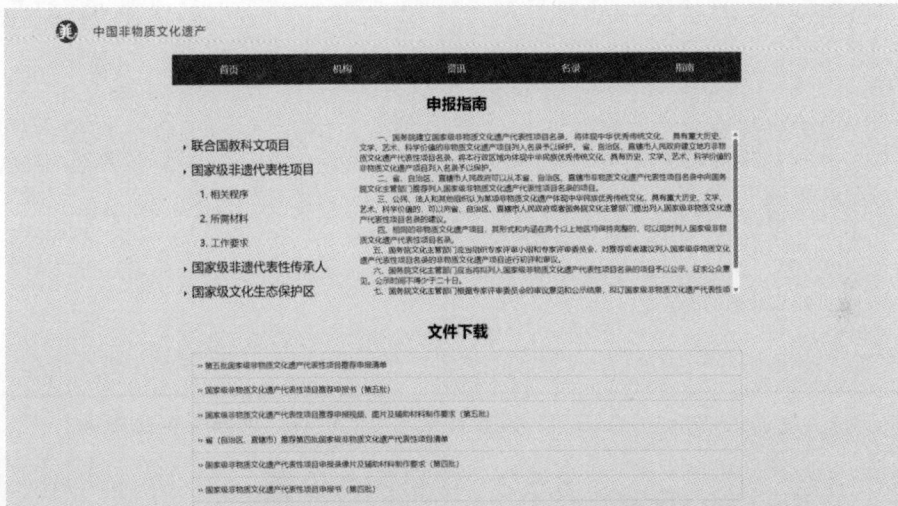

图6-24　非遗项目申报指南页面的整体效果

为水平导航栏设置背景图片，使其更加美观。导航栏网页效果如图 6-25 所示。

图6-25　导航栏网页效果

知识准备

网页元素在浏览器页面中会占据一定的空间，在这个空间中可以设置该元素的背景样式，背景样式包括背景颜色和背景图片。

6.5.1　背景颜色设置

背景颜色使用 CSS 属性 background-color 来设置，属性值为颜色表示形式。基本语法如下。

微课 6.5

```
background-color: 关键字|十六进制方式|RGB 方式|transparent;
```

在 CSS 中表示颜色的 3 种方式在前面已做了详细介绍。此处主要说明 transparent 属性值。该属性值表示设置背景为透明效果，是 background-color 属性的默认值。

【实例 6-10】设置页面背景颜色和标题元素背景颜色，代码如下。

序号	HTML 代码与 CSS 代码	说明
1	`<!DOCTYPE html>`	
2	`<html>`	
3	`<head>`	
4	`<title>背景颜色设置</title>`	
5	`<style type="text/css">`	
6	`body{`	
7	`  background-color: #333;`	设置页面背景颜色
8	`}`	为灰色
9	`h1{`	
10	`  background-color: red;`	设置标题元素背景
11	`}`	颜色为红色
12	`</style>`	
13	`</head>`	
14	`<body>`	
15	`<h1>页面和元素背景颜色</h1>`	
16	`</body>`	
17	`</html>`	

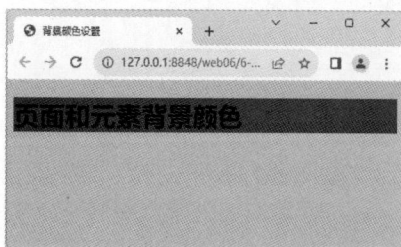

图6-26 设置背景颜色的网页效果

设置背景颜色的网页效果如图 6-26 所示。

6.5.2 背景图片设置

在 CSS 中，不仅可以为背景设置颜色，还可以为其设置图片。使用 background-image 属性设置背景图片的基本语法如下。

```
background-image: none | url(图片路径);
```

属性值中指定要插入的背景图片路径。none 为该属性的默认值，表示不使用任何背景图片。该属性中可以同时设置多个背景图片路径，它们之间用逗号分隔。如 background-image: url(img_1.png),url(img_2.png)，背景图片默认会按顺序从上往下依次显示，也可以在 background-position 属性中自定义其位置。

背景图片的大小会影响网页效果，通常在设置页面背景图片时，如果图片比其所在区域大，则背景图片会被裁剪，只显示区域部分。如果图片比其所在区域小，则会出现平铺效果，即在水平和垂直方向上不断重复图片。如果不希望平铺，则可以使用 background-repeat 属性来改变样式。

【实例 6-11】设置背景图片，代码如下。

序号	HTML 代码与 CSS 代码	说明
1	`<!DOCTYPE html>`	
2	`<html>`	
3	`<head>`	
4	`<title>设置背景图片</title>`	
5	`<style type="text/css">`	

Web前端开发技术项目教程（HTML5+CSS3+JavaScript）（微课版）

序号	HTML 代码与 CSS 代码	说明
6	`p{`	设置段落元素的
7	`    width: 200px;`	大小
8	`    height: 200px;`	
9	`    border: 1px solid red;`	
10	`    background-image: url(../img/bg_1.png);`	设置背景图片
11	`}`	
12	`div {`	
13	`    width: 600px;`	设置 div 元素
14	`    height: 400px;`	的大小
15	`    border: 1px solid red;`	
16	`    background-image: url(../img/bg_1.png);`	
17	`}`	
18	`</style>`	
19	`</head>`	
20	`<body>`	
21	`<p></p>`	
22	`<div></div>`	
23	`</body>`	
24	`</html>`	

在段落元素和 div 元素中设置相同的背景图片，但网页元素所在区域的大小不同，背景图片的效果也就不同。设置背景图片的网页效果如图 6-27 所示。

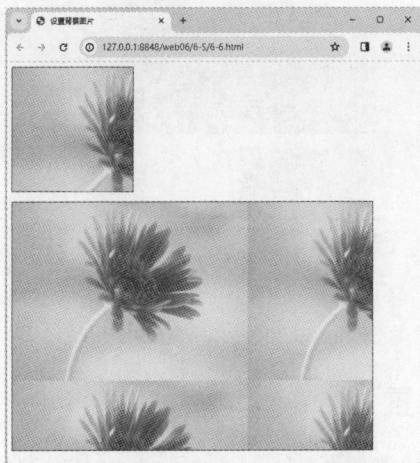

图6-27　设置背景图片的网页效果（1）

💬 边学边思

图片和背景图片的使用场景区别如下。

图片通常用于装饰或展示具体对象，插入的图片占据一定的空间；而背景图片则主要用于装饰元素或页面背景，提供一个视觉背景，通常不会占用额外的空间。页面其实并不是扁平的，以阿里巴巴 Fusion Design 的规范为例，页面框架层级示意图如图 6-28 所示，页面可分为 4 层。图片在内容层，而背景图片在背景层。

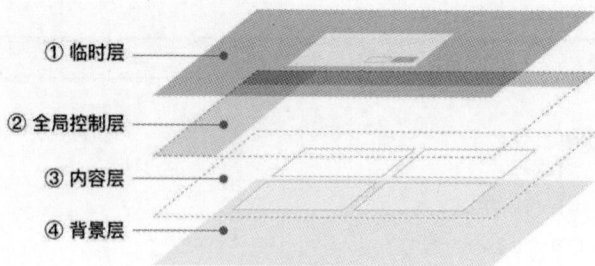

① 临时层

② 全局控制层

③ 内容层

④ 背景层

图6-28　页面框架层级示意图

例如，插入图片，并设置段落的背景图片，代码如下。

```
<img src="../img/view.jpg">
<p>
    文字浮于背景之上
</p>
```

设置段落的背景图片时要注意该元素内容不能为空，或者该元素的高度不能为 0。CSS 代码如下，网页效果如图 6-29 所示，段落中的文字内容和背景互不干扰，文字浮于背景图片之上。

```
p{
    width: 200px;
    height: 200px;
    background-image:url(../img/view.jpg);
}
```

图6-29　设置图片和背景图片的网页效果

6.5.3　背景图片平铺设置

设置背景图片平铺的基本语法如下。background-repeat 属性取值如表 6-10 所示。

```
background-repeat:repeat|repeat-x|repeat-y|no-repeat;
```

表6-10　background-repeat属性取值

值	描述
repeat	默认值。背景图片将在垂直方向和水平方向重复
repeat-x	背景图片将在水平方向重复
repeat-y	背景图片将在垂直方向重复
no-repeat	背景图片将仅显示一次

Web前端开发技术项目教程（HTML5+CSS3+JavaScript）（微课版）

【实例6-12】设置页面背景图片，代码如下。

序号	HTML 代码与 CSS 代码	说明
1	`<!DOCTYPE html>`	
2	`<html>`	
3	`<head>`	
4	`<title>背景图片设置</title>`	
5	`<style type="text/css">`	
6	`body{`	
7	`  background-image:url(../img/bg.png);`	设置页面背景图片
8	`}`	
9	`</style>`	
10	`</head>`	
11	`<body>`	
12	`</body>`	
13	`</html>`	

背景图片如图 6-30 所示，最终的网页效果如图 6-31 所示。

图6-30　背景图片

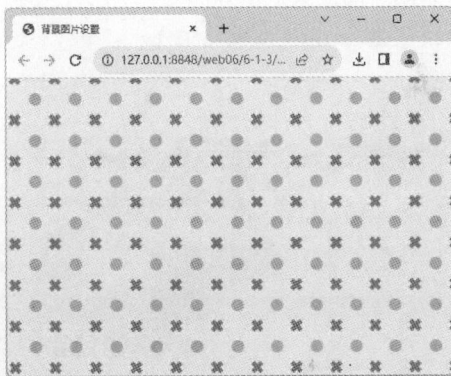

图6-31　设置背景图片的网页效果（2）

6.5.4　背景附着设置

如果需要让背景图片固定在网页中，使其不会随着页面内容的滚动而滚动，则可以使用 CSS 属性 background-attachment 进行设置。设置背景附着的基本语法如下。

```
background-attachment:scroll|fixed;
```

scroll 为默认值，表示背景图片随着滚动条的移动而移动。fixed 表示背景图片固定在页面上，不随滚动条的移动而移动。

【实例6-13】背景附着设置。

序号	HTML 代码与 CSS 代码
1	`<!DOCTYPE html>`
2	`<html>`
3	`    <head>`
4	`        <meta charset="utf-8">`
5	`        <title>attachment</title>`

序号	HTML 代码与 CSS 代码
6	`<style type="text/css">`
7	`body{`
8	`    background:url("../img/bg3.png") no-repeat 100% 0%;`
9	`    background-attachment: fixed;`
10	`    font-size: 20px;`
11	`}`
12	`</style>`
13	`</head>`
14	`<body>`
15	`    <pre>`
16	`…`
17	`    </pre>`
18	`</body>`
19	`</html>`

设置背景附着的网页效果如图6-32所示，左边网页将 background-attachment 属性设置为 fixed，右边的网页设置为 scroll（即默认值）。

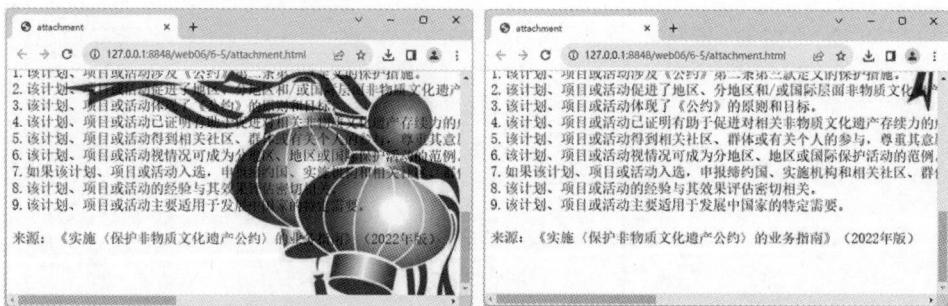

（a）取值为fixed　　　　　　　　（b）取值为scroll

图6-32　设置背景附着的网页效果

6.5.5　背景图片位置设置

除了让背景图片出现在左上角的位置外，还可以让它在元素所在区域的任意位置出现，这就要用到 background-position 属性。设置背景图片位置的基本语法如下。

图6-33　背景图片位置坐标

```
background-position:水平方向偏移量 垂直方向偏移量;
```

由基本语法可知，设置背景图片的位置需要指定两个值，第一个值代表水平方向的偏移量，第二个值代表垂直方向的偏移量，两个值之间用空格分隔。这两个值可以是具体的数值，或是百分比，还可以是表示位置的关键字。默认值为"0% 0%"或"0 0"，表示背景图片将被定位于对象内容区域的左上角。背景图片位置坐标如图 6-33 所示。"100% 100%"表示位于右下角。使用数值时允许使用负值，表示反方向偏移。位置关键字在水平方向上主要有 left、center、right，分别表示居左、居中和居右。表示垂直方向上位置的关键字主要有 top、center、bottom，分别表示居顶端、居中和居底端。其中，水平方向和垂直方向的关键字可搭配使用。

background-position 属性使用百分比和关键字的对比说明如表 6-11 所示。

表6-11　background-position属性使用百分比和关键字的对比说明

关键字	百分比（%）		说明
left top	0	0	左上位置
center top	50	0	靠上居中位置
right top	100	0	右上位置
center left	0	50	靠左居中位置
center center	50	50	正中位置
center right	100	50	靠右居中位置
left bottom	0	100	左下位置
center bottom	50	100	靠下居中位置
right bottom	100	100	右下位置

【实例6-14】设置背景图片的位置，代码如下。

序号	HTML 代码与 CSS 代码	说明
1	`<!DOCTYPE html>`	
2	`<html>`	
3	`<head>`	
4	`<meta charset="utf-8">`	
5	`<title>background-position 属性设置</title>`	
6	`<style>`	
7	`p{`	
8	`  width: 200px;`	定义宽度
9	`  height: 200px;`	定义高度
10	`  border: #CC6699 solid 1px;`	
11	`  background-image: url(../img/2.gif);`	
12	`  background-repeat: no-repeat;`	
13	`}`	
14	`#front{`	
15	`  background-position: 50% 50%;`	设置背景图片的位
16	`}`	置为居中
17	`#behind{`	
18	`  background-position: right top;`	设置背景图片的位
19	`}`	置为右上
20	`</style>`	
21	`</head>`	
22	`<body>`	
23	`<p id="front"></p>`	
24	`<p id="behind"></p>`	

序号	HTML 代码与 CSS 代码	说明
25	`</body>`	
26	`</html>`	

设置背景图片位置的网页效果如图 6-34 所示。

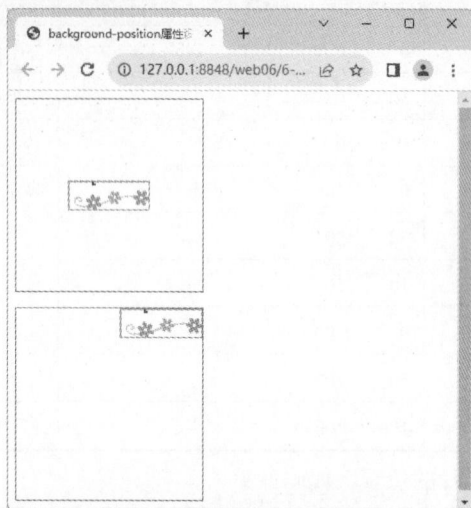

图6-34　设置背景图片位置的网页效果

设置背景图片位置时，可以认为元素所在区域是一个窗口，背景图片在这个窗口中移动，水平方向上可以向左移动（数值为正值），也可以向右移动（数值为负值）。同样，垂直方向上可以向下移动（数值为正值），也可以向上移动（数值为负值）。

📖 实战小技巧

在给网页元素设置背景图片时如何使用大图片中的某一个小图标？

在实际网站开发过程中，网页上需要用到很多小图片、小图标等，通常美工会把它们放在一个大图片中，如图 6-35 所示。

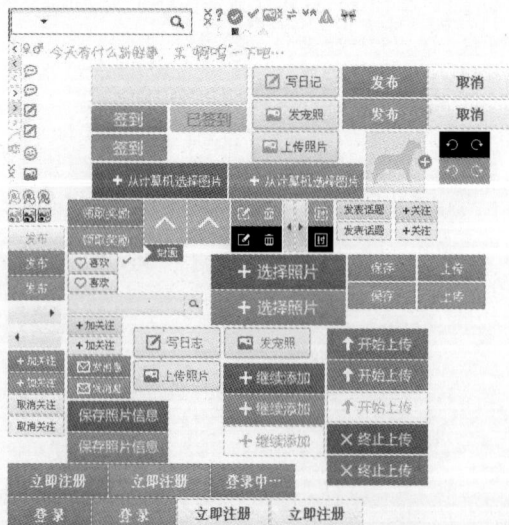

图6-35　大图片

例如，创建超链接，HTML 代码如下。

```
<a href="#"></a>
```

设置上面的大图片为背景图片，最终在网页上显示"写日志"图标。可以这样理解，超链接就像一个窗口，可定义其大小为"写日志"图标的大小，设置背景时，大图片就像在窗口下移动，只要设置合适的偏移量就可以在窗口中只显示"写日志"图标，CSS 代码如下。

```
a{
    display: inline-block;
    background: url(img/common_bg.png) no-repeat -151px -367px;
    width: 102px;
    height: 35px;
}
```

显示"写日志"图标的网页效果如图 6-36 所示。

图6-36　显示"写日志"图标的网页效果

6.5.6　背景组合属性

背景组合属性的基本语法如下。

```
background:background-color|background-image|background-repeat|background-
attachment|background-position;
```

background 属性是一个组合属性，用法与 font 属性相似。background-color 属性与 background-image 属性可同时设置，也可只设置其中之一，但其他属性都是以设置了 background-image 属性为前提的。各属性值之间用空格隔开。

任务实施

1. 在站点目录下新建网页。

2. 根据内容将网页划分为页面头部区域、申报指南区域和文件下载区域 3 个内容区块，分别放置在不同的层中，以便作为整体进行管理，实现页面布局。层的概念与使用将在后面的单元中进行介绍。HTML 代码如下。

```
<div id="header">/*页面头部区域*/
</div>
<div id="guide">/*申报指南区域*/
</div>
<div id="fileload">/*文件下载区域*/
</div>
```

3. 将 3 个内容区块中的 CSS 代码进行整合优化，去掉或合并重复出现的 CSS 代码。页面中出现多个列表元素，需要将原有 CSS 代码与特定内容区块中的元素相关联，否则元素样式会发生冲突，原有 CSS 代码如下。

```
ul {
        list-style-type: none;
}
```

CSS 代码修改如下。

```
#fileload ul {
        list-style-type: none;
}
```

4. 设置页面的背景图片，图片大小为 50px×50px，图片默认平铺。CSS 代码如下。

```
body {
        background: url("../img/bg5.png");
}
```

5. 在页面左上角显示网站 Logo 和网站名称。在页面头部区域内使用<h3>标记来设置网站名称，将网站 Logo 设置为背景图片，方便图片定位，让 Logo 向右偏移 100px，设置不进行平铺。HTML 代码如下。

```
<div id="header">
        <h1>中国非物质文化遗产</h1>
        <div id="nav">
          <ul>
            <li><a href="#" target="_blank">首页</a></li>
            <li><a href="#" target="_blank">机构</a></li>
            <li><a href="#" target="_blank">资讯</a></li>
            <li><a href="#" target="_blank">名录</a></li>
            <li><a href="#" target="_blank">指南</a></li>
          </ul>
        </div>
</div>
```

CSS 代码如下。

```
#header {
        background: url("../img/logo.png") no-repeat 100px 0px;
}
```

6. 设置网站名称的文字颜色、字体大小、文字的间距等。文字与 Logo 在一行显示，在垂直方向上呈现居中的效果，通过设置"行高=图片的高度"来实现。CSS 代码如下。

```
#header h1{
        margin-left: 180px;
        color:#333;
        letter-spacing: 3px;
        font:24px/50px '微软雅黑';
}
```

7. 适当调整和统一页面各个区域的样式风格，提高整个页面的整体美观度。

非遗项目申报指南页面参考代码如下。

序号	HTML 代码与 CSS 代码
1	`<!DOCTYPE html>`
2	`<html>`
3	`    <head>`
4	`        <meta charset="utf-8">`
5	`        <title>非遗项目申报指南页面</title>`

序号	HTML 代码与 CSS 代码
6	`<style>`
7	`        body {`
8	`            background:url("../img/bg5.png");`
9	`        }`
10	`        #header {`
11	`            background:url("../img/logo.png") no-repeat 100px 0px;`
12	`        }`
13	`        #header h1{`
14	`            margin-left: 180px;`
15	`            color:#333;`
16	`            letter-spacing: 3px;`
17	`            font:24px/50px'微软雅黑';`
18	`        }`
19	`        #guide, #fileload {`
20	`            width: 1200px;`
21	`            margin: auto;`
22	`        }`
23	`        #nav {`
24	`            width: 1200px;`
25	`            height: 60px;`
26	`background: #CCC;/* 为了便于查看区域大小，故而设置背景颜色 */`
27	`            margin: 0 auto; /* 水平居中 */`
28	`        }`
29	`        #nav ul {`
30	`            width: 1200px;`
31	`            height: 60px;`
32	`            margin: 0px;`
33	`            padding: 0px;`
34	`        }`
35	`        #nav ul li {`
36	`            float: left;`
37	`            width: 200px;`
38	`            float: left;`
39	`            list-style: none;`
40	`            background: #990000;`
41	`            line-height: 60px;  /* 设置行高，等于 <li> 标记的高度 */`
42	`            text-align: center; /* 文字水平居中 */`
43	`            background: url("../img/bg_6.png");`
44	`        }`
45	`        #nav ul li a {`
46	`            font-size: 20px;`
47	`            text-decoration: none;`
48	`            color: #fff;`
49	`        }`

序号	HTML 代码与 CSS 代码
50	#nav ul li:hover {
51	background: #000;
52	}
53	#guide ul {
54	list-style-image:url(../img/eg_arrow.gif);
55	}
56	#guide ol,#fileload ul {
57	list-style-image: none;
58	}
59	#guide li {
60	line-height: 50px;
61	font-size: 26px;
62	}
63	#guide li li {
64	font-size: 20px;
65	}
66	#left {
67	width: 340px;
68	display: inline-block;
69	margin-right: 50px;
70	}
71	#right {
72	width: 800px;
73	height: 335px;
74	overflow: auto;
75	display: inline-block;
76	}
77	#fileload h1,#guide h1 {
78	text-align: center;
79	}
80	#fileload ul {
81	list-style-type: none;
82	}
83	#fileload li {
84	border-bottom: dotted 1px #b2b2b2;
85	border-right: dotted 1px #b2b2b2;
86	border-left: dotted 1px #b2b2b2;
87	padding-left:10px;
88	line-height: 50px;
89	}
90	#fileload li:hover {
91	background: #ccc;
92	}
93	#fileload a {

Web前端开发技术项目教程（HTML5+CSS3+JavaScript）（微课版）

序号	HTML 代码与 CSS 代码
94	`            color: #000;`
95	`            text-decoration: none;`
96	`        }`
97	`        #fileload .first{`
98	`            border-top: dotted 1px #b2b2b2;`
99	`        }`
100	`</style>`
101	`    </head>`
102	`    <body>`
103	`        <div id="header">`
104	`            <h1>中国非物质文化遗产</h1>`
105	`            <div id="nav">`
106	`                <ul>`
107	`                    <li><a href="#" target="_blank">首页</a></li>`
108	`                    <li><a href="#" target="_blank">机构</a></li>`
109	`                    <li><a href="#" target="_blank">资讯</a></li>`
110	`                    <li><a href="#" target="_blank">名录</a></li>`
111	`                    <li><a href="#" target="_blank">指南</a></li>`
112	`                </ul>`
113	`            </div>`
114	`        </div>`
115	`        <div id="guide">`
116	`            <h1>申报指南</h1>`
117	`            <div id="left">`
118	`                <ul>`
119	`                    <li>联合国教科文项目</li>`
120	`                    <li>国家级非遗代表性项目`
121	`                        <ol>`
122	`                            <li>相关程序</li>`
123	`                            <li>所需材料</li>`
124	`                            <li>工作要求</li>`
125	`                        </ol>`
126	`                    </li>`
127	`                    <li>国家级非遗代表性传承人</li>`
128	`                    <li>国家级文化生态保护区</li>`
129	`                </ul>`
130	`            </div>`
131	`            <div id="right">`
132	`                …`
133	`            </div>`
134	`        </div>`
135	`        <div id="fileload">`
136	`            <h1>文件下载</h1>`
137	`            <ul>`

序号	HTML 代码与 CSS 代码
138	`<li class="first"><a href="uploads/sbqd5.xlsx" target="_blank">>>`第五批国家级非物质文化遗产代表性项目推荐申报清单`</a></li>`
139	`<li><a href="uploads/sbs5.xlsx" target="_blank">>>`国家级非物质文化遗产代表性项目推荐申报书（第五批）`</a></li>`
140	`<li><a href="uploads/sbcl5.xlsx" target="_blank">>>`国家级非物质文化遗产代表性项目推荐申报视频、图片及辅助材料制作要求（第五批）`</a></li>`
141	`<li><a href="uploads/sbqd4.xlsx" target="_blank">>>`省（自治区、直辖市）推荐第四批国家级非物质文化遗产代表性项目清单`</a></li>`
142	`<li><a href="uploads/sbcl4.xlsx" target="_blank">>>`国家级非物质文化遗产代表性项目申报录像片及辅助材料制作要求（第四批）`</a></li>`
143	`<li><a href="uploads/sbs4.xlsx" target="_blank">>>`国家级非物质文化遗产代表性项目申报书（第四批）`</a></li>`
144	`</ul>`
145	`</div>`
146	`</body>`
147	`</html>`

智海引航

【问题 6.1】列表在网页上的默认样式

有序列表和无序列表是组合标记，由`<ul></ul>`或`<ol></ol>`与`<li></li>`组成，都不能单独使用。这 3 种标记都是块级标记，即独占一行，列表项之间上下排列。无序列表的默认样式如图 6-37 所示。

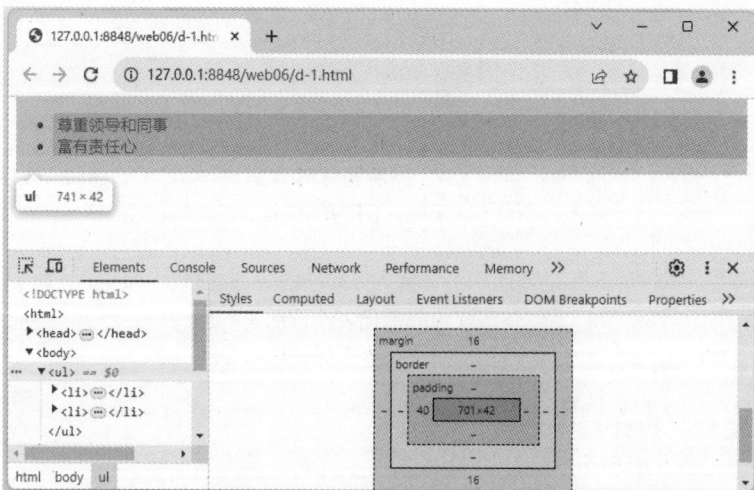

图6-37　无序列表的默认样式

打开浏览器的开发者工具可以看到`<ul></ul>`或`<ol></ol>`标记，内容周围出现空白，即上下边距和左边填充。不同的浏览器，空白的大小不同，所以涉及这些标记的网页需要在样式控制的前面几行将这些属性的值设置为 0，后面再做具体的设置。

【问题6.2】CSS3中新增的与背景设置相关的属性

CSS3中新增了3个与背景设置相关的属性，如表6-12所示。

表6-12　CSS3新增的与背景设置相关的属性

属性	描　　述
background-origin	设置背景图片定位区域的属性，与background-position配合使用
background-size	设置背景图片的大小
background-clip	设置元素背景（背景图片或颜色）延伸的范围

其中，background-size属性可以设置背景图片大小，图片可以保持原有的尺寸，也可以拉伸到新的尺寸，还可以在保持其原有比例的同时缩放到元素的可用空间尺寸。设置background-size属性的网页效果如图6-38所示。

图6-38　设置background-size属性的网页效果

background-size属性取值如表6-13所示。

表6-13　background-size属性取值

值	描述
长度	设置背景图片的高度和宽度。第一个值设置宽度，第二个值设置高度。如果只设置第一个值，则第二个值会被设置为auto
百分比	以父元素的百分比来设置背景图片的宽度和高度。第一个值设置宽度，第二个值设置高度。如果只设置第一个值，则第二个值会被设置为auto
cover	把背景图片扩展至足够大，以使背景图片完全覆盖背景区域。背景图片的某些部分也许无法显示在背景定位区域中
contain	把背景图片扩展至最大尺寸，以使其宽度和高度完全适应内容区域

当background-size属性的值为contain时，会缩小背景图片来适应元素的尺寸，并保持其长宽比。值为cover时，会扩展背景图片来填满元素，并保持其长宽比。还可以使用数值或百分比来指定背景图片的具体大小。

匠心独运——吴音婉转　弹词留香

苏州评弹是苏州评话和苏州弹词的合称。苏州评话俗称"大书"，苏州弹词俗称"小书"，清代乾隆、嘉庆年间兴盛于苏州地区。2006年，苏州评弹（苏州评话、苏州弹词）入选中国第一批国家级非物质文化遗产代表性项目名录。

苏州评弹音乐优美，唱腔既能叙事又能抒情，带有浓厚的江南水乡韵味。其演出常常采用说、唱、弹、噱、演等艺术手段，书词中的散文部分以"说"来表现，这称之为"表"和"白"，即以说书人的口吻叙述和描写故事中人物的言行及其活动的环境；以七字句为主的韵文则以"唱"来表现，且弹三弦或琵琶伴奏。评弹表演中一人演出称为"单档"，以三弦自弹自唱；两人演出称为"双档"，在场上分为上下手，各以三弦和琵琶自弹自唱，并相互伴奏。为增加趣味性，演出时在故事表白中穿插戏剧因素，称之为"噱"。演员模仿故事中人物的言行表情，称之为"沿"，也称"做""学"。

单元习题

一、选择题

1. 下面不是创建列表时需要使用的标记的是（　　）。
   A. <li>　　　　　B. <ul>　　　　　C. <ol>　　　　　D. <dd>

2. 关于列表标记，下列说法错误的是（　　）。
   A. <ol>表示有序列表　　　　　　　　B. <ul>表示无序列表
   C. <dl>表示定义列表　　　　　　　　D. <li>表示嵌套列表

3. <li>标记能在（　　）标记中使用。
   A. 任何　　　　　B. <dl>　　　　　C. <option>　　　　　D. <ol>

4. <ul>和<ol>标记之间必须使用（　　）标记添加列表项。
   A. <li>　　　　　B. <option>　　　　　C. <dl>　　　　　D. <dt>

5. 设置列表类型的 CSS 属性是（　　）。
   A. list-style-type　　B. list-style-image　　C. list-style　　D. list

6. 下列关于列表的叙述不正确的是（　　）。
   A. 无序列表是块级元素　　　　　　　　B. <ul>标记带有默认的填充样式
   C. <li>元素是行内元素　　　　　　　　D. 常使用列表制作导航栏

7. 在 CSS 里，设置背景图片位置的属性是（　　）。
   A. background-repeat　　　　　　　　B. background-position
   C. baceground-attachment　　　　　　D. background-color

8. 下列属于 CSS3 中关于边框样式的新增属性为（　　）。
   A. border-radius　　B. border-style　　C. border-color　　D. border-width

9. 设置背景颜色不正确的是（　　）。
   A. background-color:red;　　　　　　B. background-color:#ff0000;
   C. background-color:#f00;　　　　　　D. background-color:rgb(ff,00,00);

10. 可以设置背景图片在水平方向上平铺的 CSS 属性是（　　）。
    A. repeat　　　　　　　　B. repeat-x
    C. repeat-y　　　　　　　D. no-repeat

11. 以下说法不正确的是（　　　）。

　　A. left top 表示左上位置　　　　　　B. 0% 50%表示靠左居中位置

　　C. 100% 50%表示靠右居中位置　　　D. 0% 100%表示右下位置

二、填空题

1. 无序列表标记<ul>用于说明文件中需要列表显示的某些部分，这些部分可以按照任意顺序显示出来，它使用_____属性来控制列表项符号。

2. 将一个列表嵌入另一个列表，作为另一个列表的一部分，称为_____。

3. 使用列表创建水平导航栏，通过导航栏实现网页之间的跳转，所以每个列表项目由_____元素组成。

4. 使用背景图片位置属性可以任意设置背景图片的插入位置，那么"background-position：100% 0%;"表示的是_____位置。

5. 在 CSS 里，可利用_____属性改变背景颜色，可利用_____属性将图片设置为网页背景。

单元7
网页布局与制作精彩非遗资讯页面

07

从本单元开始，真正介绍网页元素的样式控制和整个页面的排版布局。网页排版布局是网页上所有视觉元素的排列，通过页面元素的定位，可以控制元素之间的关系，从而提供更好的用户体验。互联网上有很多优秀的网站，它们有不同的设计风格，由多种技术实现，读者可以多多欣赏和借鉴，以提升个人网页设计能力。他山之石，可以攻玉。

学习目标

1. 掌握文档流与盒子模型的基本原理。
2. 掌握元素的填充和边距设置。
3. 掌握块级元素的浮动应用。
4. 学会使用绝对定位和相对定位。
5. 能够使用 DIV+CSS 进行网页布局。
6. 培养耐心细致的职业素养。
7. 培养精益求精的工匠精神。

情景导入

通过学习，计算机系学生小新已经能够熟练使用各种 HTML 标记来创建网页元素，并且可以通过 CSS 技术美化网页元素了。但在网页制作实践过程中，随着网页内容逐渐丰富，小新对于控制网页元素出现的位置越来越有种"无力感"，对于页面内容的排版布局感到束手无策。但小新并未就此停滞，而是发现问题，解决问题，他打算将网页内容排版这项大任务解构成多个子任务去逐一实现，因此制订了如下任务规划。

① 设计精彩非遗资讯页面。
② 认识盒子模型并搭建精彩非遗资讯页面整体布局。
③ 了解元素浮动并制作资讯推介区域。
④ 学习元素定位并制作专题报道区域。
⑤ 整合并美化精彩非遗资讯页面。

【任务 7.1】设计精彩非遗资讯页面

任务描述

工单编号	RW7-1
任务名称	设计精彩非遗资讯页面
任务负责人	小新
任务说明	该页面是非遗网站的一个二级页面，需要通过单击非遗网站首页中的"资讯"导航项打开。精彩非遗资讯页面的内容丰富，可将内容按照自身特点划分为若干区块，这样方便管理，也可以使排版更多样化。例如，图片和文本可以呈现左右布局，以及多栏式布局，同时也可以使后续的网站维护工作变得更加简单
任务要求	1. 精彩非遗资讯页面的内容可以划分为 3 个区块，分别为头部层、内容层、底部层 2. 内容层包含资讯推介和专题报道两部分。这两大区域整体是上下排列的 3. 资讯推介区域需要有图片和文字内容，呈现左边为图片、右边为文字的排版风格 4. 专题报道区域展示 3 项专题内容，每项专题内容都含有图片和文字介绍
任务完成情况	

任务等级	□一般	□重要	□紧急	□非常紧急
完成时间	□提前完成	□按时完成	□延期完成	□未能完成
完成质量	□优秀	□良好	□一般	□差

任务实施

根据任务工单中的要求，使用 UI 原型图工具 Axure 完成精彩非遗资讯页面的 UI 设计任务。精彩非遗资讯页面原型图如图 7-1 所示。

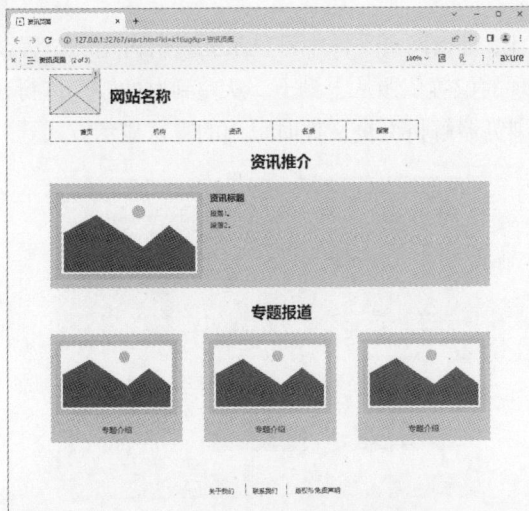

图7-1 精彩非遗资讯页面原型图

【任务 7.2】认识盒子模型并搭建精彩非遗资讯页面整体布局

任务描述

参照设计图将网页内容划分为 3 个区块，分别为头部层、内容层、底部层，每个区块都使用层<div>来实现。其中，内容层分为上、下两部分，即资讯推介区域和专题报道区域。为了直观了解网页的整体布局，会增加背景等样式来突出不同的区块。页面整体布局如图 7-2 所示。

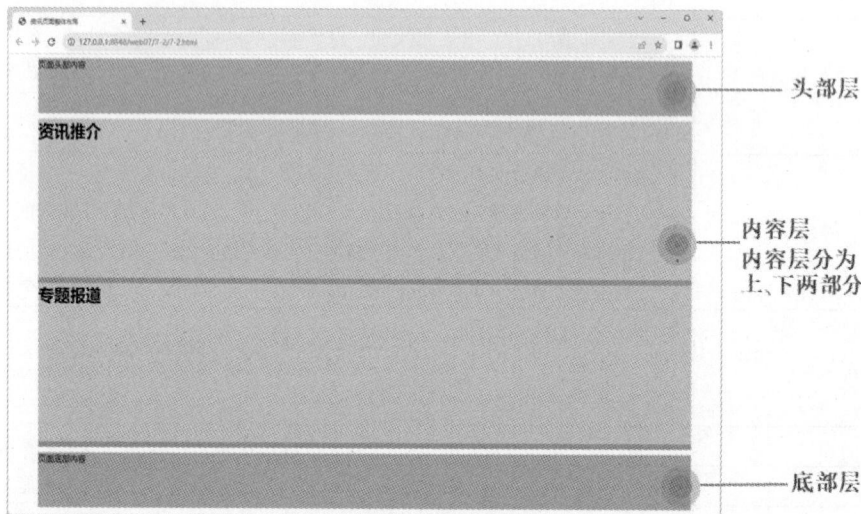

图7-2　页面整体布局

知识准备

7.2.1　文档流的概念

文档流又称标准文档流，是指网页文件中可显示元素所占用的位置及排列的方式，它按照网页代码出现的位置依照从上到下、从左到右的顺序进行显示，如图 7-3 所示。这种方式是浏览器解析网页文件时采用的默认显示方式。

微课 7.1

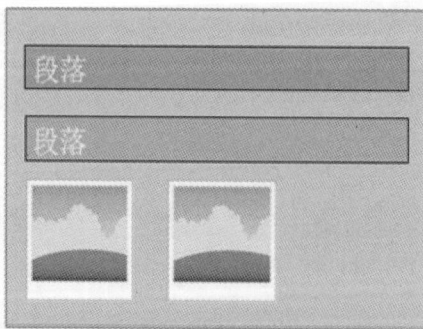

图7-3　文档流显示方式

Web前端开发技术项目教程（HTML5+CSS3+JavaScript）（微课版）

不同的网页元素默认的显示方式不同，如段落（<p>）独占一行，段落之间是上下排列的。而多张图片（<img>）可以在同一行上显示，即根据代码出现的先后次序在网页上从左到右依次显示，直到显示不下时才会换行显示。绝大部分网页元素默认占用文档流，但也有一些是不占用文档流的，如表单控件隐藏域。在 CSS 中，网页元素可以分为块级元素和行内元素。

（1）块级元素

块级元素独占一行，前后带有换行符，它们之间是上下排列的。默认情况下，块级元素与父元素同宽，高度根据内容自动计算，没有内容时高度为 0。它们通常作为容器使用。常见块级元素：<p>、<h1>～<h6>、<div>。一个父元素中包含 3 个块级元素的默认显示效果如图 7-4 所示。

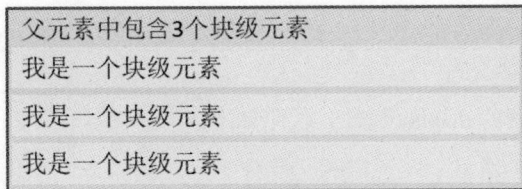

图7-4　块级元素默认显示效果

（2）行内元素

行内元素在一行内从左往右依次排列，默认显示效果如图 7-5 所示。默认情况下，行内元素的宽度和高度都根据内容自动计算，width 属性和 height 属性不起作用。常见行内元素：<span>、<a>、<i>。

图7-5　行内元素默认显示效果

使用 width 属性和 height 属性设置块级元素和行内元素的大小，代码如下，效果如图 7-6 所示。

```
h1,a{
    width:200px;
    height:100px;
}
```

图7-6　设置块级元素和行内元素大小的效果

width 属性和 height 属性可以控制块级元素大小，但行内元素不受影响。

7.2.2　元素显示方式

在实际网页排版布局中，可以遵循网页元素默认的显示方式，也可以使用 display 属性改变元素的显示方式，让段落这样的元素可以一行显示多个。display 属性取值如表 7-1 所示。

表7-1　display属性取值

值	描述
none	元素不显示
block	块级元素
inline	行内元素
inline-block	行内块级元素
inline-table	行内表格，前后没有换行符
table	块级表格
table-row	表格行
table-cell	表格单元格
list-item	为元素内容生成一个块型盒，随后再生成一个列表型的行内盒
flex	弹性盒子

例如，设置超链接元素的 display 属性，代码如下。

```
a{
    display:block;
    width:100px;
    height:50px;
}
```

100px×50px

我是一个超链接

我是一个超链接

我是一个超链接

图7-7　超链接显示为上下排列的效果

那么，超链接的显示方式变为块级元素的显示方式，显示为上下排列的效果，如图 7-7 所示。

在 display 属性中，属性值 inline-block 比较常用。该属性值既具备行内元素的特性，又具备块级元素的特性，即具备行内元素前后没有换行符可以在一行内并列显示的特性，也可以像块级元素一样使用 width 属性和 height 属性设置元素大小。当需要让元素在一行显示且能随意控制元素大小时，可以将元素的显示方式设置为 inline-block。例如，修改超链接元素的 display 属性的值如下。

```
a{
    display:inline-block;
    width:100px;
    height:50px;
}
```

此时，超链接既能在一行上显示多个，又可以设置宽度为 100px、高度为 50px。超链接设置 inline-block 显示方式的效果如图 7-8 所示。

100px×50px

我是一个超链接　　　我是一个超链接　　　我是一个超链接

图7-8　超链接设置inline-block显示方式的效果

💬 边学边思

"display:none;" 和 "visibility:hidden;" 的区别如下。

① "display:none;"：元素设置了该属性后，不会在网页上显示出来，并且不占用空间，像"消失"了一样。

② "visibility:hidden;": visibility 属性用于设置元素可见性，默认值是 visible。当值为 hidden 时，元素不可见，但仍然会占用原有的空间，就像"隐身"了一样。

7.2.3　盒子模型

在前面的内容中已经出现过盒子模型，下面将详细介绍。

盒子模型（Box Model）是 CSS 的核心知识点之一。网页上的每个元素（标记）都被看成一个矩形盒子，这个盒子由里往外的组成要素为内容（content）、填充（padding）、边框（border）、边距（margin）。盒子模型如图 7-9 所示。

为了深入理解盒子模型，把网页看成照片墙，照片就是内容，照片四周的空白区域即填充。填充可以使照片不紧贴相框，相框即边框，最容易忽略的就是相框外的空白区域，这种空白使得照片之间还有间隔，即边距。盒子模型所制作的"照片墙"如图 7-10 所示。

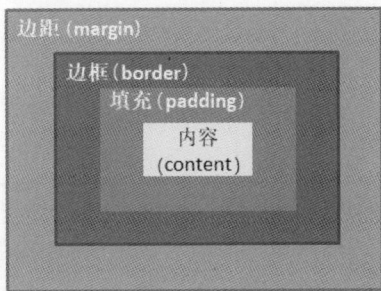

图7-9　盒子模型

图7-10　盒子模型所制作的"照片墙"

（1）内容

内容是盒子模型的中心，它呈现了盒子的主要信息内容，这些内容可以是文本、图片等。

盒子模型分为 W3C 标准盒子模型和传统盒子模型，两者对元素实际大小的计算方法不一致。遵循 W3C 标准的浏览器有 Firefox、Safari、Chrome、Edge、Opera 等，在这些浏览器中使用 width 属性和 height 属性设置元素大小时，所控制的就是元素内容的宽度和高度。但元素在网页上占用空间的组成要素还包括填充、边框和边距。

- width=内容宽度。
- height=内容高度。
- 元素实际宽度=width+左右填充的宽度+左右边框的宽度+左右边距的宽度。
- 元素实际高度=height+上下填充的高度+上下边框的厚度+上下边距的高度。

而在传统盒子模型中，width 属性和 height 属性代表内容、填充和边框。

- width=内容宽度+左右填充的宽度+左右边框的宽度。
- height=内容高度+上下填充的高度+上下边框的厚度。
- 元素实际宽度=width+左右边距的宽度。
- 元素实际高度=height+上下边距的高度。

CSS3 中新增了 box-sizing 属性，该属性用于定义 width 属性和 height 属性是否包含元素的填充和边框。该属性可以指定浏览器使用何种模式来解析盒子宽度和高度。box-sizing 属性取值如表 7-2 所示。

表7-2 box-sizing属性取值

值	描述
content-box	用户指定的宽度和高度仅应用于元素的内容区
border-box	用户指定的宽度和高度包括内容区、填充高度、边距高度和边框厚度
inherit	从父元素继承 box-sizing 属性的值

content-box 属性值就是 W3C 标准盒子模型下对 width 属性和 height 属性的解释说明。border-box 属性值则是传统盒子模型下的解析。

绝大多数现代浏览器都支持 box-sizing 属性，但要兼容各种浏览器时，需要加上代表不同内核浏览器的前缀。例如，Gecko 内核需要加上前缀-moz-，WebKit 内核需要加上前缀-webkit-，Presto 内核前缀为-o-。尽管现在的浏览器普遍使用 W3C 标准盒子模型，开发者仍可通过 CSS 的 box-sizing 属性灵活选择所需的盒子模型。

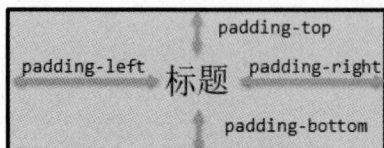

图7-11 元素填充区域

（2）填充

填充也称内边距，在盒子模型中是元素内容到边框的空白。元素填充区域如图 7-11 所示。

CSS 填充属性如表 7-3 所示。

表7-3 CSS填充属性

内容	属性	说明
上内边距	padding-top	值为长度值或百分比，其中，百分比是指相对于父元素宽度的百分比，随着父元素宽度的变化而变化，与高度无关
右内边距	padding-right	
下内边距	padding-bottom	
左内边距	padding-left	
组合内边距	padding	取 1～4 个值。可参考 border-style 属性

【实例 7-1】设置段落元素的填充，代码如下。

序号	HTML 代码与 CSS 代码	说明
1	`<!DOCTYPE html>`	
2	`<html>`	
3	`<head>`	
4	`<title>设置填充属性</title>`	
5	`<style type="text/css">`	
6	`h2 {`	
7	`    text-align: center;`	
8	`}`	
9	`p{`	
10	`    border: 5px solid green;`	
11	`}`	
12	`.b2 {`	
13	`    padding: 35px 10px 15px 25px;`	分别设置第二个段落
14	`}`	元素上、右、下、左

序号	HTML 代码与 CSS 代码	说明
15	`</head>`	方位的填充为 35px、
16	`<body>`	10px、15px、25px
17	`<h2>设置填充属性</h2>`	
18	`<p>该段文字内容和边框之间没有设置空白</p>`	
19	`<p class="b2">该段文字内容应用填充组合属性，分别设置了上、右、下、左方位的填充为 35px、10px、15px 和 25px。</p>`	
20	`</body>`	
21	`</html>`	

设置填充属性的网页效果如图 7-12 所示。

（3）边距

边距也称外边距，是网页元素周围的空白，通常是指其他元素不能出现且父元素背景可见的区域。如果把网页元素看成一个个盒子，那么盒子与盒子之间的距离可以通过设置边距进行控制。元素边距区域如图 7-13 所示。

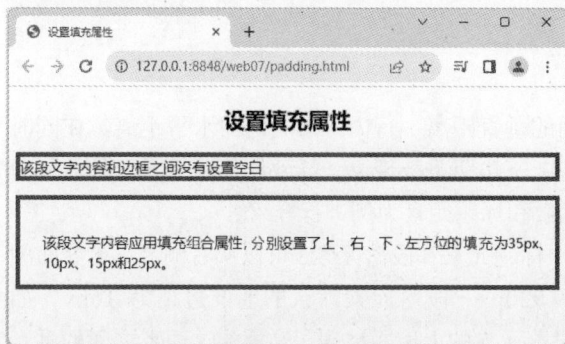

图7-12　设置填充属性的网页效果

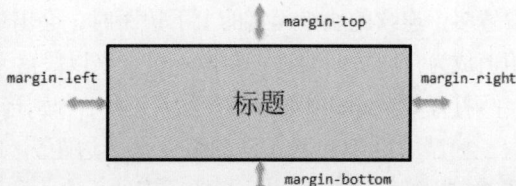

图7-13　元素边距区域

CSS 边距属性如表 7-4 所示。

表7-4　CSS边距属性

内容	属性	说明
上边距	margin-top	值为长度值或百分比，其中，百分比是指相对于父元素宽度的百分比，随着父元素宽度的变化而变化，与高度无关
右边距	margin-right	
下边距	margin-bottom	
左边距	margin-left	
组合边距	margin	取 1～4 个值。可参考 border-style 属性

有些元素自带边距样式，常见的有 body 元素、段落元素、标题元素，可以通过浏览器的开发者工具查看 body 元素的默认样式，如图 7-14 所示。在 Styles 界面中可以看到 "user agent stylesheet" 字样，说明当前浏览器以默认样式而不是用户自定义样式呈现 body 元素。

不同的浏览器对同一个元素设置的默认样式可能会存在细微差别，例如，段落元素的 margin 属性的值会不一样。因此，实际网站开发中，会在自定义的样式表头部统一设置自带边距和填充的网页元素，通常的做法是将这些网页元素的边距和填充都设置为 0，代码如下。

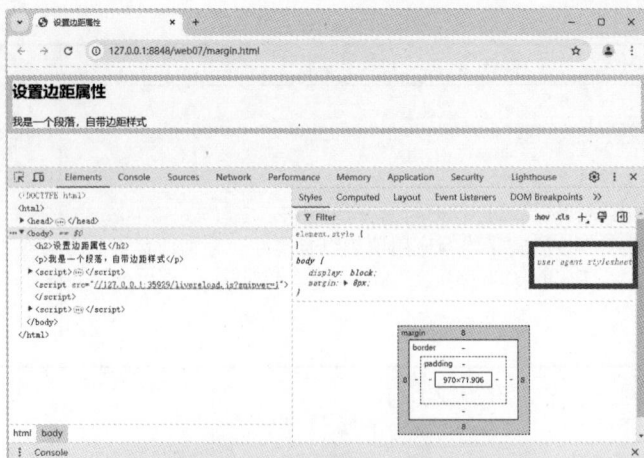

图7-14 body元素的默认样式

```
*{
    padding:0;
    margin:0;
}
```

此处的"*"为通配符，代表所有元素。

设置边距通常可以有效地调节块级元素之间的垂直距离、行内元素之间的水平距离。在同时设置多个连续的块级元素的上下边距时，会出现上下边距重叠现象，导致相邻块级元素的较大边距值成为它们之间的垂直距离。接下来以段落元素和标题元素为例进行介绍。

打开 Chrome 浏览器的开发者工具，分别选中标题元素和段落元素，可以从右侧 Styles 界面的盒子模型中看到标题元素的默认上下边距为 19.920px、段落元素默认的上下边距为 16px，如图 7-15 所示。不难看出，标题元素的下边距和段落元素的上边距出现了重叠，这两者之间的垂直距离为 19.920px，即标题元素的下边距值。行内元素在应用盒子模型时，上下边距设置无效，左右边距设置是有效果的。span 元素设置边距的效果如图 7-16 所示。行内元素设置上下填充并多行显示时，也无法用盒子模型来正确解释。span 元素设置填充的效果如图 7-17 所示。

（a）标题元素默认边距　　　　　　　　　　　　　　　　（b）段落元素默认边距

图7-15 元素默认边距

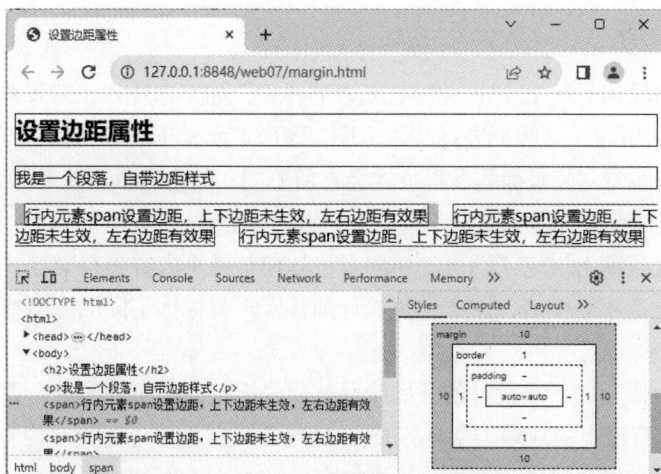

图7-16 span元素设置边距的效果

图7-17 span元素设置填充的效果

💬 **实战小技巧**

如何使块级元素在页面或父元素中水平居中？

使用 CSS 语句"margin：数值 auto;"可以使块级元素在水平方向上居中显示。如果网页元素的宽度小于页面或父元素的宽度，则通常需要先设置元素的宽度。段落元素水平居中显示的效果如图 7-18 所示。

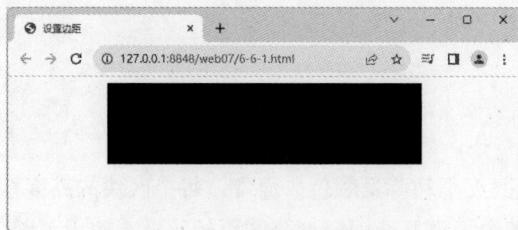

图7-18 段落元素水平居中显示的效果

7.2.4 创建层元素

前面介绍了如何使用 CSS 设置各种网页元素的样式，如字体样式、背景样式、边距样式等，但 CSS 还有更重要的用途：对网页进行整体布局，即网页元素排版。可以学习报纸的排版思路，例如，报纸的时政版面与文艺版面的布局方式会有所不同，文艺版面会使用更为灵活的布局方式。不同的布局方式会给人们带来不同的体验。

网页布局在很大程度上决定了网页的访问者将如何与网页内容进行交互。不同的网页布局给人们带来的交互体验是不一样的，因此网页设计师常常需要根据不同的产品特点选择不同的网页布局，从而优化用户体验。

传统网页使用表格布局，在设计的开始阶段就要确定页面的布局形式。表格布局一旦确定就无法再更改，因此它有极大的缺陷。经典的 DIV+CSS 方式更注重考虑网页内容之间的关系，网页结构更加灵活，网页布局调整更为容易，工作量小。

实际上，复杂的网页都是由区块逐步搭建起来的。这里的区块主要通过层元素来创建。下面介绍创建层元素的<div>标记。

<div>标记可定义网页文件中的区块或节，把文件内容分为独立的、不同的部分，可以将它看作一个包含网页元素的容器。<div>是一个块级元素标记，只有前后换行样式，是一个非常"干净"的双标记。其基本语法如下。

```
<div>...</div>
```

任务实施

1. 在站点目录下创建网页文件 7-2.html。

2. 在<body></body>标记之间创建 3 个层元素。分别使用 id 属性标识头部层、内容层和底部层。HTML 代码如下。

```
<div id="header">
            页面头部内容
</div>
<div id="content">
        <div id="news">
            <h1>资讯推介</h1>
        </div>
        <div id="report">
            <h1>专题报道</h1>
        </div>
</div>
<div id="footer">
            页面底部内容
</div>
```

3. 使用 CSS 设置区块的大小和背景颜色。通常，每个区块的高度都是根据自身内容调整的，不进行固定的设置。本任务为了更好地观察划分区块的效果，使用了固定的高度。

```
#header, #content, #footer {
        width: 1300px;
}
#header, #footer {
```

Web前端开发技术项目教程（HTML5+CSS3+JavaScript）（微课版）

```
        height: 100px;
        background: #faa046;
}
#content {
        height: 600px;
        background: #50b8fd;
}
#news, #report {
        height: 290px;
        background: #ccc;
}
```

4. 为每个区块设置间距。在每个区块下方设置 10px 的边距。

```
#header, #content {
        margin-bottom: 10px;
}
#news, #report {
        margin-bottom: 10px;
}
```

5. 让网页内容在页面上水平居中显示。

```
#header, #content,  #footer {
        margin: auto;
}
```

精彩非遗资讯页面整体布局的参考代码如下。

序号	HTML 代码与 CSS 代码
1	`<!DOCTYPE html>`
2	`<html>`
3	`<head>`
4	`<meta charset="utf-8">`
5	`<title>资讯页面整体布局</title>`
6	`<style type="text/css">`
7	`#header,#content,#footer {`
8	`width: 1300px;`
9	`margin: auto;`
10	`}`
11	`#header,#footer {`
12	`height: 100px;`
13	`background: #faa046;`
14	`}`
15	`#header,#content {`
16	`margin-bottom: 10px;`
17	`}`
18	`#content {`
19	`height: 600px;`
20	`background: #50b8fd;`
21	`}`
22	`#news,#report {`
23	`height: 290px;`

序号	HTML 代码与 CSS 代码
24	`background: #ccc;`
25	`margin-bottom: 10px;`
26	`}`
27	`h1 {`
28	`margin: 0;`
29	`}`
30	`#report .item {`
31	`float: left;`
32	`width: 300px;`
33	`height: 100px;`
34	`background: #ccc;`
35	`}`
36	`</style>`
37	`</head>`
38	`<body>`
39	`<div id="header">`
40	`页面头部内容`
41	`</div>`
42	`<div id="content">`
43	`<div id="news">`
44	`<h1>资讯推介</h1>`
45	`<!--`
46	`<img src=""/>`
47	`<div id="newRight">`
48	`文字内容`
49	`</div>`
50	`-->`
51	`</div>`
52	`<div id="report">`
53	`<h1>专题报道</h1>`
54	`<!--`
55	`<div class="item">`
56	`专题项`
57	`</div>`
58	`<div class="item">`
59	`专题项`
60	`</div>`
61	`<div class="item">`
62	`专题项`
63	`</div>`
64	`-->`
65	`</div>`
66	`</div>`
67	`<div id="footer">`

序号	HTML 代码与 CSS 代码
68	页面底部内容
69	</div>
70	</body>
71	</html>

【任务 7.3】了解元素浮动并制作资讯推介区域

任务描述

精彩非遗资讯页面的资讯推介区域呈现图片在左边显示、文字内容放在右边的布局，文字内容由标题、段落等多个网页元素组成。资讯推介区域的制作需要使用 CSS 设置元素浮动、背景样式、文字样式、元素填充和边距等。资讯推介区域的效果如图 7-19 所示。

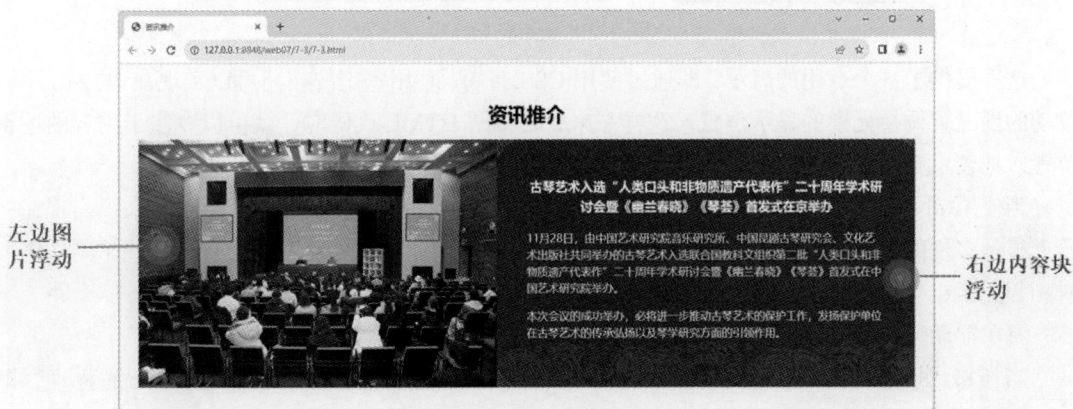

图7-19 资讯推介区域的效果

知识准备

7.3.1 元素浮动

在文档流中，一般情况下，块级元素在水平方向上会自动伸展，直至父元素的边界，而在垂直方向上则会和兄弟元素依次排列，但不能并排。浮动后，块级元素将改变自身行为。CSS 中使用 float 属性设置元素浮动，float 属性取值如表 7-5 所示。

微课 7.3

表7-5 float属性取值

值	描述
none	默认值。不浮动，元素处在文档流中
left	向左浮动
right	向右浮动

当 float 属性值为 left 时，表示元素向左浮动，如图 7-20 所示。元素会向其父元素的左侧靠近，同时，元素不再水平伸展，而是会收缩，自适应元素内容的宽度，但可以使用 width 属性和 height 属性自定义元素的尺寸。还有一个重要的特性，设置浮动之后，这些元素将脱离文档流，会影响后续元素的显示位置。

图7-20　元素向左浮动

当 float 属性值为 right 时，元素向右浮动，如图 7-21 所示。元素会向其父元素的右侧靠近。读者应注意观察设置了向左浮动和向右浮动元素的排列顺序。

图7-21　元素向右浮动

这里提供了一个有用的启示，即通过使用 CSS 布局，利用一定的技巧可以实现在 HTML 不做改动的情况下调换元素的显示位置。这样一来，在编写 HTML 代码时，就可以专注于内容的逻辑位置，把较重要的内容放在前面，而利用 CSS 来调整这些内容的实际显示位置。

当使用 div 元素进行分栏式布局时，可以设置 div 元素的 float 属性使其浮动起来，实现在一行上显示多栏的效果。同时，设置 float 属性后，该元素会脱离文档流，这会带来一些"副作用"，对相邻元素也会产生不同的影响，从而影响整体页面布局。

（1）浮动元素对相邻元素的影响

当相邻元素是块级元素 p 时，前面的 div 元素设置了浮动，而相邻的 p 元素未设置浮动，即 div 元素脱离了文档流，而 p 元素仍在文档流中。设置浮动对相邻块级元素的影响如图 7-22 所示。

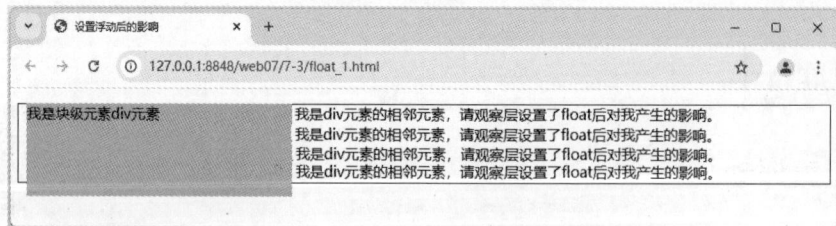

图7-22　设置浮动对相邻块级元素的影响

设置前面的 div 元素向左浮动后，后续的 p 元素会与其产生空间上的重叠，p 元素在 div 元素下方显示，同时段落文字会在 div 元素右侧呈现挤出效应。参考代码如下。

序号	HTML 代码与 CSS 代码	说明
1	`<!DOCTYPE html>`	
2	`<html>`	
3	`<head>`	
4	`<title>设置浮动后的影响</title>`	

Web前端开发技术项目教程（HTML5+CSS3+JavaScript）（微课版）

序号	HTML 代码与 CSS 代码	说明
5	`<style type="text/css">`	
6	`div{`	
7	`    float:left;`	设置 div 元素向左浮动
8	`    background-color:#F99;`	
9	`    width:300px;`	
10	`    height:100px;`	
11	`    margin-left:10px;`	设置 div 元素左边距为
12	`}`	10px
13	`p{`	
14	`    border:1px solid #000;`	设置 p 元素边距样式
15	`}`	
16	`</head>`	
17	`<body>`	
18	`<div>我是块级元素 div 元素</div>`	
19	`<p>我是 div 元素的相邻元素，请观察层设置了 float 后对我产生的影响。我是 div 元素的相邻元素，请观察层设置了 float 后对我产生的影响。我是 div 元素的相邻元素，请观察层设置了 float 后对我产生的影响。我是 div 元素的相邻元素,请观察层设置了 float 后对我产生的影响。</p>`	
20	`</body>`	
21	`</html>`	

当相邻元素是行内元素 span 时，前面的 div 元素设置了浮动，而相邻的 span 元素未设置浮动。设置浮动对相邻行内元素的影响如图 7-23 所示。

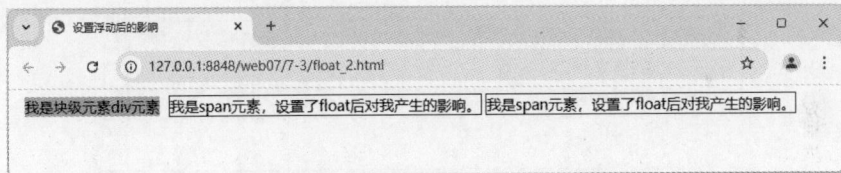

图7-23　设置浮动对相邻行内元素的影响

文档流中的 span 元素会紧跟在浮动元素 div 的后面。当缩放窗口，div 元素后面的空间放不下 span 元素时，span 元素会自动换行，如图 7-24 所示。

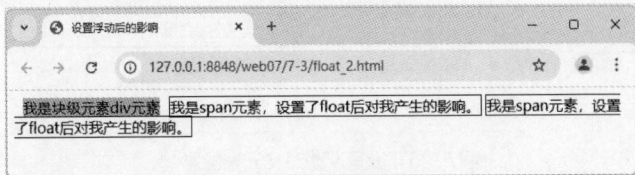

图7-24　相邻元素自动换行

参考代码如下。

序号	HTML 代码与 CSS 代码	说明
1	`<!DOCTYPE html>`	
2	`<html>`	
3	`<head>`	

序号	HTML 代码与 CSS 代码	说明
4	`<title>设置浮动后的影响</title>`	
5	`<style type="text/css">`	
6	`div{`	
7	`    float:left;`	设置div元素向左浮动
8	`    background-color:#F99;`	
9	`    margin:0 10px;`	设置div元素左右边
10	`}`	距为10px
11	`Span{`	
12	`    border:1px solid #000;`	设置 span 元素边距
13	`}`	样式
14	`</head>`	
15	`<body>`	
16	`<div>我是块级元素 div 元素</div>`	
17	`<span>我是 span 元素,设置了 float 后对我产生的影响。</span>`	
18	`<span>我是 span 元素,设置了 float 后对我产生的影响。</span>`	
19	`</body>`	
20	`</html>`	

（2）浮动元素对父元素的影响

在 3 个 div 元素外层嵌套一个 div 父元素,设置父元素边框样式和子元素的背景样式、左右边距样式,div 元素样式设置如图 7-25 所示。

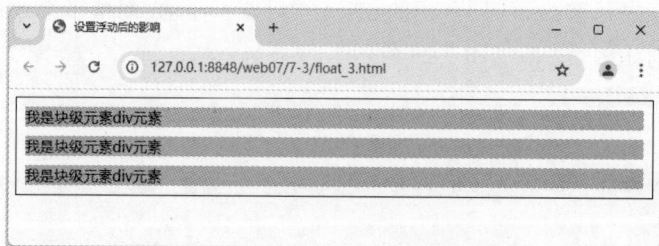

图7-25　div元素样式设置

将 3 个子元素设置为向左浮动,对父元素的影响如图 7-26 所示。

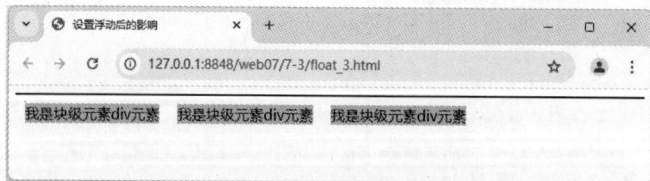

图7-26　设置浮动对父元素的影响

子元素设置浮动后脱离文档流,但父元素仍在文档流中,可以这样理解:父元素认为子元素"不存在"了,所以高度为 0,只显示上下边框的高度。参考代码如下。

序号	HTML 代码与 CSS 代码	说明
1	`<!DOCTYPE html>`	
2	`<html>`	
3	`<head>`	

序号	HTML 代码与 CSS 代码	说明
4	`<title>设置浮动后的影响</title>`	
5	`<style type="text/css">`	
6	`#container{`	
7	`    border: 1px solid #000;`	
8	`}`	
9	`.son{`	
10	`    float:left;`	为类名为 son 的
11	`    background-color:#F99;`	div 元素设置浮动
12	`    margin:10px;`	
13	`}`	
14	`</head>`	
15	`<body>`	
16	`<div id="container">`	
17	`<div class="son">我是块级元素 div 元素</div>`	
18	`<div class="son">我是块级元素 div 元素</div>`	
19	`<div class="son">我是块级元素 div 元素</div>`	
20	`</div>`	
21	`</body>`	
22	`</html>`	

通常需要将父元素的下边框显示在子元素的下方，可以使用 clear 属性清除浮动来实现。

7.3.2 清除浮动

clear 属性用于清除浮动，取值如表 7-6 所示。

表7-6 clear属性取值

值	描述
none	默认值。允许浮动元素出现在两侧
both	在左右两侧均不允许出现浮动元素
right	在右侧不允许出现浮动元素
left	在左侧不允许出现浮动元素

clear 属性并不是清除元素本身的浮动效果，而是使元素在指定侧不与设置了 float 属性的元素在同一行显示。接下来举例说明。

【实例 7-2】现有 3 个设置了向左浮动的 div 元素，如图 7-27 所示。

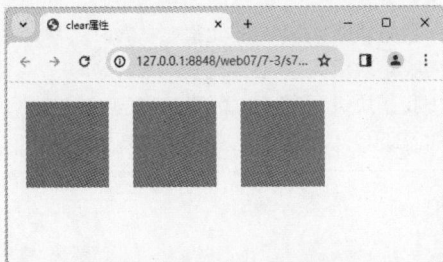

图7-27 div元素向左浮动

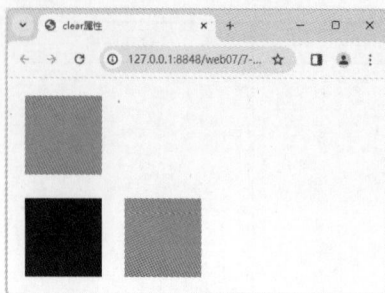

图7-28 设置clear属性的效果

为第 2 个 div 元素设置 "clear:left;"，表示第 2 个 div 元素的左侧不允许出现浮动元素，效果如图 7-28 所示。如果将 CSS 语句设置为 "clear:both;"，那么第 3 个 div 元素是否会换行显示？答案是否定的。原因是 clear 属性只会影响设置了该属性的元素，不会影响到其他元素。

clear 属性有一定的实际应用价值，想要解决父元素内的子元素设置浮动后父元素变为 "空" 元素的情况，可以巧用 clear 属性。

💬 实战小技巧

如何清除浮动元素对父元素的影响？

在所有子元素的后面添加一个 div 元素，为该元素添加 CSS 语句 "clear:both;"，可以将非浮动父元素的下边框显示在浮动子元素下方。

参考代码如下。

序号	HTML 代码与 CSS 代码	说明
1	`<!DOCTYPE html>`	
2	`<html>`	
3	`<head>`	
4	`<title>设置浮动后的影响</title>`	
5	`<style type="text/css">`	
6	`#container{`	
7	`    border: 1px solid #000;`	
8	`}`	
9	`.son{`	
10	`    float:left;`	为类名为 son 的
11	`    background-color:#F99;`	div 元素设置浮动
12	`    margin:10px;`	
13	`}`	
14	`#clear{`	
15	`    clear:both;`	将 id 为 clear
16	`}`	的 div 元素设置
17	`</head>`	清除浮动
18	`<body>`	
19	`<div id="container">`	
20	`<div class="son">我是块级元素 div 元素</div>`	
21	`<div class="son">我是块级元素 div 元素</div>`	
22	`<div class="son">我是块级元素 div 元素</div>`	
23	`<div id="clear"></div>`	
24	`</div>`	
25	`</body>`	
26	`</html>`	

除了增加第 23 行 HTML 代码外，还可以通过伪元素选择器来创建元素，以清除浮动的影响。

这种方法不需要额外添加 HTML 代码。参考代码如下。

序号	HTML 代码与 CSS 代码	说明
1	`<!DOCTYPE html>`	
2	`<html>`	
3	`<head>`	
4	`<title>设置浮动后的影响</title>`	
5	`<style type="text/css">`	
6	`#container{`	
7	`    border: 1px solid #000;`	
8	`}`	
9	`.son{`	
10	`    float:left;`	为类名为 son 的
11	`    background-color:#F99;`	div 元素设置浮动
12	`    margin:10px;`	
13	`}`	
14	`#container::after{`	使用伪元素选择
15	`    display: block;`	器创建一个内容
16	`    content: '';`	为空的块级元素，
17	`    clear:both;`	并设置清除浮动
18	`}`	
19	`</head>`	
20	`<body>`	
21	`<div id="container">`	
22	`<div class="son">我是块级元素 div 元素</div>`	
23	`<div class="son">我是块级元素 div 元素</div>`	
24	`<div class="son">我是块级元素 div 元素</div>`	
25	`</div>`	
26	`</body>`	
27	`</html>`	

7.3.3　图文排版

在页面布局中，常见的图文排版可以通过使用 float 属性来实现。布局结构可分为上下结构和左右结构，如图 7-29 所示。

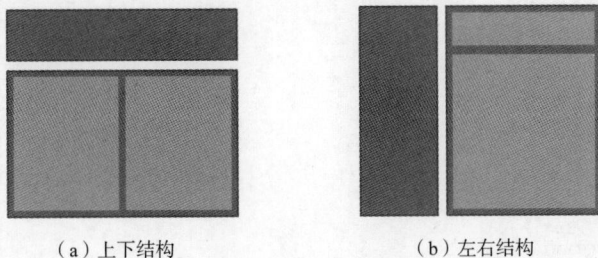

（a）上下结构　　（b）左右结构

图7-29　布局结构

上下结构的页面布局主要包含上、下两个区域，在下方区域内还需要实现两个模块的左右排版。上下结构布局如图 7-30 所示，页面元素包括标题、图片、段落，图片和段落在标题下方形成左右排版。

图7-30 上下结构布局

可以使用 float 属性让图片和段落形成左右排版，两种可选方案如下。

方案一：

为图片设置"float:left;"，段落会往上移动，与图片形成空间上的重叠，段落文字向右边挤出，形成视觉上的左右排版，但是在文字较多的情况下会产生文字环绕的效果。

方案二：

为图片和段落同时设置"float:left;"，与此同时需要控制段落的宽度，这样才能形成真正的左右排版。参考代码如下。

序号	HTML 代码与 CSS 代码	说明
1	`<!DOCTYPE html>`	
2	`<html>`	
3	`<head>`	
4	`<title>图文排版</title>`	
5	`<style type="text/css">`	
6	`body {`	
7	`    font-family:'微软雅黑';`	
8	`}`	
9	`.description {`	
10	`    width: 980px;`	
11	`    height: 380px;`	
12	`    padding:50px;`	
13	`    background: #F39C12;`	
14	`}`	
15	`img,p {`	设置图片和段落
16	`    float: left;`	向左浮动
17	`}`	
18	`.content p {`	
19	`    color: rgba(255, 255, 255, .7);`	设置字体的颜色
20	`    Font-size: 18px;`	和透明度
21	`    width:800px;`	
22	`    margin:0 0 0 20px;`	设置段落左边距
23	`}`	为 20px
24	`h1 {`	

Web前端开发技术项目教程（HTML5+CSS3+JavaScript）（微课版）

序号	HTML 代码与 CSS 代码	说明
25	`    color: #fff;`	
26	`    font-size: 56px;`	
27	`}`	
28	`</style>`	
29	`</head>`	
30	`<body>`	
31	`<div class="description">`	
32	`<h1>图文排版</h1>`	
33	`<div class="content">`	
34	`<img src="img/comment.png" alt="comment">`	
35	`<p>网页排版布局是网页上所有视觉元素的排列，通过页面元素的定位，可以控制元素之间的关系，提供更好的用户体验。作为网页设计的关键组成部分，网页排版布局决定了网页的整体视觉平衡，以及用户对于网页元素的关注顺序和关注程度。</p>`	
36	`</div>`	
37	`</div>`	
38	`</body>`	
39	`</html>`	

左右结构布局如图 7-31 所示，主要包含左、右两个区域，右边区域分为上、下两个部分。

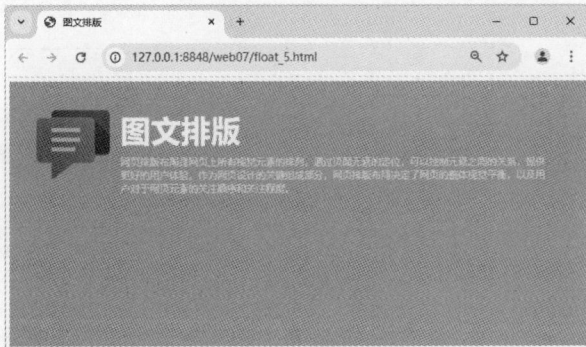

图7-31　左右结构布局

这里将标题和段落作为一个整体进行设置。在这两个元素外层嵌套一个 div 元素，与左边的图片一起设置为向左浮动。右边的 div 元素需要控制宽度。参考代码如下。

序号	HTML 代码与 CSS 代码	说明
1	`<!DOCTYPE html>`	
2	`<html>`	
3	`<head>`	
4	`<title>图文排版</title>`	
5	`<style type="text/css">`	
6	`body {`	
7	`    font-family:'微软雅黑';`	
8	`}`	
9	`.description {`	
10	`    width: 980px;`	

序号	HTML 代码与 CSS 代码	说明
11	height: 380px;	
12	padding:50px;	
13	background: #F39C12;	
14	}	
15	img,.content {	设置图片和类名
16	float: left;	为 content 的
17	}	div 元素向左浮
18	.content{	动
19	margin:0 0 0 20px;	
20	}	
21	.content p {	
22	color: rgba(255, 255, 255, .7);	设置字体的颜色
23	font-size: 18px;	和透明度
24	width:800px;	
25	}	
26	h1 {	
27	color: #fff;	
28	font-size: 56px;	
29	margin:0 0 10px 0;	设置标题下边距
30	}	为 10px
31	</style>	
32	</head>	
33	<body>	
34	<div class="description">	
35	<img src="img/comment.png" alt="comment">	
36	<div class="content">	
37	<h1>图文排版</h1>	
38	<p>网页排版布局是网页上所有视觉元素的排列，通过页面元素的定位，可以控制元素之间的关系，提供更好的用户体验。作为网页设计的关键组成部分，网页排版布局决定了网页的整体视觉平衡，以及用户对于网页元素的关注顺序和关注程度。</p>	
39	</div>	
40	</div>	
41	</body>	
42	</html>	

任务实施

1. 在站点目录下创建网页文件 7-3.html。

2. 编辑 id 为 news 的层元素。在该元素内创建标题元素"资讯推介"。

3. 创建 id 为 newscontent 的层元素，将标题以下的内容作为一个整体去处理。该层元素中包含需要在左边显示的图片和在右边显示的文字。右边的文字有标题和若干段落，放在 id 为 newright 的层元素中一起处理。

4. 设置图片和右边文字浮动,形成左右排版。

CSS 代码如下。

```
#news img,#newsright {
        float: left;
}
```

右边文字可以与图片在一行上显示,还需要调整#newsright 这个层元素的宽度和高度,它与图片等高。图片的宽度+右边层元素的宽度要小于或等于父元素的宽度,否则图片之外的空间放不下右边文字,浮动是没有效果的。

```
#newsright {
        width: 600px;
        height: 320px;
}
```

浮动元素的父元素高度会变为 0。可以用以下 CSS 代码来清除浮动的影响。

```
#newscontent::after{
        content:'';
        display:block;
        clear: both;
}
```

使用伪元素选择器#newscontent::after 在#newscontent 层元素的后面增加一个块级元素,设置清除浮动。

5. 调整#newsright 层元素和#news 层元素的边距、填充、字体样式、背景样式等。

资讯推介区域页面的参考代码如下。

序号	HTML 代码与 CSS 代码
1	`<!DOCTYPE html>`
2	`<html>`
3	`  <head>`
4	`    <meta charset="utf-8">`
5	`    <title>资讯推介</title>`
6	`    <style type="text/css">`
7	`      #news{`
8	`        margin: 0 auto;`
9	`        width: 1300px;`
10	`        margin-top: 60px;`
11	`      }`
12	`      #news h3,h1 {`
13	`        text-align: center;`
14	`      }`
15	`      #newsimg,#newsright {`
16	`        float: left;`
17	`      }`
18	`      #newsright {`
19	`        padding: 40px 50px;`
20	`        width: 600px;`
21	`        height: 320px;`
22	`        background:url("../img/bg.jpg") no-repeat;`

序号	HTML 代码与 CSS 代码
23	background-size: cover;
24	color: #fff;
25	font: 18px/1.5 '微软雅黑';
26	}
27	#newscontent::after{
28	content:'';
29	display:block;
30	clear: both;
31	}
32	</style>
33	</head>
34	<body>
35	<div id="news">
36	<h1>资讯推介</h1>
37	<div id="newscontent">
38	<img src="../img/news_1.png">
39	<div id="newsright">
40	<h3>古琴艺术入选"人类口头和非物质遗产代表作"二十周年学术研讨会暨《幽兰春晓》《琴荟》首发式在京举办</h3>
41	<p>11 月 28 日，由中国艺术研究院音乐研究所、中国昆剧古琴研究会、文化艺术出版社共同举办的古琴艺术入选联合国教科文组织第二批"人类口头和非物质遗产代表作"二十周年学术研讨会暨《幽兰春晓》《琴荟》首发式在中国艺术研究院举办。</p>
42	<p>本次会议的成功举办，必将进一步推动古琴艺术的保护工作，发扬保护单位在古琴艺术的传承弘扬以及琴学研究方面的引领作用。</p>
43	</div>
44	</div>
45	</div>
46	</body>
47	</html>

【任务 7.4】学习元素定位并制作专题报道区域

任务描述

专题报道区域在一行上显示 3 个专题项，每个专题项都由图片和文字组成。该区域右上角"查看更多"超链接出现的位置特殊，需要使用定位方式进行布局，从而与所在区域形成相对位置不变的关系。专题报道区域效果如图 7-32 所示。

图7-32　专题报道区域效果

微课 7.4

🛠 知识准备

7.4.1　元素定位

在网页布局中，常常需要将网页元素放到页面的某个位置，使用 float 属性可以使元素在某个区域内向左或向右浮动，但不能使网页元素出现在任意位置。在 CSS 中，定位属性 position 可以通过设置水平和垂直方向的偏移量来将元素移动到任意位置。下面介绍 position 属性的用法。position 属性取值如表 7-7 所示。

表7-7　position属性取值

值	描述
static	静态定位。默认值，元素在文档流中
relative	相对定位。元素相对于其正常位置进行定位
absolute	绝对定位。元素相对于静态定位以外的第一个父元素进行定位，元素的位置通过 left、top、right 及 bottom 属性进行设置
fixed	固定定位。元素相对于浏览器窗口进行定位，元素的位置通过 left、top、right 及 bottom 属性进行设置

（1）静态定位

当元素的 position 属性取值为 static 或元素不设置 position 属性时，网页元素按照默认的显示方式显示，即按照文档流中的显示方式显示。为了方便理解 position 属性的其他定位方式，先观察静态定位方式下网页元素的显示方式。

【实例 7-3】元素静态定位的显示方式如图 7-33 所示。

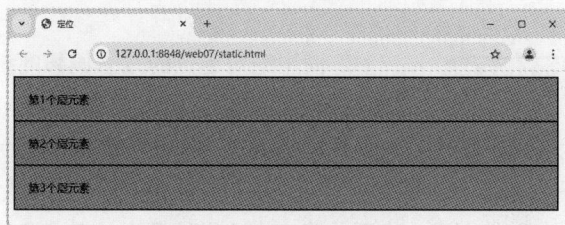

图7-33　静态定位的显示方式

参考代码如下。

序号	HTML 代码与 CSS 代码	说明
1	`<!DOCTYPE html>`	
2	`<html>`	

序号	HTML 代码与 CSS 代码	说明
3	`<head>`	
4	`<title>定位</title>`	
5	`<style type="text/css">`	
6	`div,p{`	
7	`    border:1px solid #000;`	
8	`}`	
9	`#container{`	
10	`    width: 800px;`	
11	`}`	
12	`.child{`	
13	`    background: #0cf;`	
14	`    padding:20px;`	
15	`}`	
16	`</head>`	
17	`<body>`	
18	`<div id="container">`	
19	`    <div class="child">第 1 个层元素</div>`	
20	`    <div class="child" id="second">第 2 个层元素</div>`	
21	`    <div class="child">第 3 个层元素</div>`	
22	`</div>`	
23	`</body>`	
24	`</html>`	

（2）绝对定位

当元素的 position 属性的值设置为 absolute 时，元素为绝对定位。绝对定位的元素符合如下定位规则。

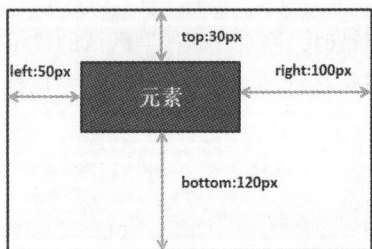

图7-34　平面上的位置表示

① 使用绝对定位的元素需要结合两个方向上的偏移属性进行位置的移动，即水平方向上的 left 或 right 属性、垂直方向上的 top 或 bottom 属性。例如，一个元素可以使用"left:50px;"或"right:100px;"表示它在水平方向上偏移的位置，在实际应用中选择一个使用即可。平面上的位置表示如图 7-34 所示。

② 使用绝对定位的元素偏移的参考位置，即基准的位置是离它最近的已经定位的祖先元素。"已经定位"的元素是指设置了 position 属性的元素，并且其属性值不是 static。"祖先元素"是指 DOM 中从自身节点开始往上直至根节点所经过的所有节点，其中的直接上级节点也称父节点。"最近"是指从自身节点开始往上搜索使用"已经定位"的元素，找到的第一个这样的元素的左上角就是绝对定位的基准点。

③ 设置为绝对定位之后，元素就会脱离文档流。

下面通过实例来介绍绝对定位的规则。

【实例 7-4】在实例 7-3 的基础上设置绝对定位，如图 7-35 所示。

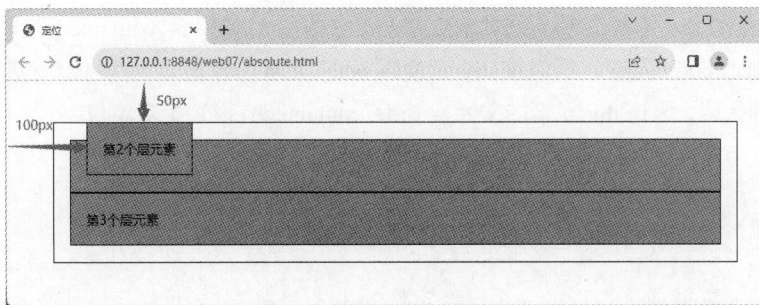

图7-35 绝对定位方式

设置第 2 个层元素的定位方式为绝对定位，该元素会脱离文档流，按照设置的水平方向和垂直方向上的偏移量进行移动，元素的宽度从原来父元素宽度的 100%变为自适应内容大小。那么该元素偏移的基准点为哪个元素的左上角呢？参考代码如下。

序号	HTML 代码与 CSS 代码	说明
1	`<!DOCTYPE html>`	
2	`<html>`	
3	`<head>`	
4	`<title>定位</title>`	
5	`<style type="text/css">`	
6	`div,p{`	
7	`    border:1px solid #000;`	
8	`}`	
9	`#container{`	
10	`    width: 800px;`	
11	`    margin:50px;`	设置边距和填充分别
12	`    padding:20px;`	为 50px 和 20px
13	`}`	
14	`.child{`	
15	`    background: #0cf;`	
16	`    padding:20px;`	
17	`}`	
18	`#second{`	
19	`    position: absolute;`	设置定位方式为绝对
20	`    left:100px;`	定位，并设置向右偏
21	`    top:50px;`	移量为 100px、向下
22	`}`	偏移量为 50px
23	`</head>`	
24	`<body>`	
25	`<div id="container">`	
26	`    <div class="child">第 1 个层元素</div>`	
27	`    <div class="child" id="second">第 2 个层元素</div>`	绝对定位的元素
28	`    <div class="child">第 3 个层元素</div>`	
29	`</div>`	
30	`</body>`	
31	`</html>`	

代码第 27 行的 div 元素设置了绝对定位方式，它的父元素（id="container"）未设置定位方式，再往上搜索就到了 body 元素，所以该 div 元素以 body 元素（即窗口）为基准点进行移动。

修改上面的代码，为该 div 元素的父元素（id="container"）设置绝对定位方式，即增加如下 CSS 代码。

```
#container{
    position: absolute;
}
```

那么，该父元素就成为最近的一个已经定位的祖先元素，div 元素会将其作为基准点来移动，如图 7-36 所示。

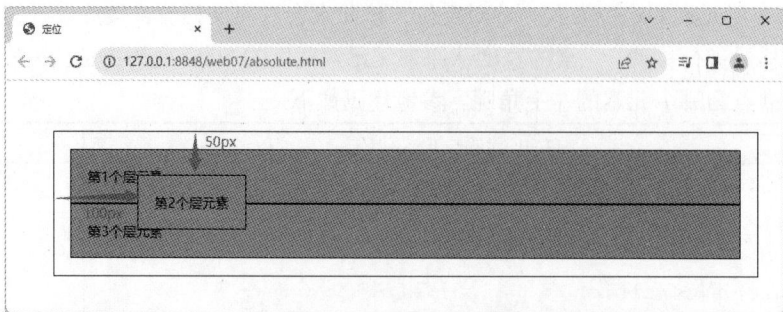

图7-36　父元素作为基准点

以父元素为基准点时有一个明显的特点，子元素与父元素的相对位置可以保持不变，即子元素会随着父元素的移动而移动，如图 7-37 所示。

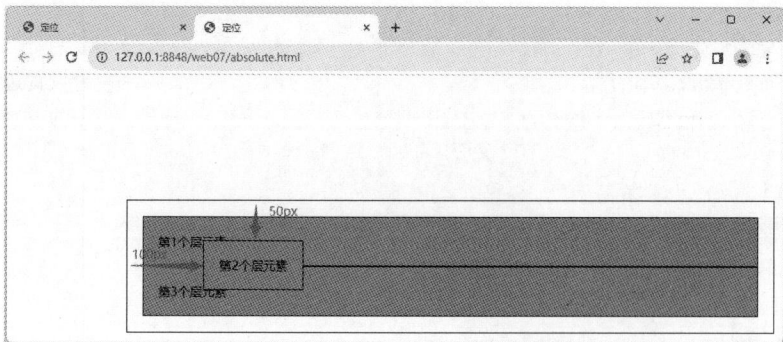

图7-37　父元素与子元素相对位置不变

（3）相对定位

当元素的 position 属性值设置为 relative 时，元素为相对定位。相对定位的元素符合如下定位规则。

① 使用相对定位的元素需要结合两个方向上的偏移属性进行位置的移动，即水平方向上的 left 或 right 属性、垂直方向上的 top 或 bottom 属性。相对定位与绝对定位使用的方法相同，可以参照绝对定位进行设置。

② 元素使用相对定位后，会相对于它原来的位置，通过偏移指定的距离到达新的位置。

③ 使用相对定位的元素仍在文档流中，且对父元素和相邻元素没有任何影响。

下面通过实例来介绍相对定位的规则，并观察其与绝对定位的不同之处。

【实例 7-5】设置相对定位方式，如图 7-38 所示。

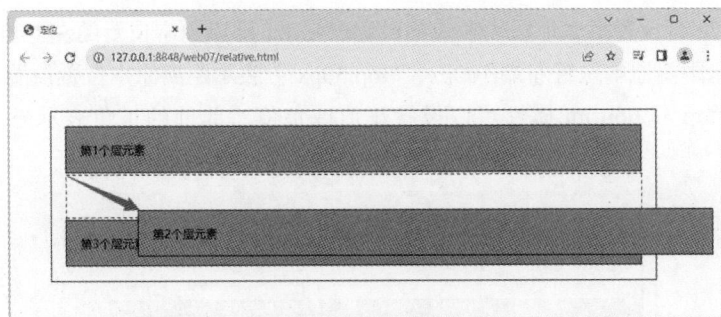

图7-38　相对定位方式

　　设置第 2 个层元素的定位方式为相对定位，虚线框是它原本的位置，通过 left 或 right 属性设置水平方向上的偏移量，通过 top 或 bottom 属性设置垂直方向上的偏移量，来到图 7-38 所示的位置。后面的第 3 个层元素和父元素不受影响。参考代码如下。

序号	HTML 代码与 CSS 代码	说明
1	`<!DOCTYPE html>`	
2	`<html>`	
3	`<head>`	
4	`<title>定位</title>`	
5	`<style type="text/css">`	
6	`div,p{`	
7	`    border:1px solid #000;`	
8	`}`	
9	`#container{`	
10	`    width: 800px;`	
11	`    margin:50px;`	设置边距和填充分别
12	`    padding:20px;`	为 50px 和 20px
13	`}`	
14	`.child{`	
15	`    background: #0cf;`	
16	`    padding:20px;`	
17	`}`	
18	`#second{`	
19	`    position: relative`	设置定位方式为相对定
20	`    left:100px;`	位，并设置向右偏移量
21	`    top:50px;`	为 100px，向下偏移量
22	`}`	为 50px
23	`</head>`	
24	`<body>`	
25	`<div id="container">`	
26	`    <div class="child">第 1 个层元素</div>`	
27	`    <div class="child" id="second">第 2 个层元素</div>`	相对定位的元素
28	`    <div class="child">第 3 个层元素</div>`	
29	`</div>`	
30	`</body>`	
31	`</html>`	

代码第 18~22 行设置第 2 个层元素为相对定位元素，即以原本位置的左上角为基准点（0,0），"left:100px;"表示距离原本位置左端 100px，"top:50px;"表示距离原本位置顶端 50px。

left、right、top 和 bottom 属性可以设置正值或负值，此处的正负表示方向。坐标表示如图 7-39 所示。

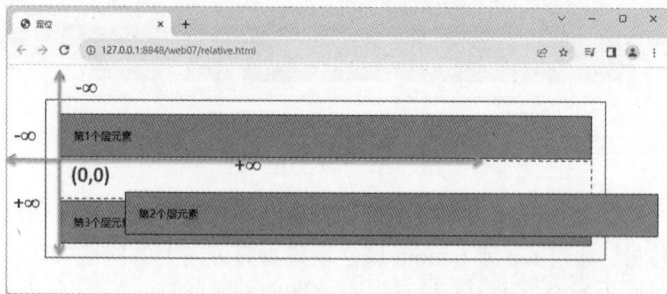

图7-39 坐标表示

如果以元素左上角为基准点设置偏移量，那么水平方向上 left 属性为正值表示向右偏移，为负值表示向左偏移。而垂直方向上 top 属性为正值表示向下偏移，为负值则相反。如果以元素右下角为基准点设置偏移量，那么水平方向上 right 属性为正值表示向左偏移，为负值表示向反方向移动。垂直方向上类似。

（4）固定定位

固定定位方式需要 position 属性设置为 fixed。固定定位的元素符合如下定位规则。

① 使用固定定位的元素需要结合两个方向上的偏移属性进行位置的移动，即水平方向上的 left 或 right 属性、垂直方向上的 top 或 bottom 属性。固定定位与绝对定位使用的方法相同，可以参照绝对定位进行设置。

② 固定定位的元素的定位基准是浏览器窗口或者其他显示设置窗口。

③ 固定定位的元素脱离文档流。

固定定位一般被用于将某个元素永久显示于浏览器窗口的固定位置，在移动端开发时经常使用该定位方式。

7.4.2 z-index 空间位置

z-index 属性用于调整定位时重叠元素的上下位置。页面是一个平面，可以用水平方向上的 x 轴和垂直方向上的 y 轴来表示，垂直于页面的方向为 z 轴，如图 7-40 所示。z-index 属性的默认值为 0，z-index 属性值大的元素会位于 z-index 属性值小的元素上方。

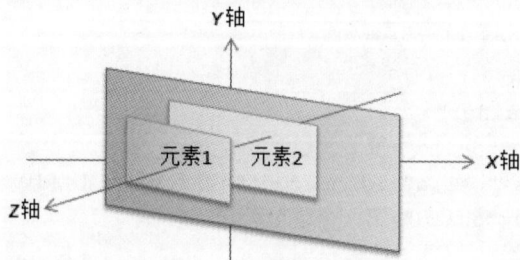

图7-40 z-index属性示意图

【实例7-6】设置 z-index 属性的网页效果如图 7-41 所示。

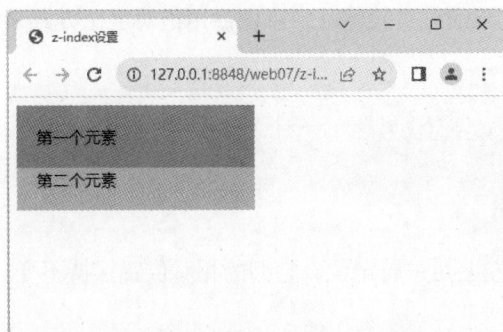

图7-41 设置z-index属性的网页效果

两个层元素在空间上有重叠部分，通过设置 z-index 属性来控制哪个层元素显示在上面、哪个层元素显示在下面。参考代码如下。

序号	HTML 代码与 CSS 代码	说明
1	`<!DOCTYPE html>`	
2	`<html>`	
3	`<head>`	
4	`<title>z-index 设置</title>`	
5	`<style type="text/css">`	
6	`div {`	
7	`    padding: 20px;`	
8	`    position: absolute;`	设置绝对定位方式
9	`    width: 200px;`	
10	`    }`	
11	`#box1 {`	
12	`    background-color: #CC66FF;`	
13	`    z-index: 2;`	设置 z-index 的属性值大于下面元素的属性值
14	`    }`	
15	`#box2 {`	
16	`    background-color: #99CCFF;`	
17	`    top: 50px;`	向下偏移 50px 设置 z-index 的属性值小于上面元素的属性值
18	`    z-index: 1;`	
19	`}`	
20	`</head>`	
21	`<body>`	
22	`<div id="box1">第一个元素</div>`	
23	`<div id="box2">第二个元素</div>`	
24	`</body>`	
25	`</html>`	

任务实施

1. 在站点目录下创建网页文件 7-4.html。

2. 编辑 id 为 report 的层元素。创建该区域标题元素"专题报道"和超链接元素"查看更多"，并设置超链接的 id 为 more。

3. "查看更多"这个元素的位置较特殊，可以使用绝对定位方式来实现。

CSS 代码如下。

```css
#more{
        position:absolute;
        top:20px;
        right:50px;
}
```

它参照#report 元素的左上角进行定位，它们的相对位置保持不变。因此，还需要设置#report 元素为其基准点。

CSS 代码如下。

```css
#report{
        position:relative;
}
```

4. 一行上显示 3 个专题项，每个专题项都包含图片和文字，样式一致，可以用类选择器来标识。因此，使用 3 个层元素（类名为 item）作为容器来放置每个专题项的内容。层元素是块级元素，需要设置 float 属性，从而在一行上显示多个专题项。

CSS 代码如下。

```css
#report .item{
        width: 400px;
        float: left;
        background: #ccc;
        margin-right:50px ;
}
```

控制每个专题项的宽度，设置每项之间的空白，即右边距。

5. 专题项的文字较长时会超出父元素，需要设置超出部分隐藏。

CSS 代码如下。

```css
#report p{
        overflow: hidden;
        white-space: nowrap;
        text-overflow: ellipsis;
}
```

专题报道区域页面的参考代码如下。

序号	HTML 代码与 CSS 代码
1	`<!DOCTYPE html>`
2	`<html>`
3	`    <head>`
4	`        <meta charset="utf-8">`
5	`        <title>专题报道</title>`
6	`        <style type="text/css">`
7	`            #news,#report{`
8	`                margin: 0 auto;`
9	`                width: 1300px;`
10	`                margin-top: 60px;`

序号	HTML 代码与 CSS 代码
11	`        }`
12	`        #report{`
13	`            position:relative;`
14	`        }`
15	`        h1 {`
16	`            text-align: center;`
17	`        }`
18	`        #more{`
19	`            position:absolute;`
20	`            top:20px;`
21	`            right:50px;`
22	`        }`
23	`        #report .item{`
24	`            width: 400px;`
25	`            float: left;`
26	`            background: #ccc;`
27	`            margin-right:50px;`
28	`        }`
29	`        #report .item:last-child{`
30	`            margin-right:0px;`
31	`        }`
32	`        #report p{`
33	`            overflow: hidden;`
34	`            white-space: nowrap;`
35	`            text-overflow: ellipsis;`
36	`            text-align: center;`
37	`            margin: 35px 20px;`
38	`        }`
39	`        #report img{`
40	`            height: 225px;`
41	`            width: 400px;`
42	`        }`
43	`        #report a{`
44	`            text-decoration: none;`
45	`            color:#333;`
46	`            font: 18px/1.2 '微软雅黑';`
47	`        }`
48	`        #report a:hover{`
49	`            color:#990000;`
50	`        }`
51	`    </style>`
52	`</head>`
53	`<body>`
54	`    <div id="report">`

序号	HTML 代码与 CSS 代码
55	`<h1>`专题报道`</h1><a href="#" id="more">`>>>查看更多`</a>`
56	`<div class="item">`
57	`<img src="../img/report-1.jpg">`
58	`<p><a href="#">`【文化和自然遗产日】全网发力 聚焦非遗——"云游非遗·影像展"全面启动`</a></p>`
59	`</div>`
60	`<div class="item">`
61	`<img src="../img/report-2.jpg">`
62	`<p><a href="#">`为好手艺寻找一个时代新标准`</a></p>`
63	`</div>`
64	`<div class="item">`
65	`<img src="../img/report-3.jpg">`
66	`<p><a href="#">`古琴，中国文人的情结`</a></p>`
67	`</div>`
68	`</div>`
69	`</body>`
70	`</html>`

【任务 7.5】整合并美化精彩非遗资讯页面

任务描述

将页面中的各区块内容进行整合和调试，制作页面底部区域，美化页面整体效果。页面底部放置 3 个超链接的列表，设置列表和超链接样式。精彩非遗资讯页面整体效果如图 7-42 所示。

图7-42 精彩非遗资讯页面整体效果

任务实施

1. 将资讯推介区域和专题报道区域进行整合，对代码进行优化。

2. 加入页面头部和页面底部。

3. 页面底部放置网站相关的 3 项信息，使用列表来组织内容。每项使用超链接来实现。

HTML 代码如下。

```
<div id="footer">
        <ul>
            <li><a href="#">关于我们</a></li>
            <li><a href="#">联系我们</a></li>
            <li><a href="#">版权与免责声明</a></li>
            </ul>
</div>
```

4. 设置列表项在一行上显示。设置列表项的显示方式为 inline-block。

CSS 代码如下。

```
#footer li{
        display:inline-block;
        border-right:1px solid #c7c7c7;
        padding:0px 10px;
}
```

设置列表项右边框样式，但列表的最后一项不需要显示边框，且列表项之间有空白。

CSS 代码如下。

```
#footer li:last-child{
        border:none;
}
```

5. 将底部内容居中显示。需要定义列表的宽度和边距。

6. 设置列表和超链接样式。

精彩非遗资讯页面的参考代码如下。

序号	HTML 代码与 CSS 代码
1	`<!DOCTYPE html>`
2	`<html>`
3	`    <head>`
4	`        <meta charset="utf-8">`
5	`        <title>精彩非遗资讯页面</title>`
6	`        <style type="text/css">`
7	`            /*#content 部分的样式省略*/`
8	`            #footer{`
9	`                margin-top: 60px;`
10	`            }`
11	`            #footer ul{`
12	`                list-style-type:none;`
13	`                width: 500px;`
14	`                margin:auto;`
15	`                text-align: center;`

序号	HTML 代码与 CSS 代码
16	`        }`
17	`        #footer li{`
18	`            display:inline-block;`
19	`            border-right:1px solid #c7c7c7;`
20	`            padding:0px 10px;`
21	`        }`
22	`        #footer li:last-child{`
23	`            border:none;`
24	`        }`
25	`        #footer a{`
26	`            color:#333;`
27	`            text-decoration: none;`
28	`        }`
29	`        /*#header 部分的样式省略*/`
30	`    </style>`
31	`</head>`
32	`<body>`
33	`    <div id="header">`
34	`        …`
35	`    </div>`
36	`    <div id="content">`
37	`        <div id="news">`
38	`            …`
39	`        </div>`
40	`        <div id="report">`
41	`            …`
42	`        </div>`
43	`    <div id="footer">`
44	`        <ul>`
45	`            <li><a href="#">关于我们</a></li>`
46	`            <li><a href="#">联系我们</a></li>`
47	`            <li><a href="#">版权与免责声明</a></li>`
48	`        </ul>`
49	`    </div>`
50	`</body>`
51	`</html>`

智海引航

【问题 7.1】实现多个块级元素在同一行显示的 CSS 属性

使用 float 属性可以将块级元素有规律地向左或向右浮动,使得一行上可以显示多个块级元素,但是这个属性使用之后会影响父元素和后面元素,需要做些额外的处理。在页面布局中,float 属性常常被用来设置层这样的容器元素的横向排版。

元素定位属性 position 可以结合水平方向上的偏移属性（left、right）和垂直方向上的偏移属性（top、bottom）来将元素移动到固定的位置。可以对多个块级元素设定好水平方向和垂直方向上的偏移量，从而实现在一行上显示，该操作需要计算移动的位置。

display 属性可以改变元素的显示方式，将块级元素显示为行内元素，即属性值 inline 或属性值 inline-block。

【问题 7.2】举例说明常见的网页布局设计和网页布局技术

（1）分栏式布局。分栏式布局将页面分为多个栏目，使内容更易于组织和浏览。这种布局适合有大量内容的网站，尤其是每天都需要更新内容的网站。一般可以分为二栏、三栏和多栏式结构。二栏式布局如图 7-43 所示，它也是典型的"厂"字型布局。

图7-43 二栏式布局

（2）卡片式布局。卡片式布局适合在新闻网站和博客上使用，因为该布局可以在页面上放置大量内容，同时又保持每部分内容各不相同。卡片式布局如图 7-44 所示。

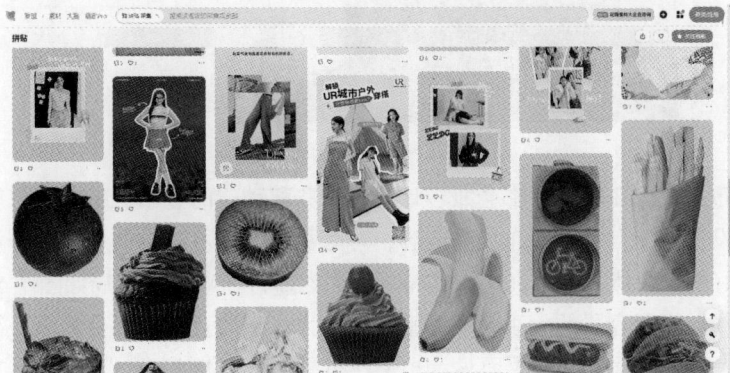

图7-44 卡片式布局

（3）网格布局。网格布局将页面分成网格，将内容放置在网格中，通常适用于展示大量内容的网站或应用。网格布局的设计具有视觉上的秩序感，以一种平衡且有组织的方式呈现内容，使内容更易于人们使用。网格布局如图 7-45 所示。

图7-45　网格布局

（4）单页布局。单页布局将网站的所有主要内容放在一个网页上，通过滚动完成导航，有时还使用视差滚动效果。对于内容稀疏的网站，单页布局是一个很好的解决方案。此外，它也是内容叙事的完美选择，适合表现交互式儿童读物。这类布局通常会使用绝对定位来完成，即使用 CSS 的绝对定位属性将元素放置在页面的固定位置，通常用于创建复杂的交互效果。单页布局如图 7-46 所示。

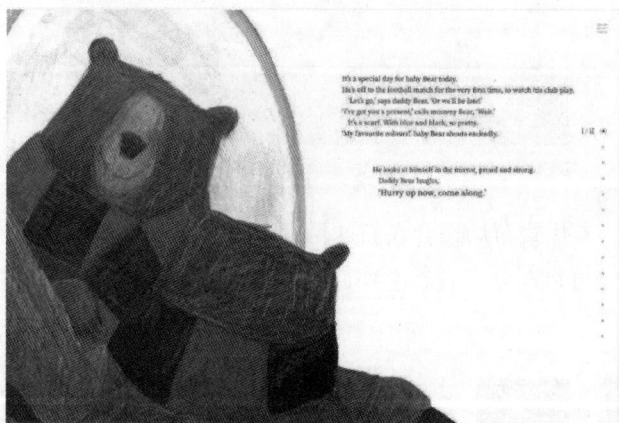

图7-46　单页布局

（5）响应式布局。现在的网站都会兼容计算机端和移动端的显示。响应式布局是指网页可以根据屏幕尺寸和设备类型自动调整布局和内容，一套页面代码可以自适应多种分辨率或多种终端设备，以提供更好的用户体验，现在响应式布局已悄然盛行。响应式布局如图 7-47 所示。

（6）弹性布局。根据容器的大小自动调整元素的大小和位置，以保持页面平衡和比例。这种布局方式更多地考虑兼容移动端的页面显示。弹性布局如图 7-48 所示。

图7-47　响应式布局

图7-48　弹性布局

匠心独运——昆韵流长 古调新声

　　昆曲历史悠久，影响广泛而深远，已有 600 多年的历史，是戏曲艺术中的珍品，被称为百花园中的"兰花"，有"中国戏曲之母"的雅称。2006 年，昆曲入选中国第一批国家级非物质文化遗产代表性项目名录。

　　昆曲又称昆腔、昆山腔、昆剧，是元末明初南戏发展到昆山一带后，与当地的音乐、歌舞、语言结合而形成的一个新的声腔剧种。经过长期的舞台实践，昆曲在表演艺术上达到了很高的成就，歌、舞、介、白等表演手段高度综合。随着表演艺术的全面发展，昆曲脚色行当分工越来越细，主要脚色包括老生、小生、旦、贴、老旦、外、末、净、副、丑等。昆曲音乐曲调旋律优美典雅，演唱技巧规范纯熟。赠板的广泛应用、字分头腹尾的发音吐字方式及流丽悠远的艺术风格使昆曲音乐获得了"婉丽妩媚，一唱三叹"的艺术效果。

单元习题

一、选择题

1. 下列不属于清除浮动属性值的是（　　）。

　　A．both　　　　　　　B．left　　　　　　　C．right　　　　　　　D．z-index

2. 可以用于设置两个元素之间的距离的属性是（　　）。

　　A．margin　　　　　　B．padding　　　　　C．border　　　　　　D．align

3. 在设置边框样式的属性 border-style 的取值中，double 表示（　　）。

　　A．点线　　　　　　　B．实线　　　　　　　C．双线　　　　　　　D．虚线

4. 下列 CSS 语句中定义元素下边框为红色实线的是（　　）。

　　A．border-left-color:#800080;　　　　　　　B．border-bottom:1px #F00 solid;

　　C．border:1px #F00 double;　　　　　　　　D．border-bottom-color:red;

5. 下列是行内元素的标记是（　　　）。

  A. <p>   B. <h1>   C. <div>   D. <img>

6. 盒子模型中从内往外的组成要素是（　　　）。

  A. padding、margin、border、content

  B. padding、margin、border、content

  C. content、padding、border、margin

  D. content、border、margin、padding

7. 下列对于创建新的层元素的叙述不正确的是（　　　）。

  A. 使用<div>标记创建层元素

  B. 层元素是一个常见块级元素

  C. 可以通过 id 属性或 class 属性应用额外的样式

  D. 在该元素前后会自动加空白区域

8. 下列属于 CSS3 中关于边框样式的新增属性的是（　　　）。

  A. border-radius B. border-style   C. border-color   D. border-width

9. 下列关于元素浮动的说法正确的是（　　　）。

  A. 浮动元素不会脱离文档流

  B. 浮动元素不可以使块级元素显示在同一行上

  C. 使用 float 属性设置

  D. 使用 clear 属性可以清除元素本身的浮动效果

10. 关于元素定位，下列叙述不正确的是（　　　）。

  A. 绝对定位会脱离文档流

  B. 定位需要结合 top 和 left 属性

  C. 默认定位方式为静态定位

  D. 相对定位会脱离文档流

11. 下列将 z-index 属性所属元素设置在最上面的语句是（　　　）。

  A. z-index:-1; B. z-index:0;   C. z-index:999;   D. z-index:1;

12. 在盒子模型中调整元素内容到边框距离的是（　　　）。

  A. border   B. padding   C. margin   D. content

二、填空题

1. 在 HTML 中，定义层元素的标记是_____。

2. 在 HTML 中，设置层元素的层叠属性是_____。

3. 层元素的大小主要由宽度和高度决定，它们分别使用_____属性和_____属性进行设置。

4. 填充属性控制边框和其内部元素之间的空间距离，包含 5 个属性，分别为 padding、_____、padding-top、_____、_____。

5. 在 CSS 中，可以利用_____属性来控制边框的宽度，利用_____属性来设置边框的颜色，利用_____属性来设置边框的样式。

6. 利用 CSS 的_____属性，就可以精确地设定元素的位置，还能将各元素进行叠放处理，它的取值有_____、_____和_____。

7. 定位属性 position 用来设置网页中 HTML 元素定位的具体方式，主要包括_____、相对定位和静态定位。

三、简答题

1. 简述盒子模型并画图说明，解释边距和填充的区别，列出用于设置边框与填充的 CSS 属性。

2. 举例说明什么是文档流、什么是块级元素与行内元素。

单元8
JavaScript基础与非遗网站首页的制作

08

JavaScript 对网页制作具有重要意义，主要体现为增强交互性、更新动态内容、控制浏览器行为、提升用户体验、实现前后端分离等。

学习目标

1. 掌握 JavaScript 基本语法，包括变量、数据类型、运算符、选择控制结构、函数等。
2. 熟悉 DOM API，能够通过 JavaScript 操作网页元素和属性，包括获取、修改、添加和删除元素。
3. 掌握事件监听，能够为网页元素添加事件监听器，并在触发事件时执行相应的函数。
4. 掌握定时器，能够使用 setInterval()和 setTimeout()函数执行定时任务。
5. 能够使用 JavaScript 编写简单的网页交互，如表单验证、页面交互特效等。
6. 能够使用 JavaScript 实现基本的动态网页效果，如轮播图、图片切换等。
7. 能够编写清晰的项目文件和用户手册，帮助他人理解开发思路，正确使用产品。
8. 培养编程兴趣和编程思维能力。

情景导入

小新在浏览了互联网上诸多的成功案例后，发现那些网页都使用了用 JavaScript 编写的代码，从而使静态的网页变得生动起来。小新感到既兴奋又好奇，他也想通过为非遗网站首页制作轮播图来增加动态效果。虽然 JavaScript 比 HTML 和 CSS 都难，但是编写 JavaScript 代码的过程可以提升解决实际问题的能力。为此，小新制订了如下任务规划。

① 设计非遗网站首页。
② 熟悉 JavaScript 基础语法并制作非遗网站首页轮播图。
③ 了解常用函数并实现定时切换图片。
④ 认识 JavaScript 事件并实现手动切换图片。
⑤ 制作轮播图。
⑥ 制作非遗网站首页。

【任务 8.1】设计非遗网站首页

▷ 任务描述

工单编号	RW8-1			
任务名称	设计非遗网站首页			
任务负责人	小新			
任务说明	非遗网站首页的 UI 设计			
任务要求	1. 网页的顶部是网站名称、网站 Logo 和搜索框，之后有一个导航栏，包含"首页""机构""资讯""名录""指南"等几个主要的导航项 2. 导航栏下面是轮播图，切换图片的按钮分布在图片的左右两边 3. 网页的主体部分被分为几个不同的区块，每个区块都有一个标题和相应的内容。网页底部是页脚信息，包含维护更新和技术支持的相关信息			
任务完成情况				
任务等级	□一般	□重要	□紧急	□非常紧急
完成时间	□提前完成	□按时完成	□延期完成	□未能完成
完成质量	□优秀	□良好	□一般	□差

▷ 任务实施

打开 Axure，建立非遗网站首页原型。根据任务工单给出以下 UI 设计。非遗网站首页原型图如图 8-1 所示。

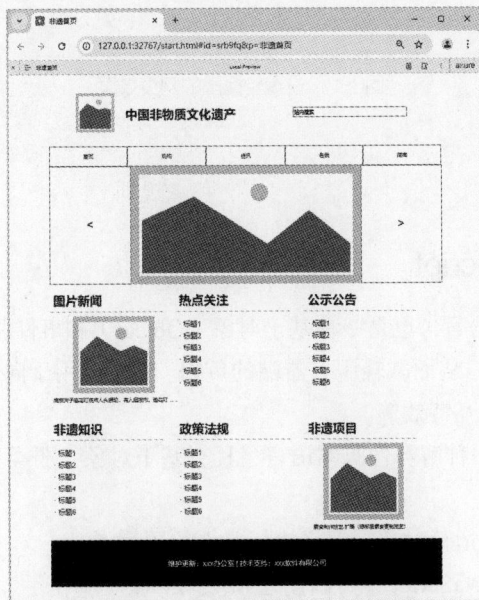

图8-1　非遗网站首页原型图

【任务 8.2】熟悉 JavaScript 基础语法并制作非遗网站首页轮播图

本任务的主要目标是为非遗网站的首页添加一个轮播图，网页效果如图 8-2 所示。轮播图由一系列图片组成，利用 JavaScript 可以实现当页面加载时，用户只看到一张图片，而其他的图片隐藏起来的效果。

一般来说，网站首页中的轮播图是非常重要的元素，不仅能够吸引用户的注意力，还能够展示非遗项目的丰富性和多样性。在实现轮播图时，需要注意一些细节。例如，需要确保所有图片的大小一致，否则会出现图片错位的情况。同时，还需要考虑图片的加载速度和浏览器的兼容性问题。

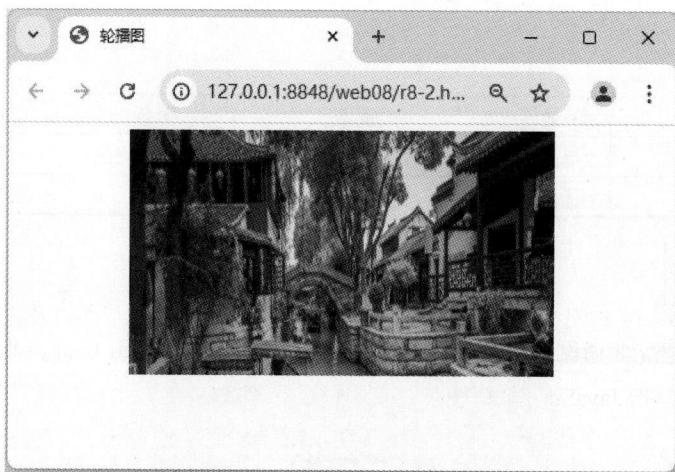

图8-2　设置轮播图的网页效果

知识准备

8.2.1　什么是 JavaScript

JavaScript 是一种表述语言，也是一种基于对象（Object）和事件驱动（Event Driven）的脚本语言。它主要运行在客户端，从而减轻服务器端的负担。它主要用于向 HTML 页面添加交互行为，实现页面表单验证、页面交互特效等。

同时，JavaScript 也是一种解释性脚本语言，具有基于对象、弱类型、事件驱动和跨平台性等特性，并内置支持类型。

（1）解释性是指代码在运行时逐行解释执行，无须预编译。

（2）基于对象是指在 JavaScript 中可以创建和使用对象。

（3）弱类型是指 JavaScript 中变量的类型较为灵活，对数据类型未做出严格的要求。下面将举几个例子进行说明。

例1：变量类型自动变化

```
let x = 5; // x 是数字类型
x = "Hello"; // 现在 x 变成了字符串类型
console.log(typeof x); // 输出：string
```

在例1中，变量 x 最初被赋为数字 5，然后又被赋为字符串 Hello。由于 JavaScript 是弱类型的，因此 x 的类型在赋值时自动从数字变为了字符串。

例2：函数参数类型不固定

```
function add(a, b) {
    return a + b;
}
console.log(add(1, 2)); // 输出数字 3，因为两个参数都是数字
console.log(add("Hello, ", "world!")); // 输出字符串 "Hello,world!"，因为两个参
                                        数都是字符串
console.log(add(1, "2")); // 输出字符串 12，这里进行了字符串连接而不是数学加法
```

add()函数被设计为可以接收两个值。

例3：隐式类型转换

```
let num = 10;
let str = "5";
// JavaScript 会尝试将字符串隐式转换为数字，以执行数学加法
console.log(num + str); // 输出数字 15
// 但是，如果使用了字符串连接操作符 "+=" 的赋值形式，则不会进行隐式类型转换
str += num; // 这里，str 变成了字符串 510，因为 "+=" 操作符在字符串上下文中用于连接字符串
console.log(str); // 输出字符串 510
```

弱类型特性使得 JavaScript 成为一种非常灵活的语言，但也要求开发者在编写代码时更加注意数据类型的管理和潜在的错误。

（4）事件驱动是指 JavaScript 是一种采用事件驱动的脚本语言，可以响应用户的各种操作，如单击、键盘输入等。

【实例 8-1】JavaScript 单击事件。

序号	HTML 代码与 JavaScript 代码
1	`<!DOCTYPE html>`
2	`<html>`
3	`<head>`
4	`    <meta charset="utf-8">`
5	`    <title>JavaScript Demo</title>`
6	`</head>`
7	`<body>`
8	`<button id="myButton">单击我</button>`
9	`<script>`
10	`var button = document.getElementById("myButton");// 获取按钮元素`
11	`// 为按钮添加单击事件监听器`
12	`button.addEventListener("click", function() {`
13	`    alert("按钮被单击了! ");`
14	`});`

序号	HTML 代码与 JavaScript 代码
15	`</script>`
16	`</body>`
17	`</html>`

当用户单击 id 为 myButton 的按钮时，会触发 click 事件，函数被执行，页面上会显示一个警告对话框。

（5）跨平台性是指 JavaScript 不依赖于操作系统，只需浏览器的支持即可运行。

8.2.2　JavaScript 代码引入方式

JavaScript 代码的引入方式主要有如下两种。

1．在网页文件中嵌入 JavaScript 语句的基本语法如下。

```
<script language="JavaScript">
        JavaScript 语句;
        …
</script>
```

<script>标记是用于嵌入或引用 JavaScript 代码的标记，它可以被放置在<head>标记或<body>标记中的任何位置，同一个网页中还允许出现多组<script></script>标记。

2．定义独立的 JavaScript 文件（扩展名为.js），需要在网页文件中进行引入，基本语法如下。

```
<head>
    <script type="text/javascript" src="URL"></script>
</head>
```

说明：type 属性定义引入的文件是 JavaScript 文件，src 属性指定 JavaScript 文件所在路径。一般在<head></head>标记中统一引入。

【实例 8-2】在网页中使用被包含在开始标记<script>和结束标记</script>之间的 JavaScript 代码。参考代码如下。

序号	HTML 代码与 JavaScript 代码
1	`<!DOCTYPE html>`
2	`<html>`
3	`<head>`
4	`    <meta charset="utf-8">`
5	`    <title>script 标记</title>`
6	`</head>`
7	`<body>`
8	`    <script>`
9	`        console.log('Hello, JavaScript!');`
10	`    </script>`
11	`</body>`
12	`</html>`

代码第 9 行的 console 指的是浏览器控制台，log()是控制台中的输出方法。打开页面后按 F12 键可以查看运行后的结果，在控制台中可以看到"Hello, JavaScript!"这条消息。浏览器控制台如图 8-3 所示。

Web 前端开发技术项目教程（HTML5+CSS3+JavaScript）（微课版）

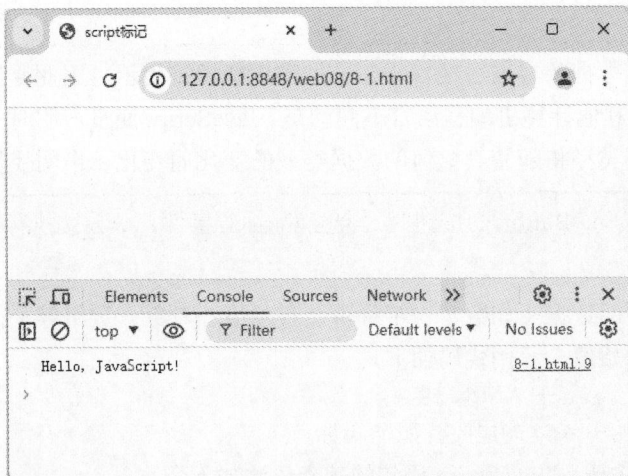

图8-3　浏览器控制台

8.2.3　变量与常量

微课8.1

1. 标识符

标识符用来命名变量和函数，由字母、数字、下画线（_）和美元符号（$）组成，并且标识符的第一个字符必须是字母、下画线或美元符号。在 JavaScript 中，标识符区分大小写，并且标识符不能为 JavaScript 中的关键字和保留字。常用关键字有 break、continue、do、for、if、else、switch、case、default、while、function、var、let、const、try、catch、finally、throw、return、typeof、new、delete、in、instanceof、this、void。需要注意的是，标识符不能以数字开头。

2. 数据类型

JavaScript 数据类型主要分为基本类型和对象类型。基本类型包括以下几种类型。

（1）数字（Number）

数字可以是整数或浮点数，还可以是特殊的数值，如 NaN（非数值）、Infinity（无穷大）和 – Infinity（负无穷大）。

（2）布尔值（Boolean）

布尔值只能是 true 或 false，分别表示逻辑值真和假。true 和 false 都使用小写。

（3）字符串（String）

字符串类型的数据需要用单引号或双引号表示，如"JavaScript"。

（4）空值（Null）与未定义（Undefind）

Null 类型只有一个 null 值，表示未定义的对象。Undefind 类型只有一个 undefind 值，表示当声明的变量还未被初始化时，变量的默认值为 undefined。

（5）Symbol

Symbol 类型是 ECMAScript6(ES6)规范中新引入的一种基本数据类型，表示独一无二的值。

对象类型是复杂数据类型，是属性的集合，每个属性都有一个名称和一个值。JavaScript 中的对象数据类型主要包括对象（Object）、数组（Array）、函数（Function）。另外，还有两个特殊的对象：正则式（RegExp）和日期（Date）。

3. 变量

变量是用来存储数据的容器，在 JavaScript 中用标识符表示，因此变量的命名必须符合标识符的命名规则。与其他计算机编程语言不同的是，JavaScript 变量声明时不需要指定变量的数据类型，变量的数据类型将随着其赋值的数据类型的变化而变化。声明变量时，需要使用关键字 var 或 let，基本语法如下。

```
var 变量名;
let 变量名;
```

可以将任何类型的数据（如数字、字符串、布尔值、对象、数组等）存储在变量中。变量在定义时可指定其初始值，示例代码如下。

```
let age = 25; // age 表示全局变量
console.log(age); // 输出：25
age = 30;
console.log(age); // 输出：30
function testFunc(){
var a=4;          // a 表示局部变量
}
```

变量分为全局变量与局部变量。在定义变量时，一定要注意变量的作用范围。

在 JavaScript 中，undefined 表示一个未定义的值。例如，当变量未赋值就直接使用时，它的值就是 undefined。

```
let name;
console.log(name); // 输出：undefined
```

此外，JavaScript 还支持对象类型，可以将多个值存储在一个对象中。举例如下。

```
let person = {
    name: "John",
    age: 30,
    isStudent: false
};
console.log(person.name); // 输出：John
```

上例中创建了一个名为 person 的对象，它包含 3 个属性，分别为 name、age 和 isStudent。可以使用"对象名.属性名"来访问相关属性。

JavaScript 中的数组是一种特殊的对象，用于表示和操作有序的数据集。它们用于在单个变量中存储多个值，并且可以轻松地添加、删除和修改这些值。数组的创建可以通过字面量语法或 new Array()构造函数来完成。举例如下。

```
let arr1 = [1, 2, 3, 4, 5]; //使用字面量语法创建数组
let arr2 = new Array(1, 2, 3, 4, 5); // 使用 new Array()构造函数创建数组
```

数组的索引从 0 开始，可以使用索引来访问、修改或删除数组中的元素。举例如下。

```
console.log(arr1[0]); // 输出：1
arr1[0] = 10; // 修改数组中的元素
console.log(arr1[0]); // 输出：10
delete arr1[0]; // 删除数组中的元素
console.log(arr1[0]); // 输出：undefined
```

数组还有一些内置的方法，用于执行常见的操作，如添加元素、删除元素、排列元素等。举例如下。

```
let arr3 = [1, 2, 3, 4, 5];
```

Web 前端开发技术项目教程（HTML5+CSS3+JavaScript）（微课版）

```
arr3.push(6); // 在数组末尾添加一个元素，返回新的长度
console.log(arr3); // 输出：[1, 2, 3, 4, 5, 6]
arr3.pop(); // 删除并返回数组末尾的元素
console.log(arr3); // 输出：[1, 2, 3, 4, 5]
arr3.sort(); // 对数组进行排序，返回已排序的数组副本
console.log(arr3); // 输出：[1, 2, 3, 4, 5]（原数组不会被改变）
```

4. 常量

常量一旦被赋值就不能再更改。尝试更改常量的值会导致错误。使用关键字 const 来声明常量，基本语法如下。

```
const 常量名;
```

例如，使用常量来表示圆周率，代码如下。

```
const PI = 3.14159; //定义常量 PI
console.log(PI); // 输出：3.14159
PI = 3.14; // 这会导致错误
```

常量有整型常量、浮点型常量、布尔型常量、字符型常量、Null 常量，以及一些特殊常量，如表 8-1 所示。

表8-1　JavaScript常量类型

常量类型	示例
整型常量	如 2008、315 等
浮点型常量	如 −3.1E12、2E12 等
布尔型常量	只有 true 与 false
字符型常量	如"a" "guoyongcan" "university"等
Null 常量	Null 可与任何类型的数据进行转换。当数据类型为数字时，Null 表示 0；当数据类型为字符型时，Null 表示空字符串
特殊常量	如"\f"表示换页符，"\t"表示制表符

在 JavaScript 中，变量和常量是存储数据的主要方式。它们的主要区别在于能否被重新赋值。

8.2.4　运算符

JavaScript 的运算符主要包括算术运算符、赋值运算符、关系运算符及逻辑运算符。

1. 算术运算符

在 JavaScript 中，基本的算术运算符主要用于算术运算，包括单目算术运算符（+、−、++、−−）和双目算术运算符（+、−、*、/、%）等，如表 8-2 所示。

表8-2　JavaScript算术运算符

运算符	描述	示例
+	加	a+b、1+2
−	减	a−b、a−9
*	乘	a*b、a*3*4
/	除	a/b、−10/2
%	取余	a%2
++	自加	a++、++a
−−	自减	a−−、−−a

2. 赋值运算符

JavaScript 赋值运算符分为简单赋值运算符 "=" 和复合赋值运算符。其中，复合赋值运算符由 "=" 与算术运算符复合而成，如加法赋值运算符 "+="，如表 8-3 所示。

表8-3　JavaScript赋值运算符

运算符	描述	示例
=	赋值运算符	a=5
+=	加法赋值运算符，先加后赋值	a+=5 相当于 a=a+5
− =	减法赋值运算符，先减后赋值	a − =5 相当于 a=a − 5
*=	乘法赋值运算符，先乘后赋值	m*=5 相当于 m=m*5
/=	除法赋值运算符，先除后赋值	m/=5 相当于 m=m/5
%=	取余赋值运算符，先取余后赋值	m%=5 相当于 m=m%5

3. 关系运算符

JavaScript 关系运算符用于比较两个值之间的关系，并根据关系是否成立返回布尔值 true 或 false。常用的关系运算符如表 8-4 所示（令 x 为 5 ）。

表8-4　JavaScript关系运算符

运算符	描述	示例
==	等于	x==8 为 false
===	全等（值和类型）	x===5 为 true，x==="5" 为 false
!=	不等于	x!=8 为 true
>	大于	x>8 为 false
<	小于	x<8 为 true
>=	大于或等于	x>=8 为 false
<=	小于或等于	x<=8 为 true

4. 逻辑运算符

JavaScript 中的逻辑运算符用于需要判定多个条件的情况。在进行逻辑运算时，运算符两边的操作数和运算结果都必须为布尔值。常用的 JavaScript 逻辑运算符如表 8-5 所示。

表8-5　常用的JavaScript逻辑运算符

运算符	描述	示例
&&	and	(x < 10 && y > 1) 为 true
||	or	(x==5 || y==5) 为 false
!	not	!(x==y) 为 true

8.2.5　选择控制结构

JavaScript 程序是由若干条语句组成的。在 JavaScript 程序中改变代码执行顺序的结构被称为流程控制结构。流程控制结构在程序编写过程中非常关键。

JavaScript 的流程控制结构可以分为顺序结构、选择控制结构和循环控制结构。

微课 8.2

JavaScript 中，顺序结构是最简单的流程控制结构。顺序结构是指每条语句都按照一定的顺序

执行，不重复，不跳过任何语句，每条语句都用分号结尾；如果有多条语句，则可以用大括号{}把一些语句括起来，作为一个整体语句块，即构成一个复合语句。举例如下。

```
i=3;
j=j+i;
```

选择控制结构和循环控制结构往往都会涉及复合语句的使用。一般情况下，函数也是由复合语句构成的。

除了顺序结构，JavaScript 还定义了对语句具有选择和循环功能的流程控制结构。在 JavaScript中，默认的流程控制结构是顺序结构，但如果遇到选择控制结构或循环控制结构，语句执行的顺序和规则就会发生改变。JavaScript 中的选择控制结构有 if 分支结构、if...else 结构、if...else if 多选择分支结构和 switch 结构这 4 种。

if...else 结构作为选择控制结构允许基于某个条件执行特定的语句组，它有 3 种结构变形，分别是 if 分支结构、if...else 结构及 if...else if 多选择分支结构。

1. if 分支结构

基本语法如下。

```
if (条件表达式) {
    语句组        //语句组在条件表达式为真时执行
}
//条件表达式为假时无操作，往后执行
```

if 分支结构如图 8-4 所示。在 if 分支结构中，由于只有 if 分支，因此如果条件表达式成立，则执行语句组，否则执行 if 语句之后的其他语句。

注意：如果语句组中只有一条语句，则大括号可省略；如果语句组中有两条及以上的语句，则这些语句必须用大括号括起来。

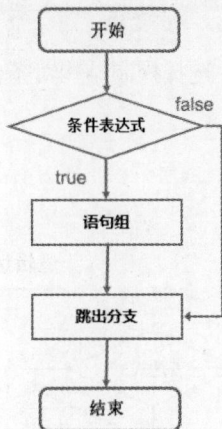

图8-4　if分支结构

2. if...else 结构

if...else 结构是指在程序执行过程中存在两种选择，并根据条件判断结果的不同，执行其中某一语句组。基本语法如下。

```
if (条件表达式) {
    语句组1      //语句组1在条件表达式为真时执行
} else {
```

```
    语句组 2      //语句组 2 在条件表达式为假时执行
}
```

if...else 结构如图 8-5 所示。在程序执行时首先判断条件表达式是否为真，如果条件表达式的结果为真（true），就执行语句组 1，否则（false）执行语句组 2。

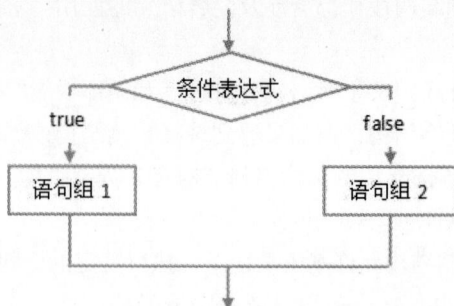

图8-5　if...else结构

3. if...else if 多选择分支结构

多选择分支结构有多个条件表达式，在程序执行时首先判断第一个条件表达式是否为真，如果为真就执行语句组 1，否则就判断下一个条件表达式是否为真，以此类推。如果最后所有的条件表达式均为假，则执行最后一个 else 后面的语句组 $n+1$。基本语法如下。

```
if (条件表达式1) {
    语句组 1      //语句组 1 在条件表达式 1 为真时执行
} else if (条件表达式2) {
    语句组 2      //语句组 2 在条件表达式 2 为真时执行
} else {
    语句组 n+1    //默认语句组，当上面的条件表达式都不满足时执行
}
```

多选择分支结构如图 8-6 所示。这种选择控制结构对条件进行判断，不同的条件对应不同的语句组。同时，if 语句还可对语句进行嵌套。

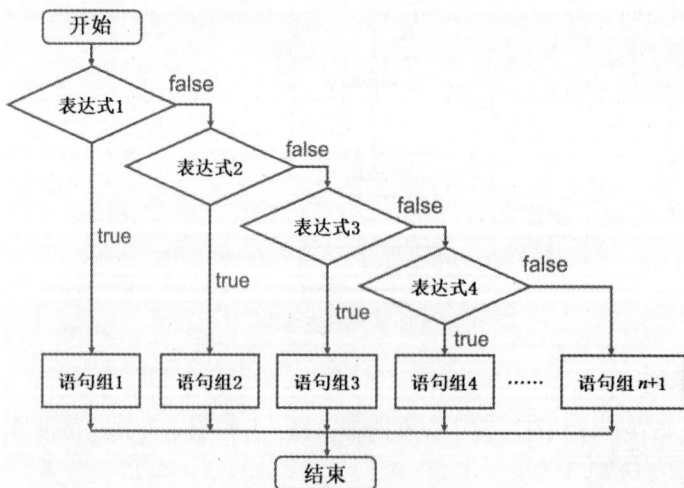

图8-6　多选择分支结构

下面通过一个示例来解释多选择分支结构。

```
let score = 85;
if (score >= 90) {
    console.log("优秀");
} else if (score >= 80) {
    console.log("良好");
} else if (score >= 60) {
    console.log("及格");
} else {
    console.log("不及格");
}
```

注意：在 JavaScript 中，选择控制语句是从前往后执行的，一旦满足某个条件并执行相应的语句组后，后续的 else 或 else if 语句组将不会被执行。

4. switch 结构

对于多条件选择，既可以用 "if...else if" 多选择分支结构来实现，也可以用 switch 结构来实现。switch 结构是多分支的选择控制结构，常用于多条件选择的情况。基本语法如下。

```
switch(表达式){
    case 常量表达式1:
        语句组1;
        break;
    case 常量表达式2:
        语句组2;
        break;
    …
    case 常量表达式n:
        语句组n;
        break;
    default:
        语句组n+1;
        break;
}
```

switch 结构在执行时，首先根据 switch 语句中表达式的值在 case 语句中从前往后寻找与该表达式的值相等的常量表达式。如果找到相匹配的常量表达式，则由此开始顺序执行 case 后面的语句组。如果没有找到相匹配的常量表达式，则执行 default 后面的语句组。使用 switch 语句时有以下注意事项。

① 常量表达式可以是数字型、字符型或枚举型表达式。

② 各常量表达式的值不能相同。

③ 每个 case 分支后面都需要加上 "break;"。

④ 各常量表达式的排列顺序不影响最后的执行结果。

⑤ 每个 case 分支后面如果有多条语句，则可以不必使用{}。

⑥ 如果多个 case 分支后面执行的操作相同，则多个 case 分支可以共用一个语句组。

8.2.6　循环控制结构

循环控制结构是在一定条件下反复执行某段程序的控制结构，被反复执行的语句序列称为循环体。JavaScript 中有 3 种常用的循环语句：for 语句、while 语句、do...while 语句，除此之外还有 break 语句和 continue 语句这两种跳转语句。

1. for 语句

for 循环是一种常见的循环类型，通常在预先知道循环次数的情况下使用。基本语法如下。

```
for(初值表达式;条件表达式;循环表达式){
    循环语句块;
}
```

其中，初值表达式是初始条件，一般用于对变量进行初始化。条件表达式是循环条件表达式，如果条件表达式为真，则继续下一次循环；否则终止循环。循环表达式是用于改变循环变量的表达式。for 语句的循环流程如图 8-7 所示。

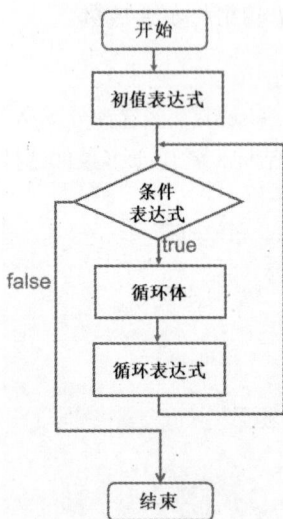

图8-7　for语句的循环流程

下面通过一个示例来解释 for 循环的使用。

```
for (let i = 0; i < 5; i++) {
    console.log(i);
}
```

这个循环将从 i=0 开始，一直执行到 i 大于或等于 5。每次循环都会输出当前的 i 值。

for...of 循环是 for 循环的一种变体，常用于遍历可迭代对象，如数组、字符串、Map、Set 等。下面是一段使用 for...of 循环的代码。

```
const arr = [1, 2, 3, 4, 5];
for (const value of arr) {
    console.log(value);
}
```

这个循环将输出数组中的每个元素。注意，for...of 循环中的变量（在这个例子中是 value）将自动被赋予当前迭代的值。

2. while 语句

while 语句与 for 语句一样，可以实现循环功能。基本语法如下。

```
while(条件表达式){
    循环语句块;
}
```

Web前端开发技术项目教程（HTML5+CSS3+JavaScript）（微课版）

while 语句的循环流程如图 8-8 所示。当条件表达式的值为 true 时，重复执行循环语句块；当条件表达式的值为 false 时，循环结束。

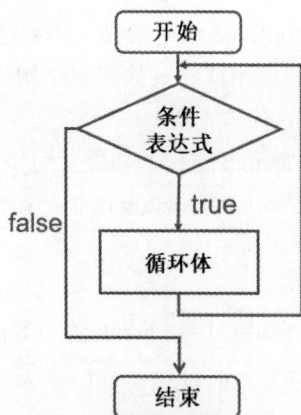

图8-8　while语句的循环流程

下面是一段使用 while 循环的代码。

```
let i = 0;
while (i < 5) {
    console.log(i);
    i++;
}
```

这个循环也将输出 0～4。与 for 循环不同，while 循环没有内置的计数器，因此需要手动更新条件。

3. do…while 语句

do…while 语句的基本语法如下。

```
do{
    循环语句块；
}while(条件表达式);
```

do…while 语句先执行一次循环语句块，然后对条件表达式的值进行判断，如果为 true，则执行循环语句块；否则结束循环。do…while 语句的循环流程如图 8-9 所示。

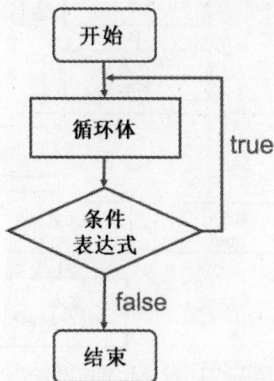

图8-9　do...while语句的循环流程

与 while 语句相比，do…while 语句中的循环语句块至少会被执行一次，而 while 语句中的循环语句块有可能一次也不被执行。

4. 跳转语句

跳转语句主要有 break 语句和 continue 语句两种。需要注意的是，跳转语句只能与循环语句和 switch 语句一起使用，不能单独使用或在其他控制结构语句中使用。

（1）break 语句

break 语句可以实现跳出循环或 switch 结构的功能。例如，break 语句可以实现从 switch 结构中的某个 case 分支中跳出，从而结束整个 switch 语句。在使用 break 语句时，一般只能跳出当前循环。

（2）continue 语句

continue 语句也用于循环语句，它的作用和 break 语句类似，但是它不能结束整个循环，而是只能结束当前循环，然后继续执行下一次循环。

8.2.7 DOM 操作

DOM 即文件对象模型，可以用一种独立于平台和编程语言的方式访问和修改一个文件的内容和结构。换句话说，DOM 为处理 HTML 或 XML 文件提供了标准的方法。

微课 8.3

DOM 以树状结构表示 HTML 文件，其中每个 HTML 元素都被表示为一个对象，这些对象可以通过 JavaScript 来访问和操作。开发者可以使用 DOM 提供的方法和属性来动态地改变 HTML 文件的内容、样式和结构，从而实现与用户的交互和动态页面的创建。DOM 树由下面几个部分组成。

- 文件节点（Document Node）：表示整个 HTML 文件。
- 元素节点（Element Node）：表示 HTML 中的各个元素。
- 文本节点（Text Node）：表示 HTML 中的文本内容。
- 属性节点（Attribute Node）：表示 HTML 元素的属性。

图 8-10 所示的整个文件是一个 document 对象，文件中的元素也都是对象，如<a>对象、<h1>对象，其中<a>对象中有自己的属性和文本。

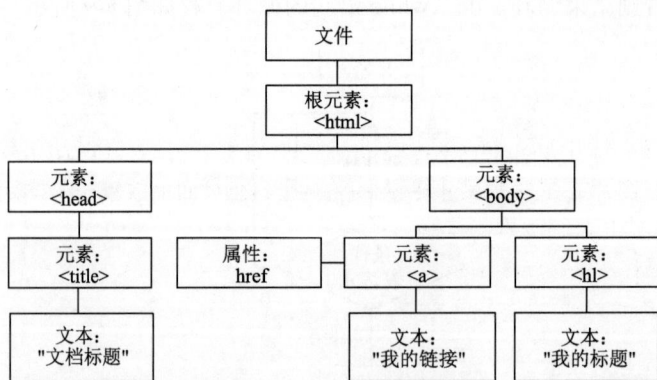

图8-10　HTML文件树结构

在 DOM 中，document 对象是核心的内置对象之一，它代表了整个 HTML 文件。通过它提供的许多方法和属性，可以访问和操作网页的 DOM 树。

下面介绍 DOM 操作中 document 对象的常用函数和属性，如表 8-6 所示。

表8-6　document对象的常用函数和属性

函数和属性	说明
getElementById()	返回具有指定 id 的元素
getElementsByClassName()	返回一个类数组的对象，包含所有具有指定类名的元素
getElementsByTagName()	返回一个类数组的对象，包含所有具有指定标记名的元素
querySelector()	返回匹配指定 CSS 选择器的第一个元素
querySelectorAll()	返回一个 NodeList 对象，包含所有匹配指定 CSS 选择器的元素
createElement()	返回一个新的元素对象
appendChild()	将一个节点添加到另一个节点的末尾
removeChild()	从父节点中移除一个子节点
innerHTML	获取或设置元素的 HTML 内容
style	获取或设置元素的样式属性

获取元素之后，可以修改元素的内容和属性。下面的代码根据 id 获取了文件中的一张图片，直接修改 style 属性将它隐藏。

```
let img = document.querySelector("#img");
img.style.display = "none";
```

另外，DOM API 提供了许多用于创建 HTML 元素的方法，如 createElement()方法。

```
// 创建一个新的 HTML 图片元素并将其引用存储在变量 image 中
let image = document.createElement('img');
// 设置新图片元素的 src 属性，该属性指定了图片的 URL
image.src = 'pic/sample.jpg';
// append()方法将一个元素添加到指定的 HTML 元素中作为最后一个子元素
doument.body.append(image);
```

💬 实战小技巧

DOM 的内置对象主要包括 Window 对象、Element 对象、Node 对象及 Event 对象等。随着 Web 技术的发展，新的对象和 API 也在不断被引入。因此，建议开发者根据具体需求查阅最新的 DOM 规范和相关文件，以获取最准确和全面的信息。

🔑 任务实施

1. 创建网页文件。打开 HBuilder X，创建一个新的网页文件，并保存在对应站点目录下。

2. 准备 3~5 张图片，图片的尺寸尽量保持一致。在页面上放置一个固定尺寸的层元素作为窗口，窗口的尺寸和图片的尺寸保持一致。

```
<div class="carousel"></div>
```

定义轮播图窗口的尺寸，代码如下。

```
.carousel {
    width: 500px;
    height: 280px;
    margin: auto;
}
```

3. 定义一个数组，存放所有轮播图中需要展示的图片。将图片存在数组中是为了后期维护更灵活。

```
const  images = [
        'pic/sample1.jpg',
        'pic/sample2.jpg',
        'pic/sample3.jpg',
];
```

非遗网站首页轮播图页面的参考代码如下。

序号	HTML 代码、CSS 代码与 JavaScript 代码
1	`<!DOCTYPE html>`
2	`<html>`
3	`<head>`
4	`    <meta charset="utf-8">`
5	`    <title>JavaScript 轮播图</title>`
6	`    <style>`
7	`        .carousel{`
8	`            width: 500px;`
9	`            height: 280px;`
10	`            margin: auto;`
11	`        }`
12	`        .carousel>img{`
13	`            width: 500px;`
14	`            height: 280px;`
15	`            display: block;`
16	`            float: left;`
17	`        }`
18	`    </style>`
19	`</head>`
20	`<body>`
21	`    <div class="carousel">`
22	`        <img src="" id="carousel-image">`
23	`    </div>`
24	`    <script>`
25	`        const  images =[`
26	`            'pic/sample1.jpg',`
27	`            'pic/sample2.jpg',`
28	`            'pic/sample3.jpg',`
29	`        ];`
30	`        let current = 0;`
31	`        const  image =document.querySelector('#carousel-image');`
32	`        image.src = images[current];`
33	`    </script>`
34	`</body>`
35	`</html>`

【任务 8.3】了解常用函数并实现定时切换图片

任务描述

在任务 8.2 中，图片被静态地放置在容器中，当用户通过浏览器打开页面时，只能看到第一张图片。本任务将实现一种动态、更具吸引力的效果，让图片每隔一段时间就自动切换。

为了实现这一目标，需要进行一些技术上的调整和优化，使图片的容器能够支持自动切换功能，每隔一段时间就会自动触发图片的切换事件。

知识准备

8.3.1 函数

函数是指能够完成特定功能的一段代码。将完成特定功能的代码封装在一个函数里，在应用时，调用该函数即可实现相应的功能。例如，alert()函数是 JavaScript 提供的函数，可以实现弹出对话框的功能。

在编写 JavaScript 代码时，通过函数的调用，可以避免相同功能代码的重复编写，从而很好地提高代码的编写效率。

1. 函数的定义

定义函数的基本语法如下。

```
function 函数名(参数){
    函数体;
}
```

函数声明时使用关键字 function。函数名是开发者自定义的标识符，其命名必须符合标识符的命名规则。如果函数涉及相关参数的传递，则需要在函数名后声明这些参数。函数代码即实现相关功能的 JavaScript 代码。

2. 函数的调用

在定义了 JavaScript 的函数之后，需要对函数进行调用，从而实现其功能。

下面是一个简单的 JavaScript 函数的使用示例。

```
//定义函数
function greet(name) {
    return "Hello, " + name + "!";
}
//调用函数
console.log(greet("Alice")); // 输出: Hello, Alice!
```

这个例子中定义了一个名为 greet 的函数，它接收一个参数 name。函数体执行字符串连接操作，并返回一个字符串。

在 JavaScript 中，函数的参数可以有默认值。这意味着如果调用函数时没有提供某个参数的值，那么该参数将使用其默认值。这是从 ES2015（也称为 ES6）开始引入的新特性。为上例中的 name 参数设置默认值，代码修改如下。

```
function greet(name = "World") {
    return "Hello, " + name + "!";
}
console.log(greet("Alice")); // 输出: Hello, Alice!
console.log(greet()); // 输出: Hello, World!
```

函数的 return 语句指定了调用该函数时返回的值。如果函数执行到 return 语句，那么它将停止执行并返回指定的值。如果函数没有执行到 return 语句，或者 return 后面没有跟随任何值，那么它将返回 undefined。

8.3.2 setTimeout()函数

setTimeout()是 JavaScript 中用于在指定时间后执行函数的方法。这是异步编程的一部分，意味着 setTimeout()不会阻止代码的其余部分继续执行。setTimeout()的基本语法如下。

微课 8.4

```
setTimeout(function, milliseconds);
```

参数 function 是要执行的函数，参数 milliseconds 是希望等待的毫秒数。例如，消息在 2s 后输出到控制台的代码如下。

```
setTimeout(function() {
    console.log('This will print after 2 seconds.');
}, 2000);
```

8.3.3 setInterval()函数

setInterval()函数是 JavaScript 中的一个内置函数，用于定期执行代码或函数。setInterval()的基本语法如下。

```
setInterval(function, delay);
```

微课 8.5

参数 function 表示要定期执行的函数或代码。参数 delay 为两次执行之间的时间间隔，以毫秒为单位。

例如，每隔 1s 在控制台输出 "Hello!"，代码如下。

```
setInterval(function() {
    console.log("Hello!");
}, 1000);
```

setTimeout()和 setInterval()的区别主要在于执行次数：setTimeout()的本质是延迟执行，只执行一次，通常在指定的延迟时间后执行一次回调函数；而 setInterval()的本质是定时执行，会不断重复执行，直到被取消。

任务实施

1. 在 HBuilder X 中打开任务 8.2 制作的网页，修改代码。

2. 使用 setInterval()函数定时更新类名为 carousel-container 的元素的位置，使它不断向左移动。最后一张图片播放完毕之后，把类名为 carousel-container 的元素复原，继续播放第一张图片。JavaScript 代码修改如下。

微课 8.6

```
// 这里是为任务 8.2 编写的代码，此处省略
// 开启定时器
```

Web前端开发技术项目教程（HTML5+CSS3+JavaScript）（微课版）

```
setInterval(function() {
    current = (current + 1) % images.length;
    image.src = images[current];
}, 5000);
```

这段代码中主要的难点是循环播放。代码使用了一个巧妙的算法，当 current 达到数组长度时，会因为取余操作而重置为 0。

【任务 8.4】认识 JavaScript 事件并实现手动切换图片

任务描述

在传统的轮播图中，用户只能等待图片自动切换，而无法手动控制。本任务将在图片两侧添加按钮，实现手动切换的功能。这是一种常见的交互设计，可以让用户更加灵活地浏览图片，同时也强化了用户对图片的控制权。

手动切换功能可以增加用户的参与感和互动性。当用户可以控制轮播图的切换时，他们会更加积极地参与到浏览过程中。这种参与感和互动性可以提高用户的满意度和忠诚度，从而增加用户对产品的使用频率和时间。轮播图网页效果如图 8-11 所示。

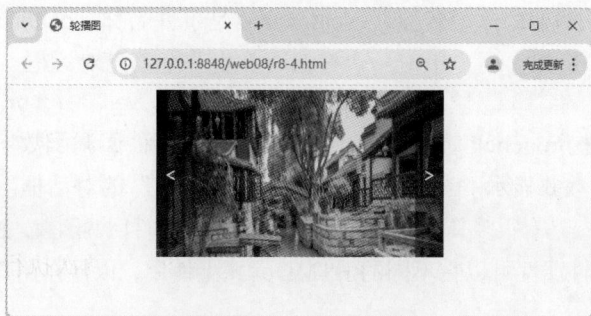

图8-11　轮播图网页效果

知识准备

8.4.1　事件

在 JavaScript 中，事件是一种用户操作或程序逻辑，它可以被 JavaScript 侦测到并执行相应的代码。事件可以是用户的操作，如单击、按下键盘按键，也可以是其他程序逻辑，如页面加载完成、视频播放等。事件处理是网页开发中非常重要的一部分，它允许开发者与用户进行交互，响应用户的行为，以及执行程序逻辑。

JavaScript 主要事件类型如表 8-7 所示。

微课 8.7

表8-7　JavaScript主要事件类型

类型	举例
鼠标事件	click（单击）、dblclick（双击）、mouseover（鼠标移入）、mouseout（鼠标移出）等
键盘事件	keydown（键盘被按下）、keyup（键盘被释放）、keypress（按键被按下并产生一个字符）等

类型	举例
表单事件	submit（表单提交）、change（表单元素值改变）、input（输入框内容实时变化）等
页面/窗口事件	load（页面加载完成）、resize（窗口大小改变）、scroll（滚动条滚动）等
触摸事件	touchstart（触摸开始）、touchmove（触摸移动）、touchend（触摸结束）等，主要用于移动设备和触摸屏设备
拖放事件	dragstart、drag、dragenter、dragover、drop 等，用于实现拖放功能

在 JavaScript 中，处理事件有几种方式，一般包括如下步骤。

1. 选择元素。选择或获取需要绑定事件的元素。

2. 绑定事件监听器。为选定的元素绑定一个或多个事件监听器。

3. 定义事件处理函数。定义一个函数，这个函数将在事件发生时执行。这个函数可以执行任何 JavaScript 代码，如改变元素的样式、显示或隐藏元素、发送数据到服务器等。

8.4.2　声明事件回调函数

使用 HTML 的事件属性来声明回调函数。在 HTML 标记内声明事件回调函数的基本语法如下。

```
<tagname event="event_name" function="callback_function()"></tagname>
```

其中，tagname 是 HTML 标记名称，event_name 是事件名称，callback_function()是当事件发生时要调用的函数。例如，用户单击一个按钮时弹出一个消息对话框，示例代码如下。

```
<button onclick="alert('Hello, world!')">Click me</button>
```

上面的例子中使用了 onclick 属性和 alert()函数来声明事件回调函数。当用户单击按钮时，浏览器会执行 alert()函数并显示一个包含消息"Hello, world!"的对话框。

除了 onclick 属性外，还有很多其他事件属性可以用于声明事件回调函数，如 onload、onmouseover、onkeydown 等。这些事件属性可以在不同的 HTML 元素上使用，以便在用户与页面交互时执行不同的操作。

另外，事件回调函数的处理过程通常比较复杂，一般要将代码封装在函数中调用，而不是直接在标记内定义。上面的示例代码需要进行如下修改。

```
<button onclick="myclick()">Click me</button>
<script>
    function myclick () {
        console.log('Hello, world!');
    }
</script>
```

8.4.3　使用 on 前缀声明事件回调函数

在 HTML 标记内声明事件回调函数的缺陷在于很难批量修改。其实，事件也可以通过 JavaScript 动态添加，它使得代码更加清晰和易于理解。

将 8.4.2 小节中的示例代码修改如下。

```
<button id="btn">Click me</button>
<script>
    constbtn = document.querySelector('#btn');
    btn.onclick = function (){
```

```
        console.log('Hello, world!');
    }
</script>
```

原先标记中的 onclick 被移到了<script>代码块中，这样做的优点如下。

① 提高了代码的可读性和可维护性。将事件处理程序放在<script>代码块中可以使 HTML 代码和 JavaScript 代码分离，使代码结构更加清晰。

② 便于批量修改事件处理程序。如果需要修改多个元素的事件处理程序，那么只需要在<script>代码块中修改一次即可，无须在每个元素中单独修改。

③ 可以根据需要动态地添加和删除事件处理程序。例如，可以在某个条件下动态地给元素添加 onclick 事件，或者在某个条件下动态地删除 onclick 事件。这种灵活性是直接在 HTML 标记内声明事件处理程序所无法实现的。

8.4.4 使用 addEventListener()方法声明事件回调函数

addEventListener()方法用于在元素上添加事件监听器。这个方法接收两个参数，包括事件名称和事件回调函数。当指定的事件被触发时，这个事件回调函数就会被执行。下面是一个简单的示例。

```
// 获取元素
var button = document.querySelector('#myButton');
// 定义事件回调函数
function handleClick() {
    alert('按钮被单击了！');
}
// 添加事件监听器
button.addEventListener('click', handleClick);
```

在以上示例中，首先，document.querySelector()获取了一个按钮元素。然后，定义了一个名为 handleClick 的函数，这个函数会在按钮被单击时弹出一个警告对话框。最后，使用 addEventListener()方法将 handleClick()函数添加为按钮的单击事件监听器。

addEventListener()方法的特别之处在于可以为一个事件添加多个监听函数，并且能监听自定义事件。这些是 JavaScript 中的高阶应用。

🔖 任务实施

1. 在 HBuilder X 中打开任务 8.3 中制作的网页，修改代码。

微课8.8

2. 在 carousel 容器的内部添加两个按钮，位置一左一右，代码如下。

```
<div class="carousel">
    <div class="carousel-container"></div>
    <div id="arrow-left">&lt;</div>
    <div id="arrow-right">&gt;</div>
</div>
```

3. 使用 CSS 定义这两个按钮的样式。设置绝对定位，在水平方向上一左一右，代码如下。

```
#arrow-left, #arrow-right {
    position: absolute;
    top: 0;
    bottom: 0;
```

```
}
#arrow-left {
left: 0;
}
#arrow-right {
right: 0;
}
```

4. 设置按钮的其他样式，如宽度、背景颜色、文字颜色、字体大小、鼠标指针样式。

```
#arrow-left, #arrow-right {
    width: 50px;
    background-color: rgba(0, 0, 0, 0.5);
    color: #fff;
    font-size: 30px;
    cursor: pointer;
}
```

5. 设置按钮元素的显示方式为 flex 方式，该显示方式将在任务 8.6 中详细介绍。

```
#arrow-left, #arrow-right {
    display: flex;
    justify-content: center;
    align-items: center;
}
```

6. 为两个按钮添加事件监听。

```
const arrowLeft = document.querySelector('#arrow-left');
const arrowRight = document.querySelector('#arrow-right');
arrowLeft.addEventListener('click', function () {
    current = (current + images.length - 1) % images.length;
    image.src = images[current];
});
arrowRight.addEventListener('click', function () {
    current = (current + 1) % images.length;
    image.src = images[current];
});
```

监听两个按钮的单击事件，处理 current 变量，然后更新图片的 src 属性值。注意，当左边的按钮被单击时，也需要支持循环播放，即当前播放第一张图片时，继续向左，会切换到最后一张图片。

手动切换图片的参考代码如下。

序号	HTML 代码、CSS 代码与 JavaScript 代码
1	`<!DOCTYPE html>`
2	`<html>`
3	`<head>`
4	`    <meta charset="utf-8">`
5	`    <title>JavaScript 轮播图</title>`
6	`    <style>`
7	`        .carousel{`
8	`            position: relative;`
9	`            width: 500px;`

序号	HTML 代码、CSS 代码与 JavaScript 代码
10	`        height: 280px;`
11	`        margin: auto;`
12	`    }`
13	`    .carousel-container{`
14	`        position: absolute;`
15	`        left: 0;`
16	`        top: 0;`
17	`        height: 100%;`
18	`        transition: all 0.5s linear 0s;`
19	`    }`
20	`    .carousel-container>img{`
21	`        width: 500px;`
22	`        height: 280px;`
23	`        display: block;`
24	`        float: left;`
25	`    }`
26	`    #arrow-left, #arrow-right {`
27	`        position: absolute;`
28	`        top: 0;`
29	`        bottom: 0;`
30	`        width: 50px;`
31	`        background-color: rgba(0, 0, 0, 0.5);`
32	`        color: #fff;`
33	`        font-size: 30px;`
34	`        display: flex;`
35	`        justify-content: center;`
36	`        align-items: center;`
37	`        cursor: pointer;`
38	`    }`
39	`    #arrow-left {`
40	`        left: 0;`
41	`    }`
42	`    #arrow-right {`
43	`        right: 0;`
44	`    }`
45	`    </style>`
46	`</head>`
47	`<body>`
48	`    <div class="carousel">`
49	`        <div class="carousel-container">`
50	`            <img src="" id="carousel-image">`
51	`            <div id="arrow-left">&lt;</div>`
52	`            <div id="arrow-right">&gt;</div>`

序号	HTML 代码、CSS 代码与 JavaScript 代码
53	`        </div>`
54	`    </div>`
55	`    <script>`
56	`        const images = [`
57	`            'img/sample1.jpg',`
58	`            'img/sample2.jpg',`
59	`            'img/sample3.jpg',`
60	`        ];`
61	`        let current = 0;`
62	`        const image =document.querySelector('#carousel-image');`
63	`        image.src = images[current];`
64	`        setInterval(function () {`
65	`            current = (current + 1) % images.length;`
66	`            image.src = images[current];`
67	`        }, 5000);`
68	`        const arrowLeft = document.querySelector('#arrow-left');`
69	`        const arrowRight = document.querySelector('#arrow-right');`
70	`        arrowLeft.addEventListener('click', function () {`
71	`            current = (current + images.length - 1) % images.length;`
72	`            image.src = images[current];`
73	`        });`
74	`        arrowRight.addEventListener('click', function () {`
75	`            current = (current + 1) % images.length;`
76	`            image.src = images[current];`
77	`        });`
78	`    </script>`
79	`</body>`
80	`</html>`

【任务 8.5】制作轮播图

任务描述

在之前的任务中实现了轮播图的基本功能，但仍然存在优化的空间。例如，可以将图片切换的效果改为水平滚动，而非生硬地改变图片内容。

知识准备

要将图片的切换效果设置为水平滚动，需要对轮播图中的元素进行重新布局。当用户播放到最后一张图片时，继续向后滑动，按照"循环播放"的设定，应当滑动到第一张图片。反之，当用户从第一张图片继续向前滑动时，应当滑动到最后一张图片。要实现此效果，可以在存放所有图片的数组的首尾分别添加一张图片，并将图片水平排列在容器中。图片循环播放示意图如图 8-12 所示。

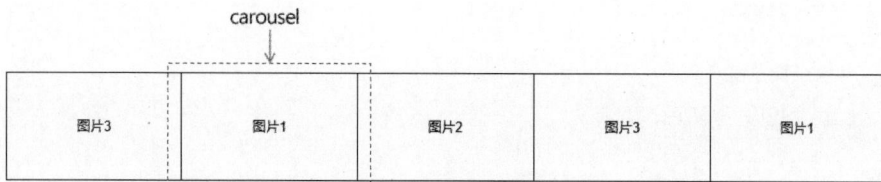

图8-12 图片循环播放示意图

图 8-12 中的 carousel 是轮播图的窗口，通过它正好能够看到窗口中的一张图片，其他内容则隐藏起来。切换图片时改变图片的水平坐标（image.style.left）即可。为了看到滑动的动画效果，可以为图片所在的容器添加过渡属性。

任务实施

1. 修改 HTML 页面的结构。

```
<div class="carousel">
    <div class="carousel-container"></div>
    <div id="arrow-left">&lt;</div>
    <div id="arrow-right">&gt;</div>
</div>
```

微课 8.9

2. 修改 CSS 样式。

```
.carousel {
    position: relative;
    width: 500px;
    height: 280px;
    margin: auto;
    overflow: hidden;
}
.carousel-container {
    position: absolute;
    left: -100%; /* 重要！保证初始时显示第一张图片 */
    top: 0;
    height: 100%;
    transition: all 0.5s linear 0s;
}
.carousel-container>img {
    width: 500px;
    height: 280px;
    display: block;
    float: left;
}
```

为外层的 carousel 设置相对定位，为内层的 carousel-container 设置绝对定位，方便使用 left 属性控制 carousel-container 的位置。而所有图片都被加载在 carousel-container 内部，并进行了向左浮动的操作。

3. 页面初始化过程的代码如下。

```
const images = [
    'pic/sample1.jpg',
    'pic/sample2.jpg',
    'pic/sample3.jpg',
];
// 数组末尾添加第一张图片
images.push(images[0]);
// 数组头部添加最后一张图片
images.unshift(images[images.length - 2]);
// 根据数组内容创建图片，依次添加
const container = document.querySelector('.carousel-container');
for (const img of images) {
    let image = document.createElement('img');
    image.src = img;
    container.append(image);
}
container.style.width = (images.length * 100) + '%';
let current = 1; // 注意，索引为 1 的才是第一张图片
```

4. 考虑图片自动切换，即每过 5s 播放下一张图片。最后一张图片是图片 1 的副本，当滑动到此位置时，不可能继续向后切换，必须在"瞬间"把图片拉回到图片 1 的本来位置。这一个变动中不需要展现出动画效果。

```
// 每过 5s 切换到下一张图片，循环播放
setInterval(function () {
    current++;
    container.style.left = -current * 100 + '%';
    if (current ==images.length - 1) {
/*再设置一个 0.5s 的定时器，当定时器执行完后，将 left 设为 0%，这样就相当于将图片 3 移到了
最后*/
        setTimeout(function () {
            container.style.transition = 'none';
            container.style.left = '0%';
            current = 0;
        }, 500);
    } else {
        container.style.transition = 'all 0.5s linear 0s';
    }
}, 5000);
```

5. 考虑手动切换的问题。与自动切换一样，将循环播放的设定纳入。向前滑动到头部之后，为了容器能够继续右移动，将定位设为图片 3；向后滑动到尾部之后，将定位设为图片 1。这两次切换过程中需要去掉过渡属性。

```
const arrowLeft = document.querySelector('#arrow-left');
const arrowRight = document.querySelector('#arrow-right');
arrowLeft.addEventListener('click', function () {
    if (current == 0){
        current = images.length - 2;
        container.style.transition = 'none';
    } else {
        current--;
```

```
        container.style.transition = 'all 0.5s linear 0s';
    }
    container.style.left = -current * 100 + '%';
});
arrowRight.addEventListener('click', function () {
    if (current ==images.length - 1) {
        current = 1;
        container.style.transition = 'none';
    } else {
        current++;
        container.style.transition = 'all 0.5s linear 0s';
    }
    container.style.left = -current * 100 + '%';
});
```

【任务 8.6】制作非遗网站首页

任务描述

　　本任务为非遗网站设计和制作首页。首页内容包括页眉区域、导航栏、轮播图、页脚区域及主体区域。页眉区域包括网站 Logo、网站名称和搜索框。主体区域包含"图片新闻""热点关注""公示公告""非遗知识""政策法规""非遗项目"内容区块。使用 flex 布局方式，将 CSS 代码保存为一个独立的文件 index.css，将 JavaScript 代码保存为 index.js 并引入首页中。非遗网站首页整体效果如图 8-13 所示。

图8-13　非遗网站首页整体效果

知识准备

flex 布局

flex 全称为 Flexible Box Layout，即"弹性盒布局"，是一种新型的响应式和动态设计的布局模式。flex 提供了一种更有效的方式来布置、对齐和分配容器内项目的空间，即使它们的大小未知或是动态变化的。相比于传统的布局方式，它更加灵活、易于调整，也更加适应不同的设备和屏幕尺寸。

在之前单元的任务中使用浮动属性和定位属性进行网页布局，它们曾是布局的主力军，但随着响应式设计的兴起，它们的局限性也愈发明显。flex 布局正是为了解决这些局限性而诞生的，它能够在一个容器内对子元素进行灵活的排列、对齐和空间分配。

1. flex 容器

要使用 flex 布局，首先需要将一个元素定义为 flex 容器，基本语法如下。

```
selector{display: flex | inline-flex;}
```

设置了 flex 容器后，其所有子元素都将按照 flex 布局的规则进行排列。

flex 容器内的子元素自动成为 flex 项目。

```
.container{
    display: flex;
}
<div class="container">
    <div class="item"> </div>
    <div class="item"><p class="sub-item"> </p></div>
    <div class="item"> </div>
</div>
```

最外层的 div 元素为 flex 容器，内层的 3 个 div 元素成为 flex 项目。flex 容器中的所有 flex 项目都占用等量的可用宽度和高度，这样可以使多列布局中的所有列具有相同的高度，即使它们包含的内容量不同。

注意：flex 项目只能是容器的直属子元素，不包含 flex 项目的子元素，如上面代码中的 p 元素就不是 flex 项目。flex 布局只对 flex 项目生效。

2. 主轴和交叉轴

flex 布局需要注意两个方向，主轴（main axis）是 flex 项目的排列方向，交叉轴（cross axis）则是垂直于主轴的方向，如图 8-14 所示。

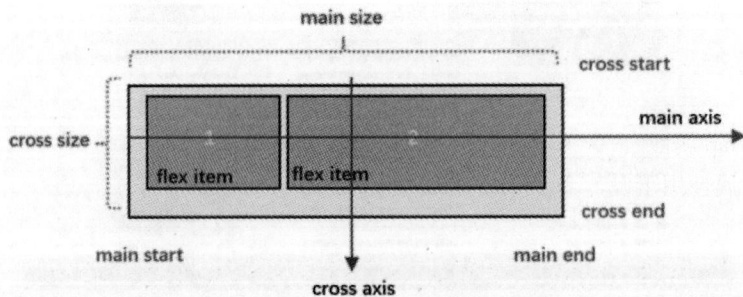

图8-14　主轴和交叉轴示意图

主轴沿其布置项目的方向，从 main start 开始到 main end，它不一定是水平方向，这取决于 flex-direction 属性，main size 是它可放置的宽度，是容器的宽度或高度，取决于 flex-direction 属性。

垂直于主轴的轴称为交叉轴，它的方向取决于主轴方向，是主轴写满一行后另起一行的方向，从 cross start 到 cross end，cross size 是它可放置的宽度，是容器的宽度或高度，取决于 flex-direction 属性。

3. 容器属性

flex 容器属性主要包含 flex-direction 属性、flex-wrap 属性等，容器属性及其描述如表 8-8 所示。

表8-8　flex容器属性及其描述

属性	描述
flex-direction	定义主轴的方向，可以是水平方向或垂直方向，以及其起始和结束的方向
flex-wrap	决定当容器空间不足时项目是否换行
flex-flow	这是 flex-direction 和 flex-wrap 的简写形式
justify-content	设置项目在主轴上的对齐方式
align-items	定义项目在交叉轴上的对齐方式
align-content	定义存在多条轴线时，项目在交叉轴上的对齐方式
gap	设置容器内项目之间的距离
row-gap	设置容器内项目之间的水平距离
column-gap	设置容器内项目之间的垂直距离

（1）flex-direction 属性

flex-direction 属性决定主轴的方向，即 flex 项目的排列方向，基本语法如下。

```
.container {flex-direction:row | row-reverse | column | column-reverse;}
```

row 为默认值，表示容器中的项目在水平方向上从左到右排列；row-reverse 表示项目在水平方向上从右到左排列；column 表示项目在垂直方向上从上到下排列；column-reverse 则表示项目从下到上排列，如图 8-15 所示。

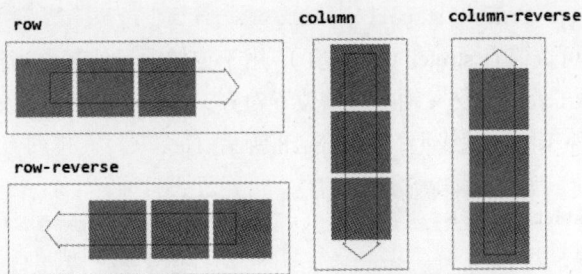

图8-15　flex-direction属性值示意图

（2）flex-wrap 属性

flex-wrap 属性用于设置 flex 项目是否换行，基本语法如下。

```
.container { flex-wrap: nowrap | wrap | wrap-reverse;}
```

nowrap 表示不换行，是默认值；wrap 表示换行，且第一行在上方；wrap-reverse 表示换行，但第一行在下方，如图 8-16 所示。

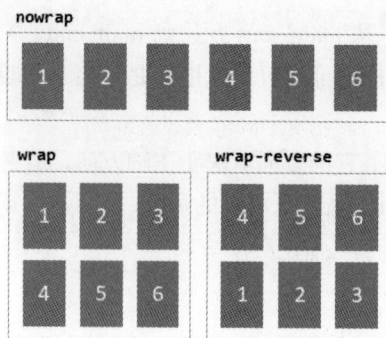

图8-16 flex-wrap属性值示意图

（3）justify-content 属性

justify-content 属性定义项目在主轴上的对齐方式，基本语法如下。

```
.container{justify-content:flex-start|flex-end|center|space-between|
space-around|space-evenly;}
```

justify-content 属性的可选值有 flex-start（起始位置对齐）、flex-end（结束位置对齐）、center（居中对齐）、space-between（两端对齐，项目之间的间隔相等）、space-around（每个项目两侧的间隔相等）和 space-evenly（每个项目之间的间距相等），如图 8-17 所示。

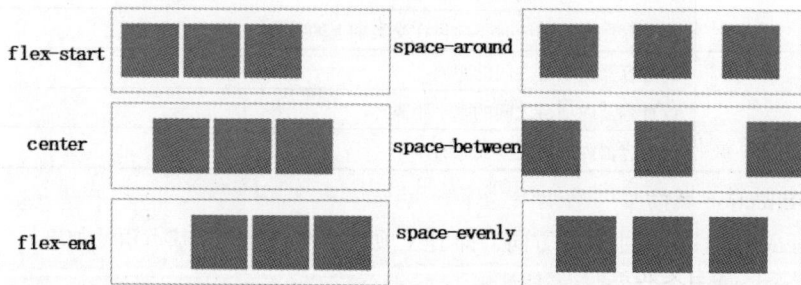

图8-17 justify-content属性值示意图

（4）align-items 属性

align-items 属性用于设置项目在交叉轴上的对齐方式，基本语法如下。

```
.container {align-items: stretch | flex-start | flex-end | center | baseline;}
```

align-items 属性的可选值有 stretch（默认值），用于拉伸项目使其占满整个容器的高度；center 表示居中对齐；flex-start 表示以交叉轴的起始位置对齐；flex-end 表示以交叉轴的结束位置对齐；baseline 表示项目内容处于同一基线上，如图 8-18 所示。

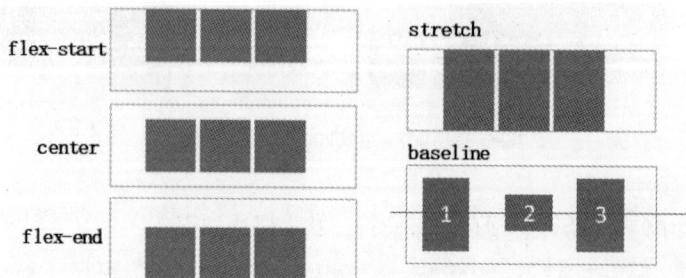

图8-18 align-items属性值示意图

4．项目属性

flex 布局中的项目属性主要包含 order 属性、flex-grow 属性等，项目属性及其描述如表 8-9 所示。

表8-9　flex项目属性及其描述

属性	描述
order	指定项目的排列顺序
flex-grow	定义在有可用空间时项目的放大比例
flex-shrink	定义在空间不足时项目的缩小比例
flex-basis	指定项目在分配空间前的初始大小
flex	这是 flex-grow、flex-shrink 和 flex-basis 的简写形式
align-self	允许单个项目独立于其他项目在交叉轴上对齐

（1）order 属性

order 属性定义项目的排列顺序。属性值越小，排列顺序越靠前，可以为负值，默认值为 0，语法如下。

```
.item {order:number;}
```

使用 order 属性对项目 1～5 分别设置 5、−3、3、1、4 的值，排列顺序如图 8-19 所示。

图8-19　order属性示意图

（2）flex-grow 属性

flex-grow 属性定义项目的放大比例，默认值为 0，不允许为负值，语法如下。

```
.item{flex-grow: number;}
```

该属性用来设置当父元素的宽度大于所有子元素的宽度的和，即父元素有剩余空间时，子元素如何分配父元素的剩余空间。该属性值为 0，表示该元素不索取父元素的剩余空间；如果属性值大于 0，表示索取。属性值越大，索取得越厉害。

例如，A 元素的宽度+B 元素的宽度<父元素的宽度，父元素右侧有剩余空间。项目原始大小如图 8-20 所示。

如果设置 A{flex-grow:1;}、B{flex-grow:2;}，那么剩余空间就按照 A:B=1:2 的比例分配，如图 8-21 所示。

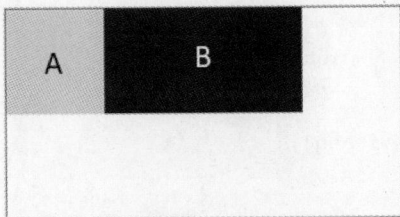

图8-20　项目原始大小

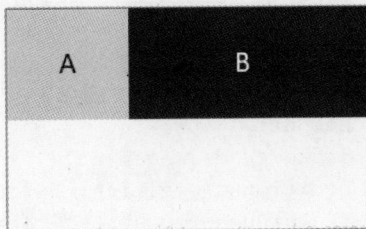

图8-21　项目按比例分配

（3）flex-shrink 属性

flex-shrink 属性定义项目的缩小比例，语法如下。

```
.item{flex-shrink: number; }
```

该属性用来设置当父元素的宽度小于所有子元素宽度的和，即子元素超出父元素时，子元素如何缩小自己的宽度。flex-shrink 属性的默认值为 1，当父元素的宽度小于所有子元素宽度的和时，子元素的宽度会减小。属性值越大，子元素缩小得越厉害。如果属性值为 0，则表示不缩小。

（4）flex-basis 属性

flex-basis 属性指定项目在主轴方向上的初始尺寸，语法如下。

```
.item{flex-basis: number | percent | keywords; }
```

（5）align-self 属性

align-self 属性允许为单个项目覆盖默认的交叉轴对齐方式，语法如下。

```
.item {align-self: auto | flex-start | flex-end | center | baseline | stretch;}
```

align-self 属性的可选值有 auto，表示继承父元素的 align-items 属性，如果父元素没有设置该属性，则等同于 align-self 属性值为 stretch；flex-start、flex-end、center、baseline、stretch 为项目对齐方式。

注意：在 flex 布局中，部分 CSS 属性在 flex 容器里面不起作用，如 float 属性、clear 属性和 vertical-align 属性等。

任务实施

微课 8.10

1. 创建网页文件。打开 HBuilder X，创建一个新的网页文件，并保存在对应站点目录下。

2. 制作页眉区域。页眉区域分为 3 部分：网站 Logo、网站名称和搜索框。为使该区域的内容在垂直方向上居中对齐，使用 flex 布局。页眉区域的 HTML 代码如下。

```
<div class="page-header">
    <div class="container">
        <img id="logo" src="res/logo.png">
        <h1>中国非物质文化遗产</h1>
        <input type="text" id="txtSearch" placeholder="站内搜索">
    </div>
</html>
```

CSS 代码如下。

```
.container {
    width: 1280px;
    margin: auto;
}
.page-header {
    height: 184px;
    background-image: url('res/banner-bg.png');
    background-position: 100% 100%;
    background-repeat: no-repeat;
}
.page-header>.container {
    height: 100%;
    display: flex;
    justify-content: space-between;
```

```
    align-items: center;
}
#logo {
    width: 100px;
}
.page-header h1 {
    font-family: '华文隶书';
    font-size: 60px;
}
#txtSearch {
    width: 320px;
    height: 30px;
    border: 1px solid silver;
    border-radius: 18px;
    outline: none;
    padding: 0 20px;
}
```

页眉区域效果如图 8-22 所示。

图8-22　页眉区域效果

3. 制作导航栏。使用列表制作导航栏。导航栏部分的 HTML 代码如下。

```
<div class="nav">
    <div class="container">
        <ul class="navbar">
            <li class="active"><a href="#">首页</a></li>
            <li><a href="#">机构</a></li>
            <li><a href="#">资讯</a></li>
            <li><a href="#">名录</a></li>
            <li><a href="#">指南</a></li>
        </ul>
    </div>
</div>
```

导航栏在前面详细介绍过，此处为实现样式风格统一，对导航栏部分样式稍做修改，CSS 代码如下。

```
.nav {
    background-color: #f0e7d0;
    height: 60px;
}
.nav>.container {
    height: 100%;
}
.navbar {
    list-style-type: none;
    height: 100%;
    font-size: 18px;
    font-weight: bold;
}
```

```
.navbar>li {
    height: 100%;
    width: 20%;
    float: left;
    display: flex;
    justify-content: center;
    align-items: center;
}
.navbar>li:hover a {
    color: red;
}
.navar a {
    display: block;
    width: 100%;
    height: 100%;
}
.navbar>li.active {
    background-color: maroon;
}
.navbar>li.active a {
color: white;
}
```

导航栏效果如图 8-23 所示。

| 首页 | 机构 | 资讯 | 名录 | 指南 |

图8-23 导航栏效果

4. 制作轮播图。首页上的轮播图与任务 8.5 中制作的类似,只是图片尺寸不同。轮播图的 HTML 代码如下。

```
<div class="carousel">
    <div class="arrow-left">&lt;</div>
    <img id="img-carousel">
    <div class="arrow-right">&gt;</div>
</div>
```

轮播图的 CSS 代码如下。

```
.carousel {
    height: 400px;
    display: flex;
    justify-content: space-between;
}
.carousel>* {
    height: 100%;
}
.arrow-left, .arrow-right {
    flex: 1;
    background-color: rgba(0, 0, 0, 0.3);
    color: white;
    font-size: 48px;
    display: flex;
    justify-content: center;
```

Web前端开发技术项目教程(HTML5+CSS3+JavaScript)(微课版)

```
    align-items: center;
    cursor: pointer;
}
.carousel>img {
    width: 1280px;
}
```

轮播图的 JavaScript 代码如下。

```
const images = [
    'res/sample1.jpg',
    'res/sample2.jpg',
    'res/sample3.jpg'
];

const carousel = document.querySelector('#img-carousel');
const arrowLeft = document.querySelector('.arrow-left');
const arrowRight = document.querySelector('.arrow-right');

let index = 0;
function updateImage() {
    carousel.src = images[index];
    index = (index + 1) % images.length;
}
updateImage();
setInterval(updateImage, 5000);

arrowLeft.onclick = function() {
    index = (index - 1 + images.length) % images.length;
    carousel.src = images[index];
}
arrowRight.onclick = function() {
    index = (index + 1) % images.length;
    carousel.src = images[index];
}
```

轮播图效果如图 8-24 所示。

图8-24　轮播图效果

5. 制作主体区域。首页主体区域分为 6 个栏目，每行 3 个栏目，使用 flex 布局。主体区域的部分 HTML 代码如下。

```
<!-- 主要内容：第一行 -->
<div class="container main">
    <!-- 图片新闻 -->
    <div></div>
    <!-- 热点关注 -->
    <div></div>
```

```
   <!-- 公示公告 -->
   <div></div>
</div>
<!-- 主要内容: 第二行 -->
<div class="container main">
   <!-- 非遗知识 -->
   <div></div>
   <!-- 政策法规 -->
   <div></div>
   <!-- 非遗项目 -->
   <div></div>
</div>
```

主体区域的 CSS 代码如下。

```
.main {
    display: flex;
    height: 330px;
}
.main>* {
    flex: 1;
    height: 100%;
    padding: 5px;
}
```

智海引航

【问题 8.1】JavaScript 中与异常捕获有关的机制

JavaScript 有异常捕获机制。JavaScript 使用 try…catch 语句来处理运行时发生的异常。try 块包含可能会抛出异常的代码，而 catch 块包含处理异常的代码。如果 try 块中的代码抛出异常，则程序将跳转到相应的 catch 块对异常进行处理。以下是一个简单的例子。

```
try {
    // 可能会抛出异常的代码
    var x = y / z;
} catch (e) {
    // 处理异常的代码
    console.log("发生异常: " + e.message);
}
```

在上面的例子中，如果变量 y 或 z 没有定义，或者变量 z 的值为 0，就会抛出一个异常。catch 块将捕获这个异常，并输出一条错误消息。

【问题 8.2】避免 JavaScript 作为弱类型编程语言带来问题的方法

JavaScript 是一种动态类型的语言，这意味着变量的类型可以在运行时改变。虽然这提供了很大的灵活性，但也可能导致一些问题，如难以预测的行为和难以调试的错误。以下是一些避免 JavaScript 作为弱类型编程语言带来问题的方法。

1. 明确变量类型：尽可能在编写代码时明确变量的类型。虽然 JavaScript 是动态类型的，但明确声明变量类型可以帮助开发者和其他阅读代码的人更好地理解代码的意图。

2. 使用类型检查：可以使用一些工具（如 JSDoc）在代码中添加类型注释。这些工具可以生成文件，并帮助开发者理解变量的类型。

3. 使用类型转换：在需要的时候，可以使用类型转换来确保变量具有正确的类型。例如，可以使用 Number()函数将字符串转换为数字，或者使用 String()函数将数字或其他类型的数据转换为字符串。

4. 进行重构和代码审查：定期进行代码审查和重构可以帮助开发者识别和修复代码中的问题。重构可以使代码更易于理解和维护，同时也可以消除任何潜在的与变量类型相关的问题。

匠心独运——古韵新彩 桃花依旧

桃花坞木版年画产生于明代，当时在苏州七里山塘和阊门内桃花坞一带有数十家画铺，年产量多达数百万张，故以桃花坞为名。桃花坞木版年画盛于清代雍正、乾隆年间，曾流行江苏、上海、浙江等处，远销湖北、河南、山东各地，并流传到国外。2006 年，桃花坞木版年画入选中国第一批国家级非物质文化遗产代表性项目名录。

桃花坞木版年画制作一般分为画稿、刻版、印刷、装裱和开相五道工序，其中刻版工序又分上样、刻版、敲底和修改 4 部分。套色印刷亦有一套程序。桃花坞木版年画继承了宋代的雕版印刷工艺，兼用人工着色和彩色套版，以门画、中堂、条屏为主要形式，题材多为时事风俗、戏曲故事等。随着人们生活方式的改变，桃花坞木版年画的实用功能大大减弱，而纯粹的观赏功能反倒有所提高。

单元习题

一、选择题

1. 下列不属于 JavaScript 特点的有（　　）。

　　A. 弱类型　　　　　　B. 事件驱动　　　　　C. 面向过程　　　　　D. 跨平台性

2. 输出"Hello World"的正确 JavaScript 语法是（　　）。

　　A. document.write("Hello World");

　　B. "Hello World";

　　C. response.write("Hello World");

　　D. ("Hello World");

3. 下列不属于 JavaScript 事件的是（　　）。

　　A. onclick　　　　　　B. onmouseover　　　　C. onsubmit　　　　　D. onpressbutton

4. 要在网页显示后动态改变网页的名称，下列方法正确的是（　　）。

　　A. 是不可能的

　　B. 通过 document.write("新的标题内容")实现

　　C. 通过 document.title=("新的标题内容")实现

　　D. 通过 document.changeTitle("新的标题内容")实现

5. JavaScript 中的逻辑运算符不包括（　　　）。

 A. &&   B. || C. !   D. +

6. HTML 文件树状结构中，（　　　）标记为文件的根节点，位于结构中的顶层。

 A. \<html>   B. \<head>   C. \<body>   D. \<title>

7. 在 JavaScript 中，setTimeout()方法使用正确的是（　　　）。

 A. setInterval(function() {console.log("Hello!");}, 1000);

 B. setInterval({{console.log("Hello!");}，500};

 C. setInterval(console.log("Hello!");，1500};

 D. setInterval({console.log("Hello!")};

8. 在 HTML 文件中编写 JavaScript 代码时，应将其编写在（　　　）标记中间。

 A. \<javascript>和\</javascript>   B. \<script>和\</script>

 C. \<head>和\</head>   D. \<body>和\</body>

9. 在 HTML 页面中，不能与 onchange 事件处理程序相关联的表单元素有（　　　）。

 A. 文本框   B. 复选框   C. 列表框   D. 按钮

10. HTML 页面中包含一个按钮控件 mb，如果要实现单击该按钮时调用已定义的 JavaScript 方法 compute()，要编写的 HTML 代码是（　　　）。

 A. \<input name="mb" type="button" onblur="compute()" value="计算">;

 B. \<input name="mb" type="button" onfocus="compute()" value="计算">;

 C. \<input name="mb" type="button" onclick="function compute()">;

 D. \<input name="mb" type="button" onclick="compute()" value="计算">;

11. JavaScript 中给按钮添加单击监听事件正确的是（　　　）。

 A. button.addEventListener('click', handleClick);

 B. button.addEventListener('doubleclick', handleClick);

 C. document.click();

 D. window.click();

12. 如果 HTML 页面中包含如下图片标记\<img id="pic" src="Sunset.jpg" width="400" height="300">，则（　　　）语句能够实现隐藏该图片的功能。

 A. document.getElementById("pic").style.display="visible";

 B. document.getElementById("pic").style.display="disvisible";

 C. document.getElementById("pic").style.display="block";

 D. document.getElementById("pic").style.display="none";

13. JavaScript 动态修改网页元素样式的语句是（　　　）。

 A. css(color:#CCF;);

 B. img.style.display = "none";

 C. img.style.css = "none";

 D. img.style="display:none";

14. 关于 document 对象的常用方法，以下说法错误的有（　　　）。

 A. getElementById()返回拥有指定 id 的第一个对象的引用

 B. getElementById()返回拥有指定 id 的对象的集合

C. getElementsByName()返回拥有指定名称的对象的集合

D. write()用于向文件写文本、HTML 表达式或 JavaScript 代码

15. 下列有关数据验证的说法正确的是（　　　）。

A. 使用客户端验证可以减轻服务器压力

B. 客观上讲，客户端验证也会受限于客户端的浏览器设置

C. 基于 JavaScript 的验证机制将服务器的验证任务转嫁至客户端，有助于合理使用资源

D. 以上说法均正确

二、填空题

1. 单独存放 JavaScript 程序的文件扩展名是_____。

2. 使用 JavaScript 产生系统当前日期的方法是_____。

3. JavaScript 是运行在_____的脚本语言。

4. 在编程语言中，程序的流程控制结构有_____、_____、_____。

5. JavaScript 中的关系运算符包括_____、_____、_____、_____、_____。

6. _____语句是一种分支选择的流程控制结构语句，它可以在多条语句中进行判断，符合条件就执行条件后面的语句，否则程序会继续往下执行。